纺织服装高等教育“十三五”部委级规划教材

从旗袍设计到纸样制作、缝制工艺全图解一本通

从传统文化、民族服饰至现代旗袍改良创意设计一脉相承

从高级定制至立体裁剪、传统工艺全程详解

# 旗袍设计制板与工艺

张军雄　温海英　编著

東華大學出版社·上海

**图书在版编目（CIP）数据**

旗袍设计制板与工艺 / 张军雄, 温海英编著. -- 上海 : 东华大学出版社, 2021.1

ISBN 978-7-5669-1828-4

Ⅰ. ①旗… Ⅱ. ①张… ②温… Ⅲ. ①旗袍 - 服装设计②旗袍 - 服装量裁 Ⅳ. ①TS941.717

中国版本图书馆CIP数据核字(2020)第232694号

**责任编辑 谢 未**

**版式设计 赵 燕**

**旗袍设计制板与工艺**

编　著：张军雄　温海英

出　版：东华大学出版社

（上海市延安西路1882号　邮政编码：200051）

出版社网址：dhupress.dhu.edu.cn

天猫旗舰店：http://dhdx.tmall.com

营销中心：021-62193056　62373056　62379558

印　刷：上海颛辉印刷厂有限公司

开　本：889 mm × 1194 mm　1/16

印　张：13.25

字　数：466千字

版　次：2021年1月第1版

印　次：2024年1月第3次印刷

书　号：ISBN 978-7-5669-1828-4

定　价：59.00元

## 编委会成员（按姓氏笔画排序）：

# 前言

# Preface

旗袍是传承中国几千年传统文化并受到西方文明影响的服饰，有着极其深厚的文化内涵。

儒家文化是中国几千年传统文化思想的核心，中国传统袍服造型一般是宽大、平直。

直到２０世纪 20 年代，第一次出现了关于旗袍的记载，之后成为最普遍的女子服装。

至２０世纪３０、４０年代，受到西方服饰造型的影响，旗袍开始向立体造型转化。在许多细节上都汲取了西式服装的造型元素，采用收腰、收省的手法来显现女性人体之优美，旗袍造型简约而凝练的线条将东方女性的柔美曲线凸显无遗。

２０世纪 80 年代之后，随着传统文化被重新重视，以及影视文化、时装表演、选美等带来的影响，旗袍不仅逐渐复兴，还遍及世界各个时尚之地。

1983 年 5 月，旗袍被国务院指定为女性外交人员礼服之一[1]。

2011 年 5 月 23 日，旗袍手工制作工艺成为国务院批准公布的第三批国家级非物质文化遗产。

今天，传统旗袍技艺传承与创新并举，尊重传统制作技艺，与时俱进，对旗袍进行创新设计，引入新理念、研发新面料、应用新工艺。

编者多年来从事服装行业生产和服装教学工作，深入研究旗袍文化，从各时期旗袍实物入手，研究历史渊源、旗袍设计、裁剪技术、传统工艺、制作技艺等诸多内容，这是一本关于旗袍设计、制板、裁剪、缝制等方面的综合技艺书籍，既有理论研究成果，又有实际操作的指导作用。

在编写过程中，本书编委会成员给予了大力支持与帮助，广东省旗袍协会、旗袍设计师李远婷女士、CHENGXIAOQIN 旗袍品牌设计师成晓琴女士提供了部分实物和图片，在此表示衷心感谢！

中华服饰文明博大精深，旗袍文化源远流长，服装技术日新月异。由于编者水平有限，书中疏漏和不足之处望同行、专家赐教斧正。读者在阅读本书时若需与编者交流，可以通过电子邮件与编者联系，E-mail:756538847@qq.com。

编者

2020 年秋于广州

[1]《外交部关于参加外事活动着装问题的几点规定》（83）部礼字第 94 号，发布日期 1983 年 5 月 23 日。

# 目 录
# Contents



## 上篇：旗袍设计

# 目录
# Contents

## 中篇：旗袍制板

# 目录

# Contents

## 下篇：旗袍工艺

# 上篇：旗袍设计

# 第一章

## 旗袍造型演变史

中华民族在几千年服饰演变中，
汉族与各少数民族相互融合、并受外来文化影响，
形成了中华服饰文化。
旗袍
其源头可以追溯到先秦两汉时代的深衣，
20 世纪 20 年代之后成为最普遍的女子服装。
30 世纪三四十年代，
受到西方立体服饰造型的影响，
出现了斜肩、收省、绱袖等西式服装结构，
但其典型外观表征却是十分明确的：
右衽大襟的开襟或半开襟形式，
立领盘纽、摆侧开衩的细节布置。
旗袍将东方女性的柔美曲线凸显无遗。

# 第一节 中华袍服造型演变历史

## ——中华服饰文明源远流长

### 一、春秋至汉代的深衣

上衣下裳和上下连属两种服装基本形制，对我国历代服装产生了深远的影响。几千年的中国古代服装，就是在这两种服装形制的基础上交互变化、不断演变和发展的。

深衣出现于春秋之际，盛行于战国、西汉时期，不论尊卑、男女均可着之，其地位仅次于朝服，东汉以后多用于妇女，魏晋以后以袍衫代替（图 1-1）。

深衣有曲裾深衣和直裾深衣两种。

先有曲裾深衣，随着袍服之内下身服的发展——合裆裤的出现，直裾深衣后来取代了曲裾深衣。

身着曲裾深衣的战国木俑

长沙马王堆出土的西汉曲裾深衣

图 1-1 深衣款式示意图

## （一）曲裾深衣

按照《礼记》记载，深衣一大特点是“续衽钩边”，也就是说“这种服式的共同特点是都有一幅向后交掩的曲裾（图1-2)。”

曲裾的基本样式是交领右衽，衣襟呈三角形，经过背后再绕至前襟，然后腰部缚以大带，可遮住三角衽片的末梢，下身搭配褶裙。根据一些相关的历史资料，参照传统曲裾的形制结合现代人的审美观，绘制改良后的现代曲裾裁剪图（图1-3)。

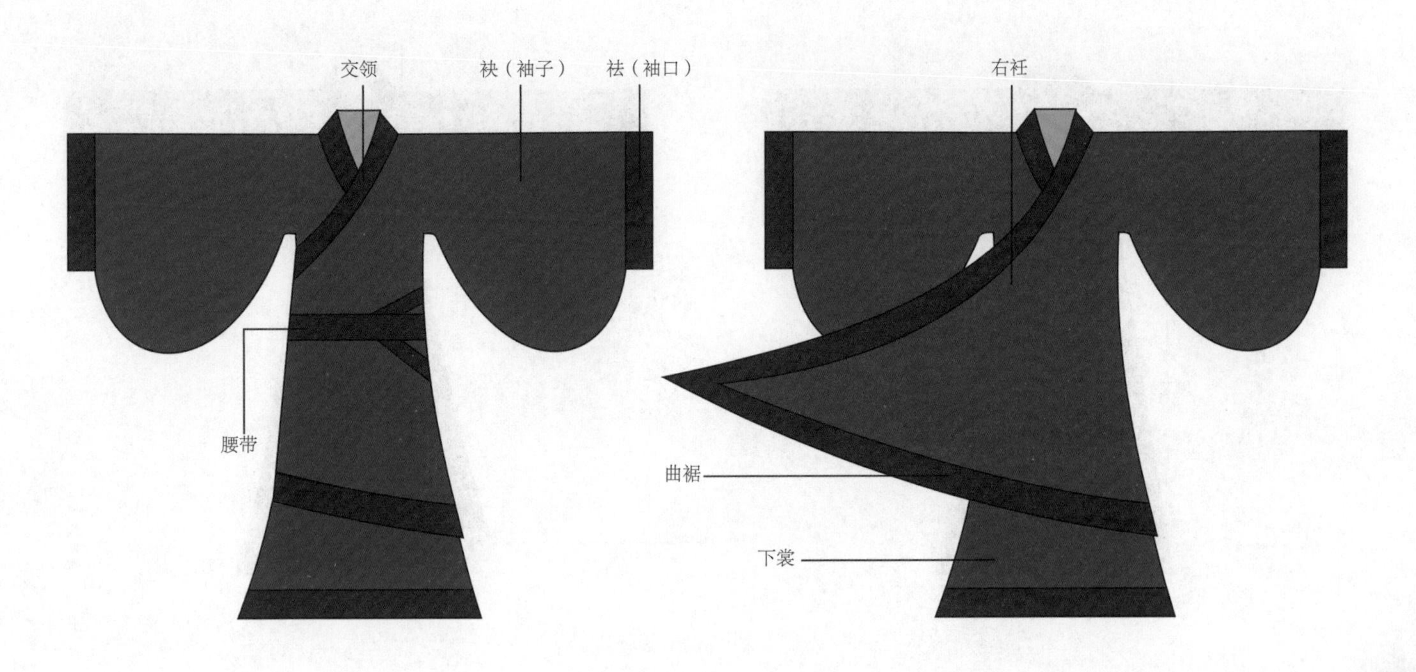


图1-2 曲裾深衣

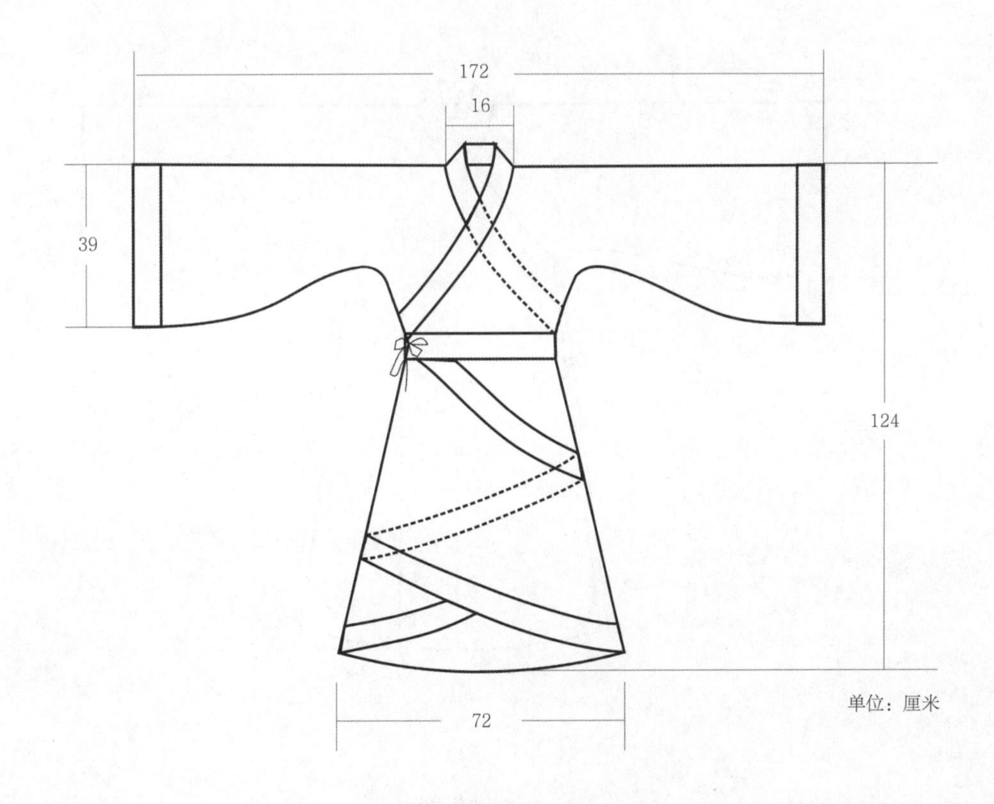


图1-3 曲裾深衣尺寸图

### （二）直裾深衣

直裾，语出《说文解字》，衣襟裾为方直，区别于曲裾。直裾下摆部分剪裁为方形平直，衣裾在身侧或侧后方，没有缝在衣上的系带，由布质或皮革制的腰带固定。汉代以后，由于内衣的改进，盛行于先秦及西汉前期的绕襟曲裾已属多余，本着经济胜过美观的历史发展原则，至东汉以后，直裾逐渐普及，成为深衣的主要模式（图 1-4、图 1-5）。

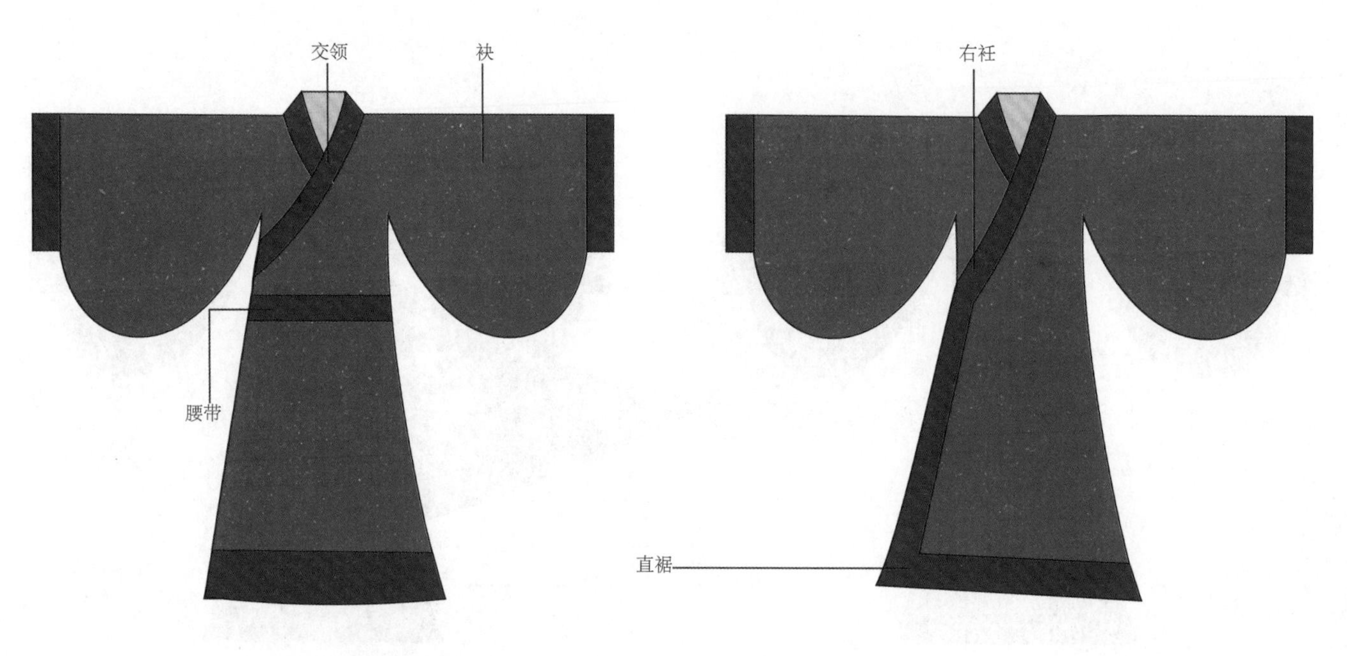


图 1-4 直裾深衣



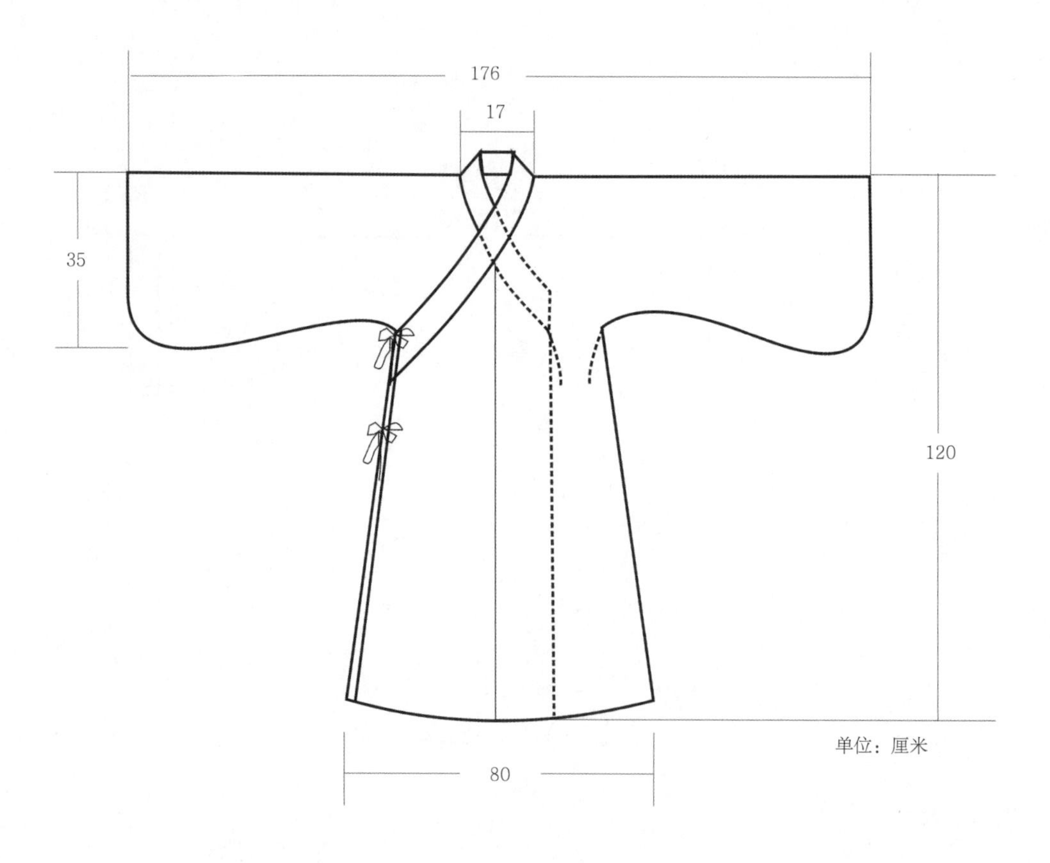


图 1-5 直裾深衣尺寸图

**（三）十字型平面结构**

十字型平面结构是中华民族传统服饰结构基本形态，以“平面体”“整一性”“十字型”为特征。中华服饰文明（丝绸文明）与十字型平面结构（图1-6）。

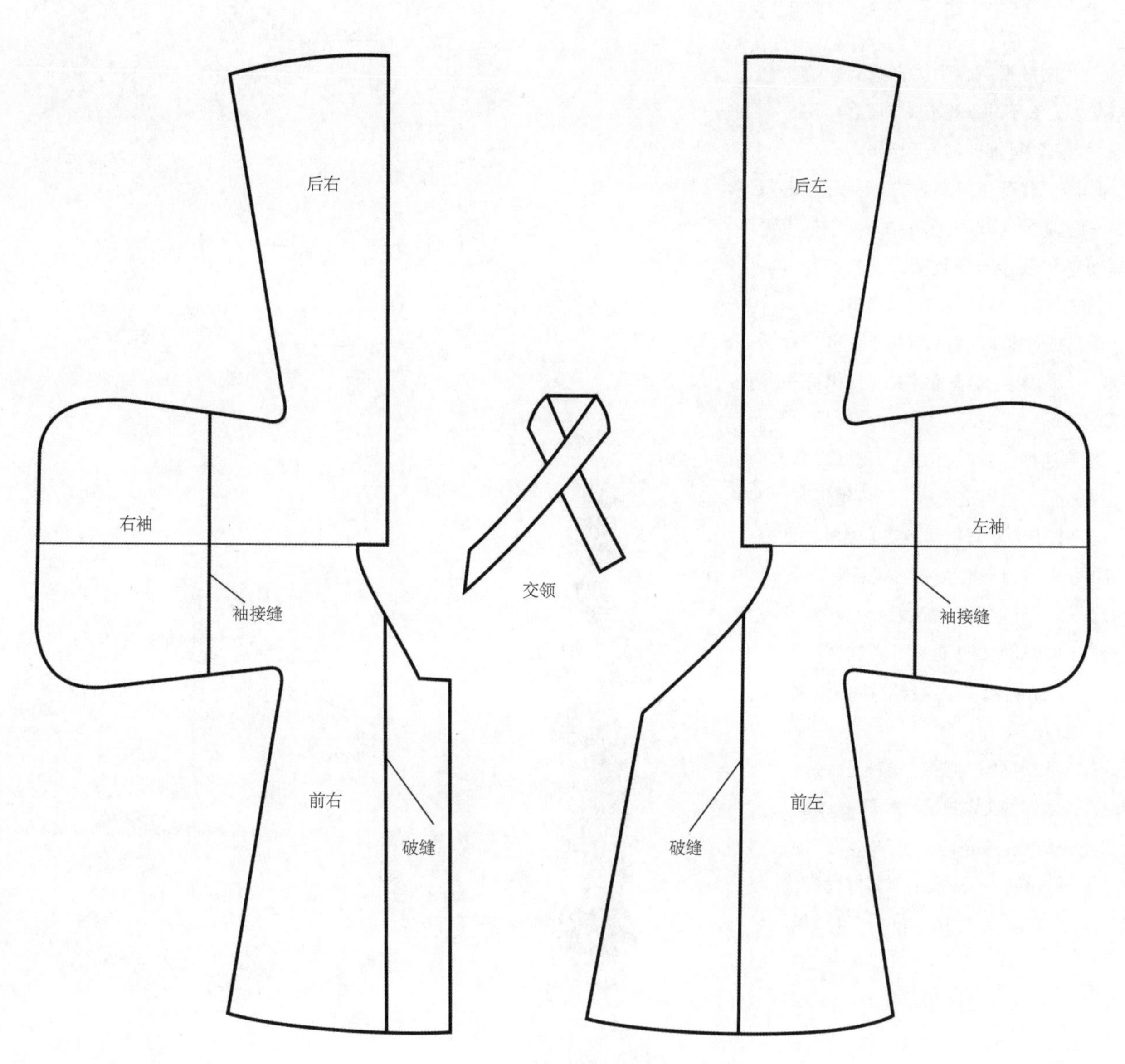


图1-6 直裾深衣结构分解图

## 二、唐至明时期的袍服

唐至明时期是封建社会经济和文化发展的繁荣时期，良好的经济基础刺激了社会对服装的需求增加。纺织业的发展，也极大地促进了服装业的兴盛和变革。

唐代圆领襕袍、明代直身长袍，与深衣上下分裁不同，基本失去了上衣下裳的意义，其裁剪形式为上下连属。

隋唐时代产生了汉服的一种重要变体——圆领衫。圆领式样在中国服饰史上很早便有出现，但一直到隋唐才开始盛行，成为官式常服。这种服装延续至唐、五代、宋、明，并对日本、高丽等国产生了很大的影响。裹幞头、穿圆领袍衫是唐代男子的普遍服饰（图 1-7）。

图 1-7 唐代圆领襕袍示意图

隋唐时期，我国南北统一，疆域广阔。东起长安的“丝绸之路”，打开了国际市场，与各国使臣、异族同胞交往频繁，促进了服装的发展与相互交融。《新唐书·五行志》记：“天宝初，贵族及士民好为胡服胡帽，妇人则簪步摇衩，衿袖窄小。”较为典型者，身着窄袖紧身翻领长袍（图 1-8、图 1-9）。

宋、明时期妇女服装中的背子，是一种以直领对襟为主，衣长至膝以下的袍服。前襟不施绊纽，袖有宽窄二式，另在左右腋下开长衩或不开衩，穿着舒适合体造型典雅大方（图 1-10、图 1-11）。

图 1-8 唐代女子着胡服陶俑

图 1-9 翻领窄袖胡服示意图

图 1-10《瑶台步月图》中穿背子的妇女

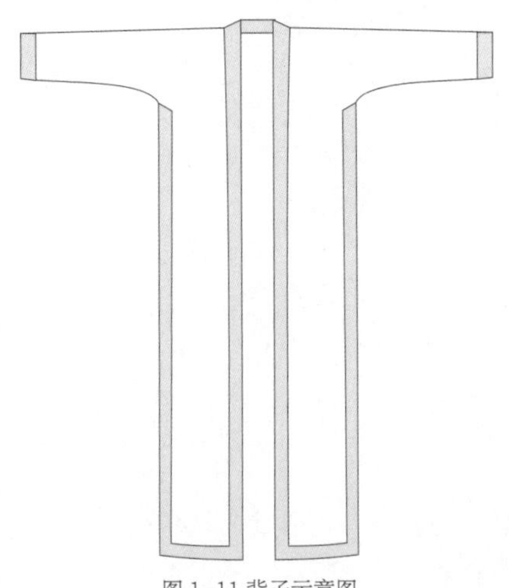

图 1-11 背子示意图

## 三、清朝女子袍服

满族文化是在多民族文化融合基础上形成的，其中女真文化是其发展的主体和基础，而吸收最多的是汉文化，其次是蒙古文化。

### （一）清朝早期袍服样式

清初满汉族女子基本保持各自的服装形制，八旗妇女日常所穿多为长袍。

清初，袍服上下连属，宽身直筒，基本款式是圆领、大襟、四面开衩，窄袖是最为明显的特征，袖口形状与马蹄相似，又称“马蹄袖”或“箭袖”。女袍两腋明显收缩，袍下部开衩，下摆宽大，领袖镶边，颜色素雅，突出简约实用的特点（图 1-12）。

图 1-12 孝庄文皇后（1613-1618 年）朝服像

### （二）清朝中期袍服样式

清朝中期，袍服样式有所变化，出现了狭窄衣领，袍身和袍袖开始变得宽大，下摆垂至脚踝。1644 年，清世祖定都北京，随着政权的初步稳定，强制实行服制改革，掀起了剃发易服措施，律定之严，性命攸关，“有留头不留发，留发不留头”之说，引起了汉族人民的强烈抗议和斗争。后来为缓和矛盾，在“十从十不从”“男从女不从”的规范之下，清朝不分男女，在庆典场合都着袍服（图 1-13）。

### （三）清末袍服特色

清末，满族女性的袍服袖开始变得短且肥大多层后来亦有汉族女子效仿满族女子装束，满汉女子的服饰趋于融合。清代中期女子服饰由四面开衩变为两面开衩或不开衩，紧窄的马蹄袖逐渐被宽松的大袖所取代（图 1-14 ~图 1-16）。

图 1-13 故宫博物院藏清宫帝后服

图 1-14 慈禧太后（1835—1908 年）

图 1-15 清朝中后期汉族女子袄服

图 1-16 清朝女子服饰

1880 年左右，图 1-17 中这三位女子身上穿的是晚清汉族女子的典型长袄：领口低且镶边，袖口和裙摆非常宽大，此图拍摄于香港。

清代满族女性穿“旗装”，这是满族人的传统服饰。摄影术在清末传入中国，也恰好留下了清末满族女性穿旗装的影像（图 1-18）。从慈禧太后，到妃子格格，至普通人家的媳妇姑娘，有条件照相的女性都有这方面的影像。旗女头梳旗髻、身穿旗装、脚蹬高底旗鞋。

图 1-17 晚清典型长袄

图 1-18 清末满族女性穿旗装



## 四、中华袍服的结构形式

中华民族传统服饰结构形式为十字型平面结构，以“平面体”“整一性”“十字型”为特征，是连体贯通的，宽腰直筒式，前片衣身留出缝合线，意为“心胸开阔”（实际也与布幅所限，便于裁剪节省布料有关）。如果前胸没有破缝的，则意味“胸襟坦荡”，真是一个让人折服、充满智慧的结构理由（图 1-19）。

面料：主面料为蓝底真丝素色提花绸，镶边料黑底绣花料。

衣领：圆形无领。

衣身：衣身宽大，右襟长袍，衣长近鞋帮，衣摆起翘。

衣袖：袖短露肘或露腕呈喇叭形，袖口为挽袖，略有纹饰。

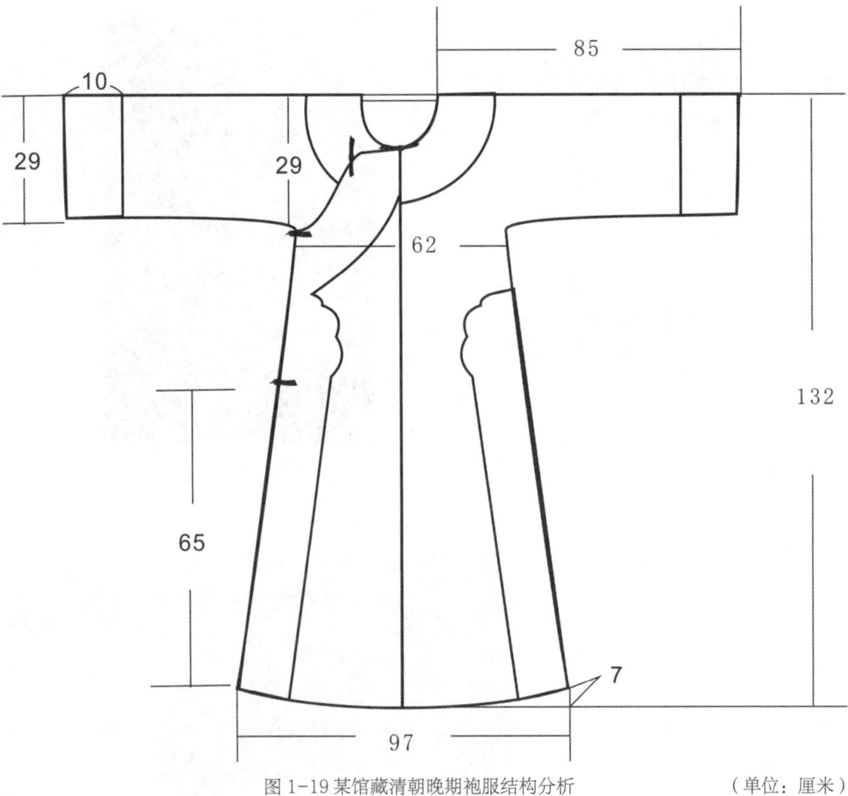



图 1-19 某馆藏清朝晚期袍服结构分析　（单位：厘米）

# 第二节 20 世纪 10 年代

## ——新旧交替的服装文化，旗袍出现的前奏

### 一、旗袍的定义

旗袍是指 20 世纪初出现的在中华传统袍服基础上，受西方服饰文化影响而形成的一种女装式样，但其典型外观表征却是十分明确的：右衽大襟的开襟或半开襟形式，立领盘纽、摆侧开衩等。

自 20 世纪 10 年代至 20 世纪 50 年代，旗袍的廓形和结构演变基本规律如图 1-20 所示。

图 1-20 旗袍廓形和结构演变基本规律

### 二、近代袍服的结构变迁规律

受西方服装技术的影响，从近代开始，女子袍服大体上的结构变化是从十字型平面结构逐渐向 20 世纪 30 年代至 20 世纪 40 年代的单片衣料、衣身连袖的平面裁剪转变，至 20 世纪 50 年代以后过渡至完全西化的多片衣料、单独装袖的立体结构裁剪等。

廓形变迁规律：由东方遮盖人体至受西方思想影响显示人体曲线的变化过程，从平面宽松廓形逐步向合体立体廓形演变。衣长经历了由宽松长袍逐步缩短，至合体修长形，再缩短至活力廓形的演变。

### 三、旗袍与传统袍服一脉相承

1911 年辛亥革命的爆发使得中国步入民国时期，进入“三千年未有之变局”传承千年的衣冠之治，用以维系封建政权与彰显等级秩序的核心随之瓦解，服装样式、面料、色彩面临颠覆性的重构，内部受到人人平等的民主制的近代服装转型要求，外部受到来自西方业以成型的以人为主体的服装造型手段的冲击。民国服装是中国近代服装的典范，既继承了中国传统服装的风格，又深受外来文化的影响。

1912 年即民国元年，北洋政权颁布《服制》条例，右侧为《服制》附图（图 1-21）。

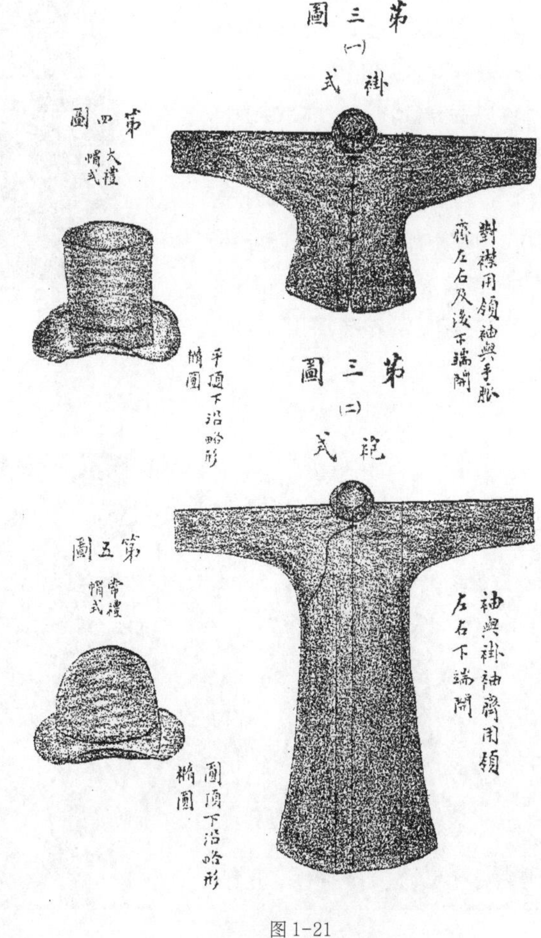


图 1-21

在1912年《服制》里尚没有旗袍，这说明旗袍并非随着民国建立而诞生，实际上它的出现是在20世纪20年代，并且早期旗袍式样较为丰富，后来逐渐定型成我们熟悉的民国旗袍样子。在1912年，女性礼服使用的是对襟立领上衣与马面裙，就是裙褂。图为1912年《服制》里的女子礼服图。

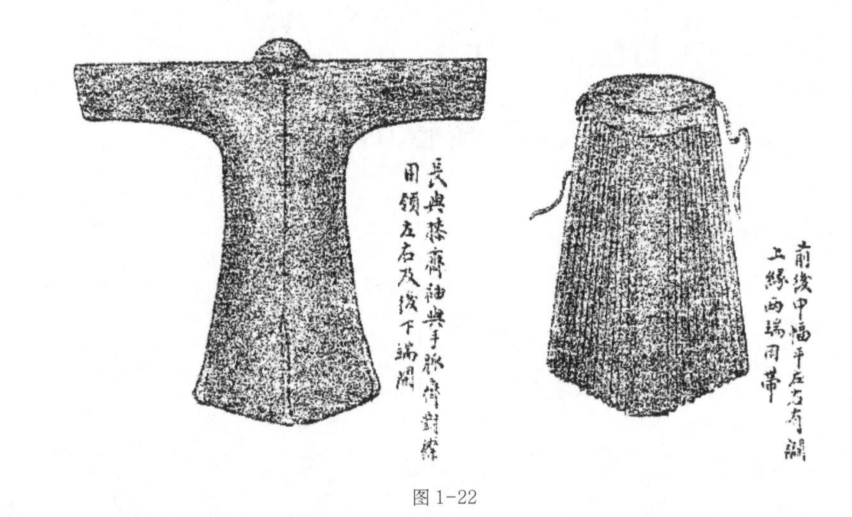


图1-22

在1912年民国服制条例中，女性礼服明确采用传统汉族女性“上衣下裳”的形式：“套式——女子礼服的上衣，衣长与膝齐，对襟，五纽，领高一寸五分，用暗扣，袖与手脉齐，口广六寸，后下端开衩。裙——前后不开，上端左右开，质色绣花与套同。”可以看出，这是清代汉族女装的延续，此时国服仍是上衣下裳式样。

民国初年，女子礼服示意图1-23。

图1-23

女子服饰仍采用传统汉族女性“上衣下裳”的形式。

## 四、服制新规下的文明新装



20世纪10年代典型的女子服饰是“文明新装”，由北京、上海两地的女学生最先倡导，留洋女学生和中国本土的教会学校女学生率先穿着，很多西式教会女学生装元素的融入使“文明新装”兼有东西方的风格。这种服装最早出现于1913年，上袄下裙。到了1919年，五四运动时期的女学生多穿着浅蓝色圆摆小袄和黑色素裙、白色布袜和黑色布鞋（图1-24）。

图1-24

之后蔓延至知识女性，不久连家庭妇女也脱下了华丽的衣衫，换上一身朴素的文明新装。这种风格与孙中山先生提出的“适于卫生，便于行动，实于经济，壮于观瞻”的服饰改革原则相符合。宋庆龄、陈洁如等也极为推崇和提倡这种服装，众多场合都穿着倒大袖风格服装，在当时可谓是举国崇尚。

“文明新装”的盛行，与西方女权主义运动和中国的“新文化运动”是分不开的，在这两种思潮的影响下，有条件的女性离开家庭接受教育，谋求经济独立和恋爱自由。当时也有名妓为了招徕客人扮成学生的样子。

上衣多为腰身窄小的大襟衫袄，摆长不过臀，袖短露肘或露腕呈喇叭形，袖口一般为 7 寸，称之为倒大袖，衣摆多为圆弧形，略有纹饰。裙为套穿式，初尚黑色长裙，长及足踝，后渐至小腿上部（图 1-25）。

图 1-25

## 五、早期旗袍的雏形

北方地区盛行穿倒大袖长袍，也是由文明新装演变而来，也有地区流行旗袍马甲，内穿倒大袖短袄，外套无袖长马甲，或者短马甲加长裙，袖口多做装饰。

南北地区着装相互融合又各有特点。早期旗袍都是呈现筒状，而这类旗袍的雏形，有着早期京派旗袍的典型风格，款式宽松，衣领略高，腰身宽大（图 1-26）。

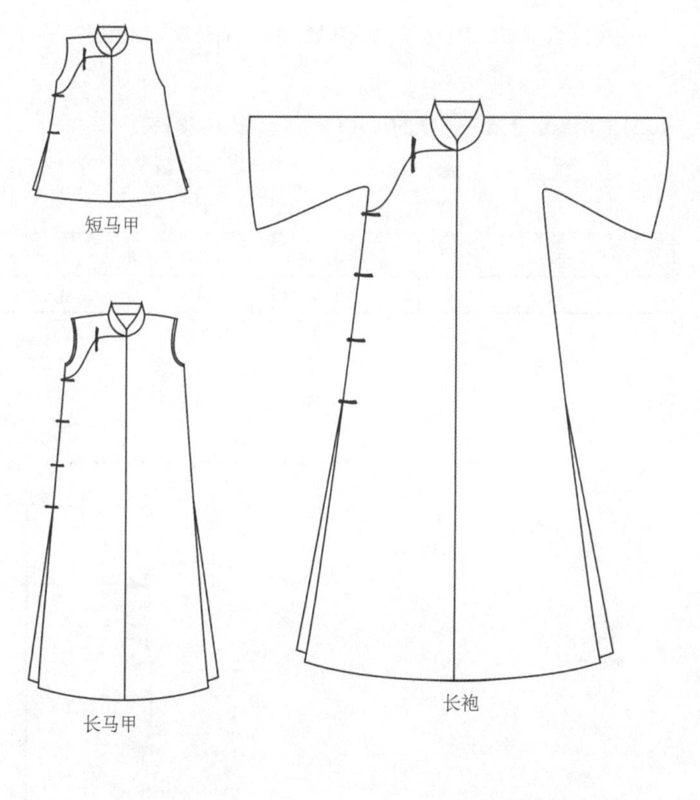



图 1-26

民国名家周柏生先生的画作中 1912 年的女性着装（图 1-27）。

图 1-27

## 六、20 世纪 10 年代旗袍藏品结构分析

### （一）作为 20 世纪 10 年代典型的女子服饰“文明新装”的款式特征

衣领：小立领。



衣身：腰身窄小，右襟衫袄，上衣较短摆长不过臀，衣摆多为圆弧形。

衣袖：袖短露肘或露腕呈喇叭形，袖口为倒大袖，略有纹饰。

下裙：套穿式，褶裥裙，腰带较宽，腰两侧开衩，黑色提花长裙。

### （二）文明新装上衣——袄的尺寸（表 1-1、图 1-28）

表 1-1　　单位：厘米

| 部位 | 衣长 | 出手 | 袖口 | 抬肩 | 半胸围 | 领高 | 领围 |
|---|---|---|---|---|---|---|---|
| 尺寸 | 58 | 58 | 28 | 21 | 40 | 3.5 | 38 |

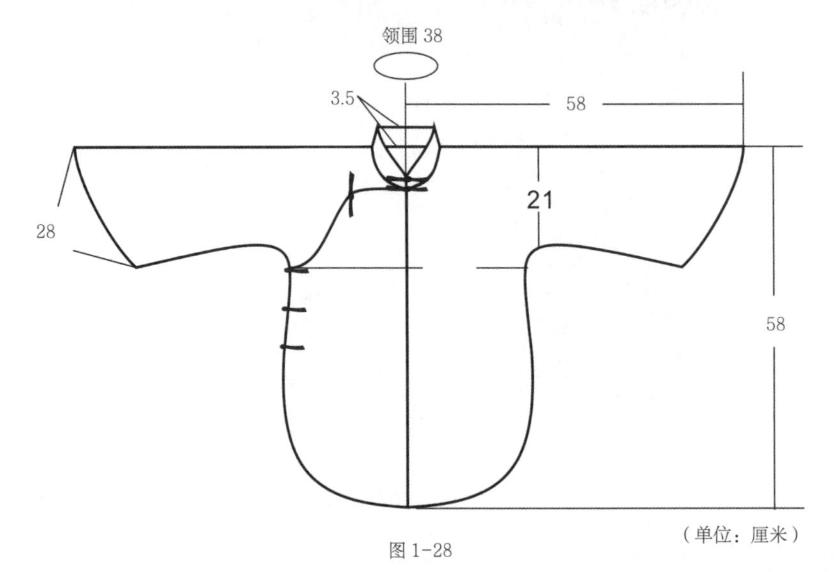

图 1-28

（三）文明新装下裙——褶裙的尺寸（表 1-2）

表 1-2

单位：厘米

| 部位 | 裙长（不含腰） | 腰围 | 下摆围 | 衩长 |
| --- | --- | --- | --- | --- |
| 尺寸 | 81 | 47 | 180 | 14 |

（四）文明新装着装效果图（1-29）

图 1-29

# 第三节 20 世纪 20 年代

## ——旗袍式样的逐渐形成时期

### 一、文明新装的没落

在 1925 年 5 月以前的报纸上，还很难查到关于旗袍的文字，而其后大量文字资料的出现，则为旗袍的流行时间提供了佐证。郑逸梅先生即称“原来女子在清代穿短衣，不穿旗袍，旗袍在民国后始御之”。当时风尚的始发地，是对中国服装流行影响最为广泛的北京及上海。

到了 1925 年以后，文明新装日渐衰落。

20 世纪 20 年代，袍服廓形的变化趋势如图 1-30 所示。

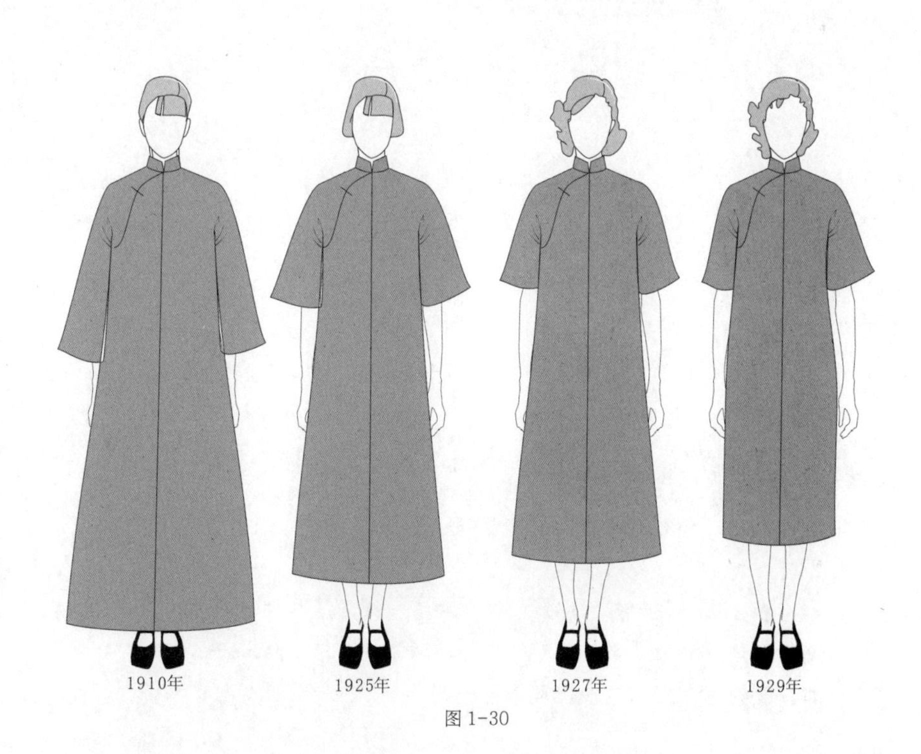


图 1-30

## 二、20 世纪 20 年代——上海旗袍的最初诞生

20 世纪 20 年代初时兴一种长至小腿的大马甲，类似旗装式样的袍而无袖，有人将它称为“旗袍马甲”。

1926 年，短袄和长马甲合二而一，此为旗袍的最初款式。上海作为当时公认的服饰时尚中心，远远领先于全国各地并引领着中国服饰时尚的变化。上海旗袍雏形最初是以无袖的长甲形式出现的，短袄外面的长马甲代替了长裙。

至旗袍风行之前，开始有将旗袍马甲着于褂袄之外而取代裙和裤的穿法，有学者认为旗袍即脱胎于此。

短袄和长马甲结合的旗袍雏形款式示意图如图 1-31 所示。

20 世纪 20 年代广告牌上的女子服饰为马甲旗袍与马甲袄裙（图 1-32）。

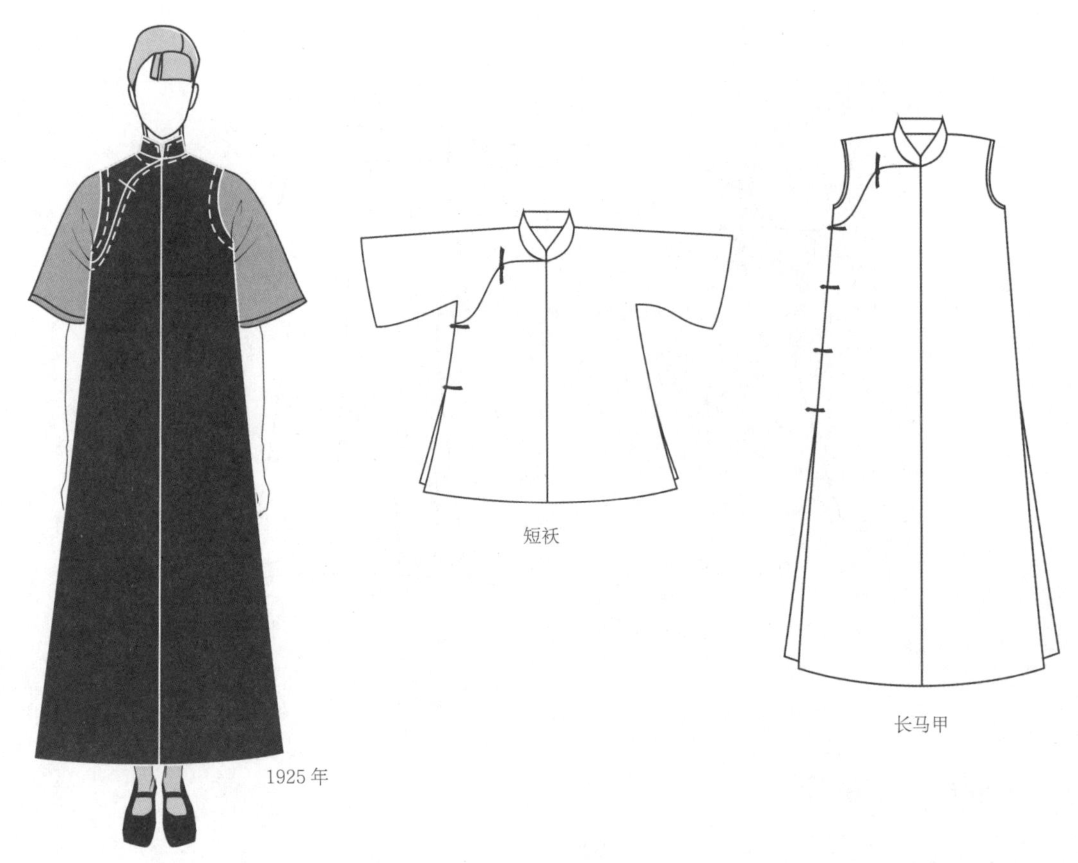


图 1-31



民国以后女性不分满族汉族，逐渐穿起了简化装饰的长型袍服，到 1926 年左右已经普及全国了。

1929 年 4 月 6 日，当时的政府颁布《服制》条例，其中第二条内容如下（图 1-32 为《服制》条例中的插图）：

第二条（女子礼服）

女子礼服，依左列甲乙二种之规定：

甲种

*一、衣：式如第四图，齐领，前襟右掩，长至膝与踝之中点，与裤下端齐，袖长过肘，与手脉之中点，质用丝麻棉毛织品，色蓝，纽扣六。*

*二、鞋：质用丝棉毛织品或革，色黑。*

图 1-32

乙种

一、衣：式如第五图，齐领，前襟右掩，长过腰，袖长过肘与手脉之中点，左右下端开，质用丝麻棉毛织品，色蓝，纽扣五。

二、裙：长及踝，质用丝麻棉毛织品，色黑。

三、鞋：质用丝棉毛织品或革，色黑。

20 世纪 20 年代末，欧美女子盛行短裙。画家万籁鸣在 1928 年 8 月为《良友》杂志第 29 期设计若干新式旗袍，上海南京路的鸿翔旗袍店善加模仿，依照西方流行的人体曲线美加以重新剪裁，生产出短式旗袍，对海派服饰风格的形成有一定的影响力。

20 世纪 20 年代末，旗袍开始收腰，受欧美短裙流行潮流的影响，摆线提高至膝下，仍为倒大袖，但袖口变小，装饰性质的镶滚趋于简洁，甚至完全取消，色调也力求淡雅和谐，后体上显得十分简洁方便。

## 三、短袄和长马甲组合某馆藏品结构分析

### （一）款式特征（图 1–33）

年代：20 世纪 20 年代。

面料：主面料为真丝提花绸。

衣领：立领。

长马甲：修身，右襟长袍，衣长及脚面，有 A 型下摆。

短袄：七分连袖，袖口呈喇叭形。

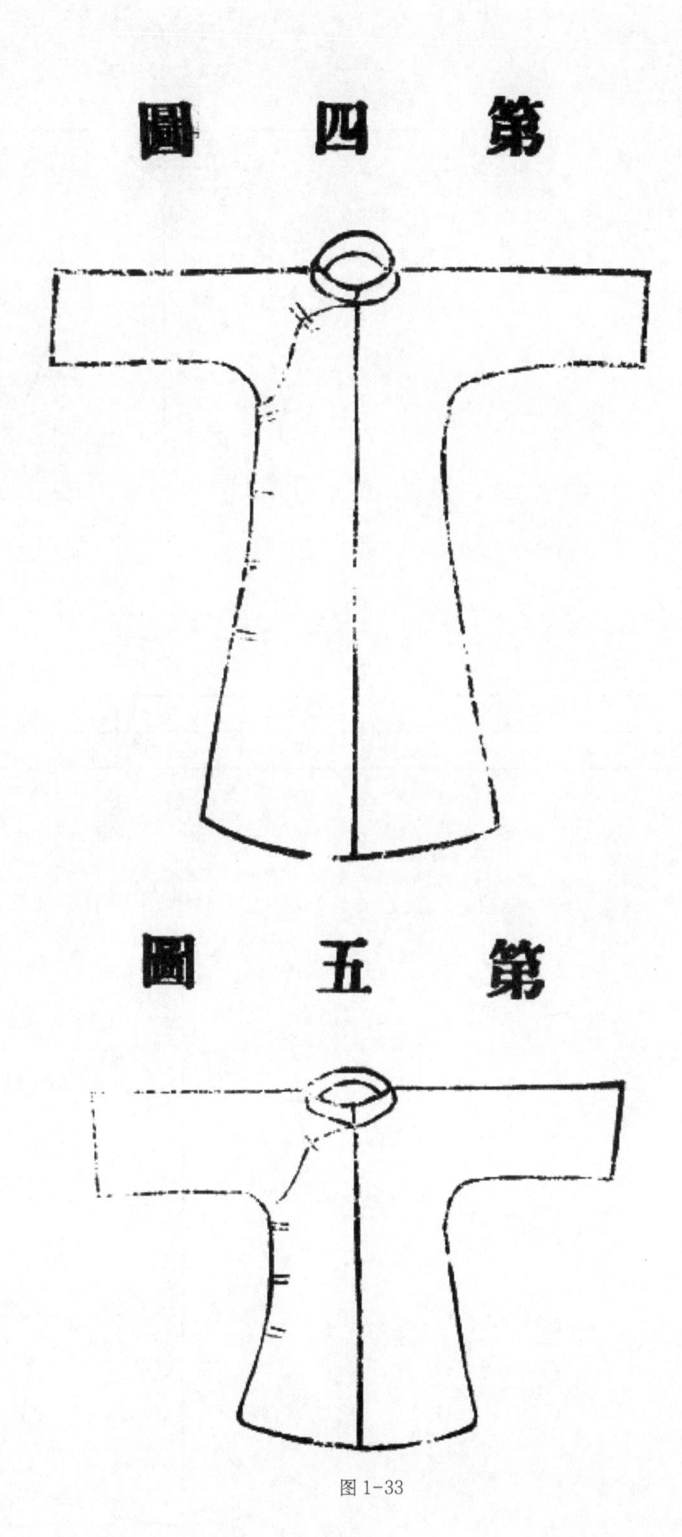


图 1-33

（二）旗袍马甲组合尺寸图解（图 1–34、图 1–35）。

内穿短袄尺寸（表 1–3）

表 1–3

单位：厘米

| 部位 | 衣长 | 出手 | 袖口 | 抬肩 | 半胸围 | 半下摆 | 起翘 | 领高 | 领围 |
|---|---|---|---|---|---|---|---|---|---|
| 尺寸 | 62 | 60 | 30 | 21 | 41 | 55 | 14 | 3. 5 | 37 |

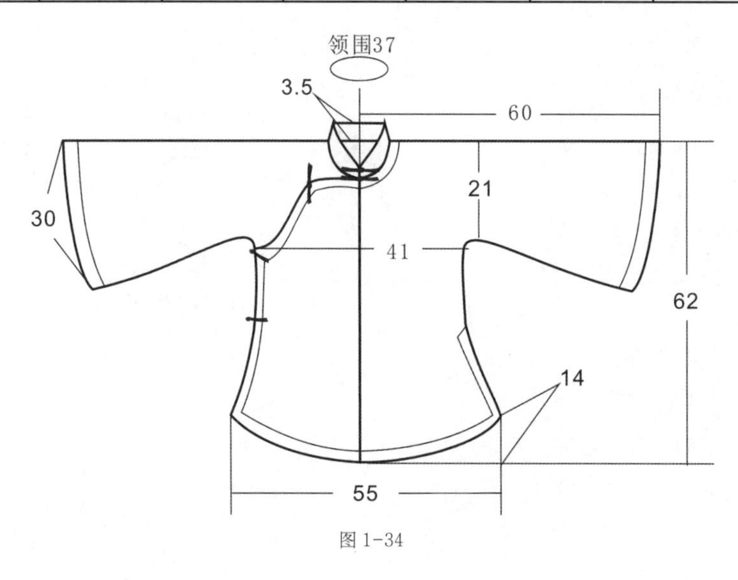


图 1–34

外穿长马甲尺寸（表 1–4）

表 1–4

单位：厘米

| 部位 | 衣长 | 背宽 | 袖窿 | 肩宽 | 半胸围 | 半下摆 | 起翘 | 领高 | 领围 |
|---|---|---|---|---|---|---|---|---|---|
| 尺寸 | 118 | 28 | 29 | 34 | 46 | 79 | 14 | 4 | 37 |

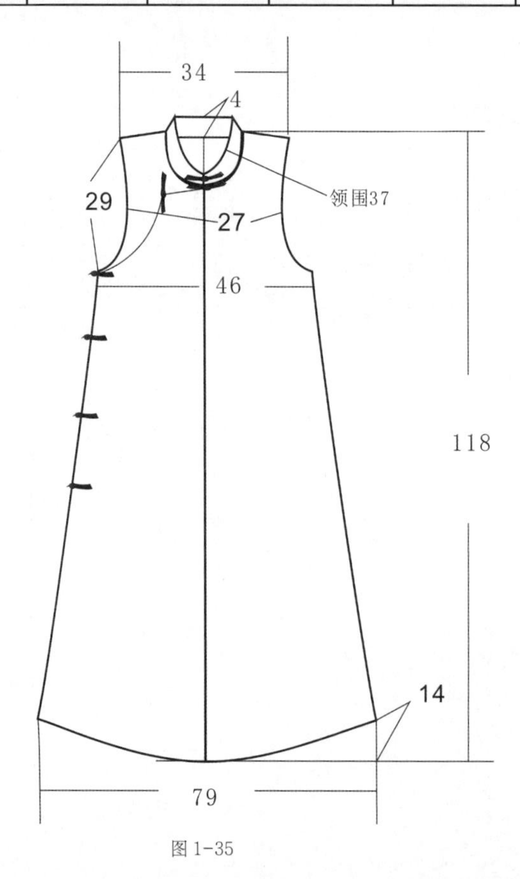


图 1–35

# 第四节 20 世纪 30 年代

## ——旗袍文化逐渐成熟步入黄金时代

### 一、旗袍廓形逐渐合体

在作家张爱玲的笔下，女人穿上长袍是 20 世纪 20 年代。当时女人初受西方文化的熏陶，醉心于男女平权之说，因此初兴的旗袍是严冷方正的，具有清教徒的风格。但没过几年，旗袍的款式便有了突破，女性的胸部、腰部和臀部的曲线美得以体现出来。进入 20 世纪 30 年代，旗袍文化逐渐成熟，20 世纪 30 年代中期，中华大地全面抗战，旗袍也步入黄金时代。

20 世纪 30 年代的上海女学生身着旗袍的照片（图 1-36）。

杂志《良友》第 150 期《旗袍的旋律》中说："旗袍风行以来，已有好多年，其间变化甚多，我们从这里也可以看出当时的时尚，而中国女子思想的激进，这里也有线索可循。打倒了富有封建色彩的短袄长裙，使中国女性在服装上先得到了解放。"

受到西方的审美标准和服饰风格的影响，吸收了西式服装结构及制作技巧，旗袍日益贴身，又加入了收腰、收省等元素，开始突显身体曲线美。整体款式向苗条型发展，恢复了衣长至足的形制，收腰、矮领、袖子变成短袖，甚至无袖（图 1-37）。

图 1-36

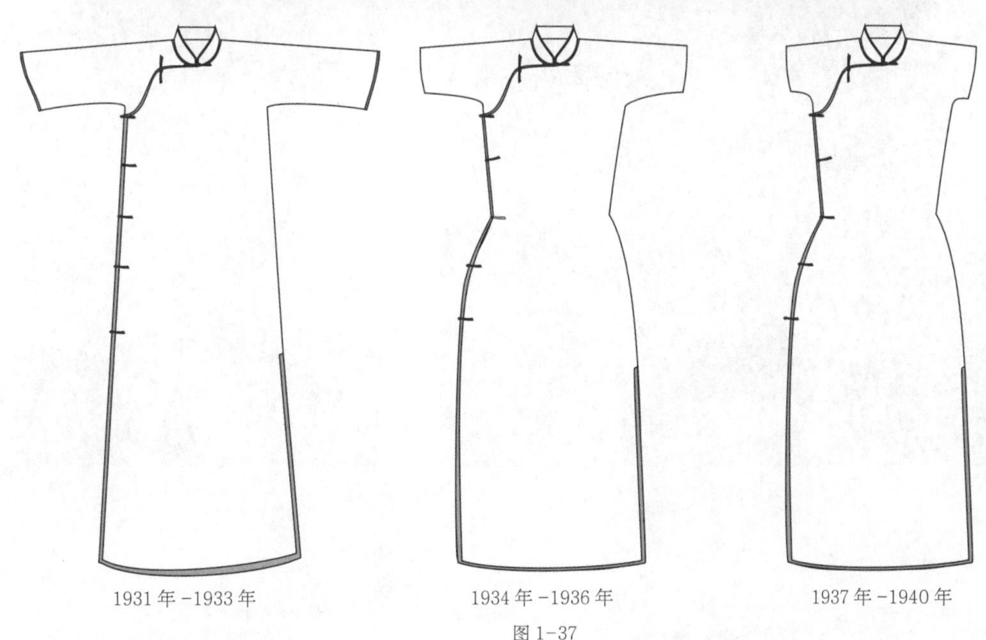


图 1-37

## 二、20 世纪 30 年代——摩登时代，中西合璧

20 世纪 20 年代的旗袍一直沿用倒大袖袖形，直至 20 世纪 30 年代才慢慢消失。旗袍迎来了属于它的黄金时代。

旗袍的局部被西化，在领、袖外采用西式的处理，如用荷叶领、西式翻领、荷叶袖等，或用左右开襟的双襟。这些改革的应用虽并不广泛，但表示了当时人们思想上的自由，旗袍原有的程式不再是必须遵循的。旗袍与西式外套的搭配也是"别裁派"的一个特点，这使得旗袍进入了国际服装大家族，可以与多种现代服装组合，用现在的话来说，它已经"国际化和现代化了"。

30 年代初，旗袍长度沿袭 20 年代的样式，流行短旗袍，下摆长度稍过膝盖，但在 1932 年开始不断加长，长至"衣边扫地"。这主要是因为 1932 年前后都市妇女中开始流行高跟鞋。这种来自欧美风尚的皮鞋与旗袍相配，改变了旗袍的时尚走向。原本以下摆线提高为时尚的旗袍，为增加高跟鞋的美感而加长旗袍下摆，使女性显得纤细修长、性感动人。

无袖紧身长旗袍是海派旗袍的一个创新，在结构上吸取西式裁剪方法，袍身尤为称身合体。这种形制的旗袍在上海的流行时间大约在 20 世纪 30 年代的最后两三年里（图 1-38）。

1937 年的双开襟旗袍，平肩连袖缩至肩下两寸，橙红色竖条纹，极为修身，打破右襟开缝的传统。

1938 年的海派旗袍高领低摆、开衩至膝，橙色提花缎为料，袍身紧窄修长而无袖。

这一时期，国内外通商、交流的机会增多，扩大了国人的着装选择，改变了人们的着装观念。旗袍的面料因此极为丰富，从各类绸缎到欧洲进口的布匹、羽纱、呢、绒、蕾丝等应有尽有，尤其是出现了镂空织物和半透明的化纤及丝绸以后，"透、露、瘦"的旗袍开始流行。

20 世纪 30 年代上海旗袍插画（图 1-39）。

图 1-38

图 1-39

## 三、20 世纪 30 年代某旗袍结构分析

### (一) 连身中袖旗袍

年代：20 世纪 30 年代。

面料：主面料为真丝提花绸。

衣领：立领。

衣身：前后片整片连裁，较合身，右襟长袍，一字纽 5 对，较低衩设计。

衣袖：连身中袖。

工艺：黑色布滚边装饰，黑色一字纽。

中袖旗袍尺寸测绘图解(图 1-40)。

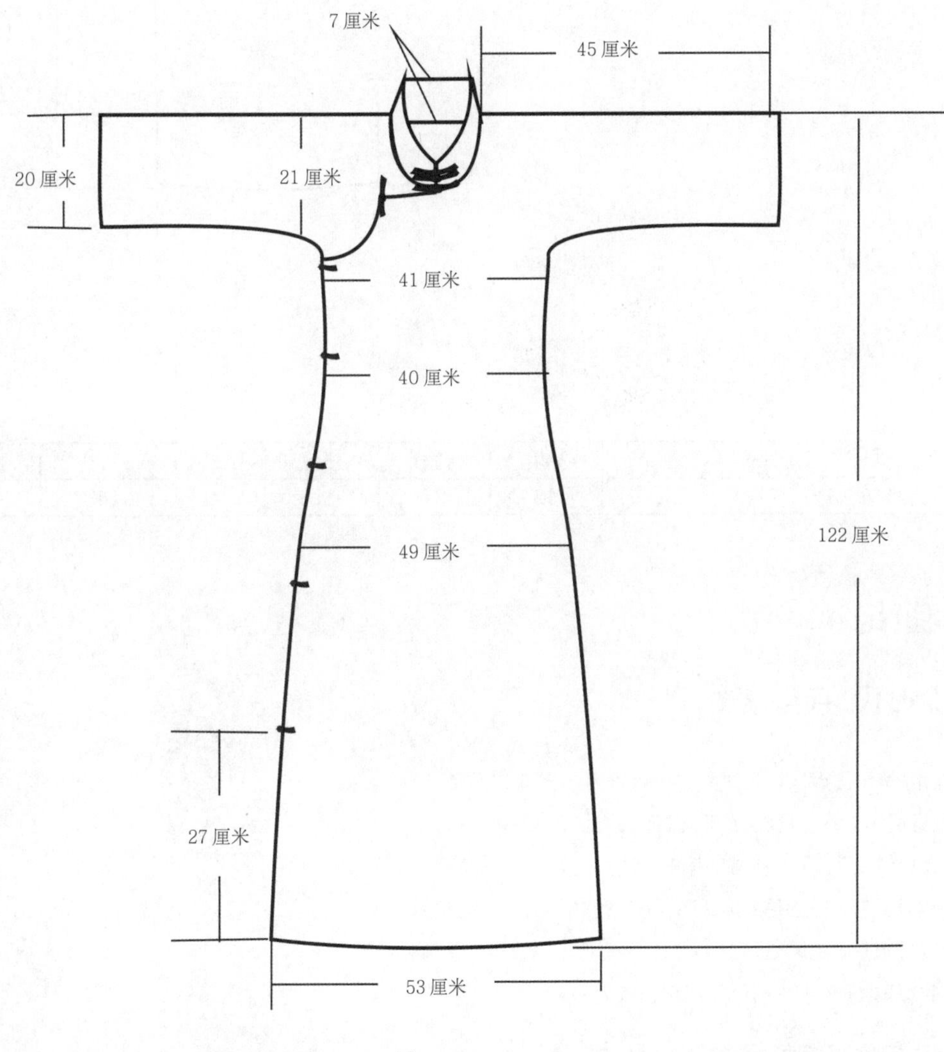


图 1-40

连身中袖旗袍尺寸(表 1-5)

表 1-5

单位：厘米

| 部位 | 衣长 | 出手 | 袖口宽 | 抬肩 | 半胸围 | 半腰围 | 半臀围 | 半下摆宽 | 衩高 | 领高 |
|---|---|---|---|---|---|---|---|---|---|---|
| 尺寸 | 122 | 51 | 20 | 21 | 41 | 40 | 49 | 52. 5 | 27 | 7 |

**（二）款式合身连身短袖旗袍（图 1-41）**

年代：20 世纪 30 年代。

面料：主面料为真丝提花绸。

衣领：立领。

衣身：前后片整片连裁，修身，右襟长袍，衣长及脚面，一字纽 11 对，低衩设计。

短袄：连身短袖。

工艺：简洁，本色布滚边，本色布盘一字纽。

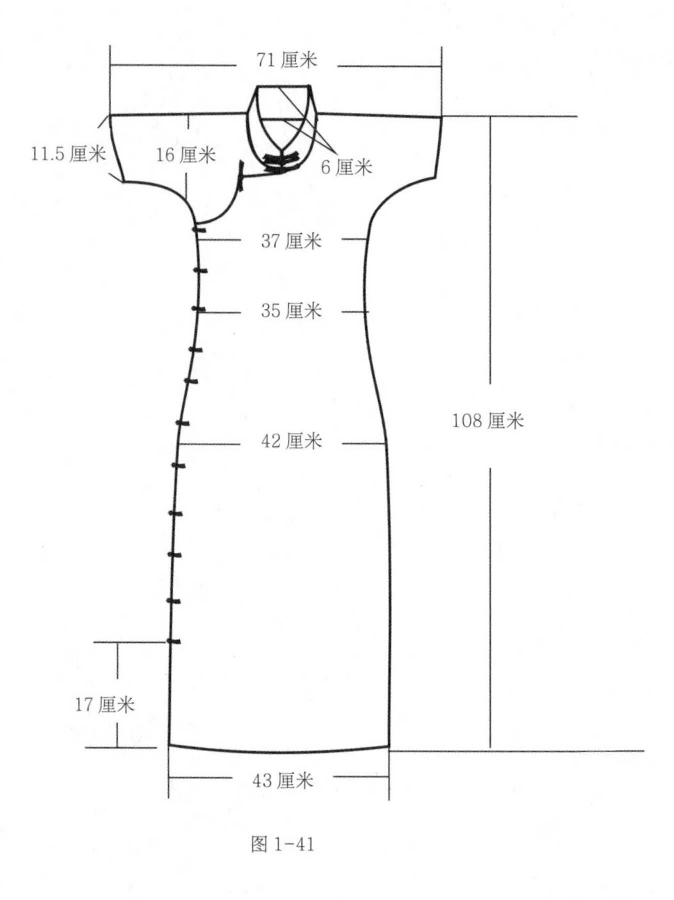


图 1-41

连身短袖旗袍尺寸（表 1-6）



表 1-6　　单位：厘米

| 部位 | 衣长 | 通袖长 | 袖口 | 抬肩 | 胸围 | 腰围 | 臀围 | 下摆 | 衩高 | 领高 |
|---|---|---|---|---|---|---|---|---|---|---|
| 尺寸 | 108 | 71 | 11．5 | 16 | 37 | 35 | 42 | 43 | 17 | 6 |

# 第五节 20 世纪 40 年代

## ——旗袍黄金时代、百花齐放

1937 年抗日战争全面爆发，各界女性积极投入抗日救亡运动，为了行走方便，袍身逐年缩短，开衩也逐渐升高，袖子也变得细长合体。灯红酒绿的三十年代过去了，进入抗战时期的中国大陆处于一个奇特的时代，战地和租界共存，一面是战火纷飞，一面是歌舞升平，而旗袍的款式也由此发展出不同的风格。

抗战时期，旗袍下摆升高，易于行动，颜色也较为朴素（图 1-42）。

1940 年　　1945 年

图 1-42

### 一、20 世纪 40 年代旗袍特征

20 世纪 40 年代上海为东方的时尚之都，来自巴黎的时尚潮流很快波及到上海。20 世纪 40 年代的上海旗袍做工精致，衣料讲究，款式时尚。

由于中国发展的不平衡，一般地区而言，与西方服饰对接就有一定的冲突和缓慢，但与三十年代没有太大的变化。

从 20 世纪 30 年代到 20 世纪 40 年代，一般妇女，尤其是执教鞭的教师及进步学生，一直都盛行穿着“阴丹士林”不褪色的蓝布素色旗袍（图1-43）。

从20世纪20年代至20世纪40年代末，中国旗袍风行了20多年，改变了中国妇女长期以来束胸裹臂的旧貌，让女性体态和曲线美充分显示出来，正适合当时的风尚，与当时女性解放密不可分。到20世纪30年代和20世纪40年代，旗袍已经成为城市女性重要服饰。

旗袍和西装进一步结合起来，裁剪更多采用西式服装做法，加胸省、腰省、垫肩。领和袖更多采用当时流行的款式，领用西式翻领，袖则有荷叶袖、开衩袖，以及下摆缀荷叶边，或缀不对称蕾丝等。更为时尚的就直接在旗袍外穿着西装大衣。月份牌上旗袍的设计直接和洋装结合（图1-44）。

1943年宋美龄访美期间，身穿一字襟装饰长鞭扣黑色缎面旗袍，言谈举止优雅大方，被推选为《时代》杂志封面人物。

图1-43

图1-44

## 二、20世纪40年代旗袍藏品实物分析

### （一）款式超短袖旗袍（图1-45）

年代：20世纪40年代。

面料：主面料为真丝金丝绒提花。

衣领：高立领。

衣身：前后片整片连裁，修身，右襟旗袍。

工艺：简洁、细滚边工艺，九对深蓝色布盘一字纽。

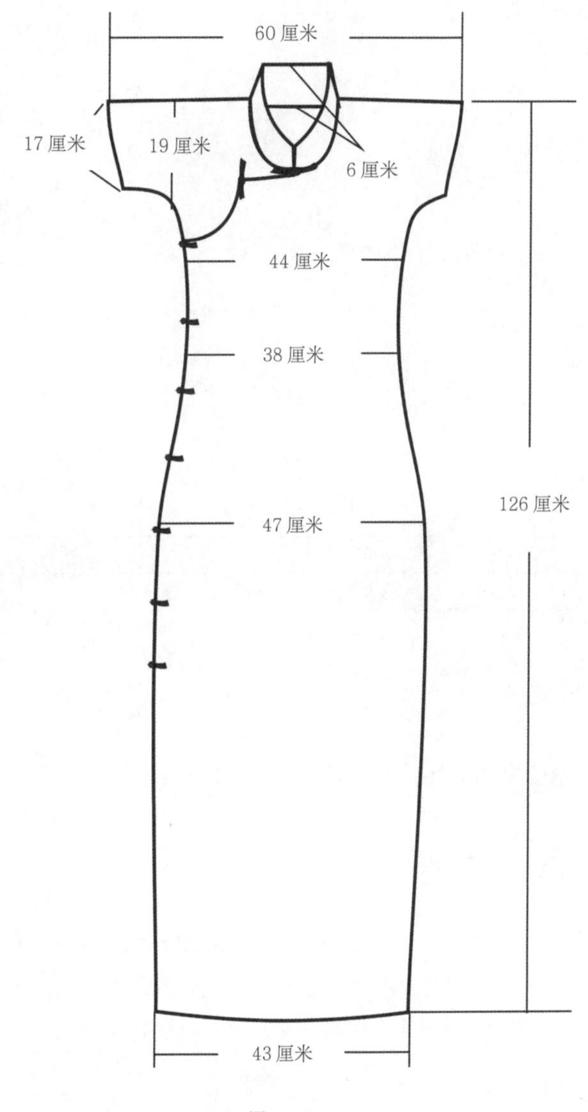

图1-45

真丝金丝绒提花旗袍尺寸（表1-7）

表1-7

单位：厘米

| 部位 | 衣长 | 出手 | 袖口 | 抬肩 | 胸围 | 腰围 | 臀围 | 下摆 | 起翘 | 衩高 | 领高 |
|---|---|---|---|---|---|---|---|---|---|---|---|
| 尺寸 | 126 | 51 | 17 | 196 | 88 | 76 | 94 | 88 | 2 |  | 6 |

（二）香云纱无袖旗袍（图 1-46）

年代：20 世纪 40 年代。

面料：主面料为真丝香云纱。

衣领：立领。

衣身：前后片整片连裁、修身、右襟旗袍。

工艺：简洁、无滚边工艺，腰侧一对本色布盘一字纽。

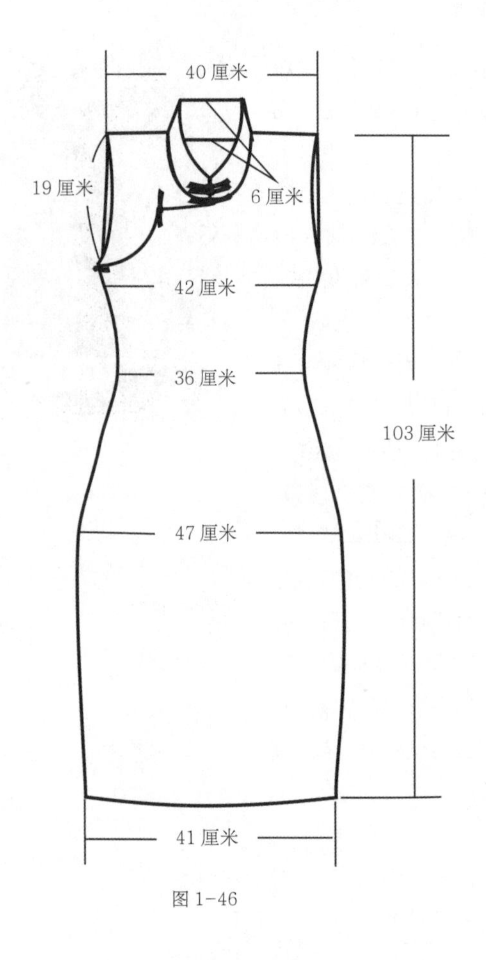


图 1-46



连身短袖旗袍尺寸（图 1-8）

表 1-8　　单位：厘米

| 部位 | 衣长 | 通肩 | 袖口 | 半胸围 | 半腰围 | 半臀围 | 半下摆宽 | 领高 |
| --- | --- | --- | --- | --- | --- | --- | --- | --- |
| 尺寸 | 103 | 40 | 19 | 42 | 36 | 47 | 41 | 6 |

# 第六节 20 世纪 50 年代以后

## ——旗袍文化继承与发展

旗袍作为东方服装的经典代表，有着无穷的魅力。在 20 世纪三四十年代无论春夏秋冬，无论年老还是年幼，旗袍成为当时女性的最爱。随着中华人民共和国成立，服饰潮流也有了很大的变化，女性的服装开始变得中性化，但旗袍的魅力却深深地烙在人们的心中，在一些重要的场合，以及参与一些喜庆活动时，人们还是以旗袍的装扮出现。

## 一、中国香港女性

香港延续开创自上海的旗袍文化，将源自上海的旗袍称做“长衫”。

在香港，“旗袍”专指 20 世纪 20 年代以后中国流行的传统女性袍服，这种女性袍服有一个更为普遍的称谓——“长衫”。

20 世纪香港商业发达，华洋商品荟萃，见证本地潮流的变迁。早在 20 世纪 30 年代，香港商品宣传已紧贴上海的新兴潮流，将穿长衫、打扮入时的女性形象绘印在年历广告画、包装盒和招贴纸上。至 20 世纪六七十年代，对服饰潮流有敏锐触觉的影视艺人，在登台演唱、出席影视圈和其他隆重场合都穿着长衫为礼服，宣传海报和唱片封套亦不乏女艺人身着长衫的造型，与 20 世纪 30 年代以来的电影明星的衣饰品味互相辉映，不但延续开创自上海的服饰传统，亦见证长衫不朽的惊人魅力。

20 世纪 60 年代，香港旗袍以凸胸、细腰、收下摆为突出特点，强调女性的 S 形曲线。短袖、高领，开衩可在膝盖处，外在形体轮廓利落简洁，将女性身体的理想之处明确点出，却无丝毫啰嗦累赘之处。

这种 S 曲线虽然也是通过立体剪裁完成的，但更多的是与当时的世界风潮有关，尤其与当时的内衣发展很有关联。图 1-47 为 20 世纪 60 年代邵氏女星的合影。

比如原先旗袍是高领的，但日常穿着中领子高度降低了。长旗袍之后，高领曾向更为便利舒适的普通高度立领发展，之后才有了凸胸旗袍领口处的圆弧边。这种旗袍领子在视觉上对脖颈有修饰效果。女性一般都很明白，V 领、长项链等都有修饰脸部的效果。当时的女子喜欢眉目迥然的明朗之美，配合凸胸旗袍，使得面部秀丽妩媚。

又如，尽管依然强调胸部曲线，但是不如子弹胸罩那么锋利了，一方面也有子弹胸罩逐渐衰退的原因。还有腰部，显然不是哪个女性都拥有明星一般的细腰……这就是流行与实际之间的差距（图 1-48）。

图 1-47

图 1-48

同时，20 世纪 60 年代香港女性日常所穿的旗袍以素色或印花为主，十分简单朴素。这些旗袍的领襟样式与民国时代的旗袍有很大区别，大襟成了圆润的弧度，并且使用暗扣和侧拉链，更凸显了凸胸旗袍整体的曲线感。

所以，尽管同样是对旗袍追求曲线，凸胸旗袍的曲线是多种因素互相衬托之下带来的，是当时流行的产物。

香港邮政特以“旗袍”为题发行邮票，回顾近一个世纪以来旗袍的演变。一套六枚邮票，分别展现不同年代旗袍的特色，图案堪称经典（图 1-49）。

图 1-49

## 二、中国台湾女性

1949 年，随着不少女性从大陆迁居台湾，也带去了大陆三四十年代的旗袍文化，旗袍在台湾的传承未曾间断。

随着台湾社会的发展，旗袍文化也日益受到西方服饰文明的影响，1965 年宋美龄在美国时的着装为旗袍加西式外套。

## 三、中国大陆女性

中国大陆 20 世纪 50 年代是人民当家作主的时代，民主、艰苦奋斗和集体主义等时代精神也反映在服装上，强调简朴和实用性。此时的旗袍也深深烙上了时代的印记，比以往增添了健康自然的气质，不妖、不媚、不纤巧、不病态，符合当时美观大方的审美标准。

1963 年王光美随刘少奇出访四国，穿旗袍戴项链，以旗袍的装扮来展示中华女性的风采，高贵优雅，受到了许多外国友人的赞赏，从那时起旗袍便扮演起礼服的角色。

旗袍在历经了一段时期的沉寂之后，鼎盛风华已逐渐远去，但随着传统文化重新被重视，旗袍也被视为中华民族服装的象征之一。1983 年 5 月 23 日，经国务院批准，外交部发布（83）部礼字第 94 号《外交部关于参加外事活动着装问题的几点规定》，旗袍为女性外交人员礼服之一。2011 年 5 月 23 日，旗袍手工制作工艺成为国务院批准公布的第三批国家非物质文化遗产之一。

如今重新流行的旗袍，已迥然不同于旧制，其实是在民国旗袍的基础上进行西式改良，但依然保留 20 世纪 30 年代至 20 世纪 40 年代确立的旗袍的基本形态和那一抹化不开的东方风情。图 1-50 为各地兴起的旗袍文化活动。

图 1-50

# 第二章
# 旗袍设计与创新

儒家文化是中国传统文化思想的核心，早期的袍服造型宽大、平直、生硬，将人体的曲线遮掩得严严实实。直到 20 世纪三四十年代，旗袍受到西方立体服饰造型的影响，开始向立体造型的形式转化。现代旗袍造型在许多细节上都汲取了西式服装的造型元素，采用收腰、收省的手法来显现女性人体之美，旗袍这种简约而凝练的线条将东方女性的柔美曲线凸显无遗。

在人们重新审视并进行本国传统文化回归的需求下，传统旗袍技艺需要传承与创新并举，尊重传统制作技艺，同时与时俱进，对旗袍创新设计，引入新理念、研发新面料、应用新工艺。

# 第一节 旗袍材料传承与创新

旗袍典雅、精致、含蓄的美，不仅仅对其外形而言，还包含了那美妙绝伦的材质。旗袍所选的材质比较广泛，可华丽也可素净，常用面料包含丝绸织物、棉织物、麻织物、羊毛织物、新型织物等。

## 一、高贵华丽——丝绸织物

丝绸是中国古代劳动人民发明并大规模生产的服装面料，更开启了世界历史上第一次东西方大规模的商贸交流——史称“丝绸之路”。从西汉起，中国的丝绸不断大批地运往国外，成为世界闻名的产品。那时从中国到西方去的大路，被欧洲人称为“丝绸之路”，中国也被称之为“丝国”。

旗袍首选的材质是有着“纤维皇后”美称的中国特产丝绸织物。

### （一）丝绸织物的概况

丝绸织物所含的天然纤维主要是蛋白质纤维，是熟蚕结茧时所分泌丝液凝固而成的连续长纤维，也称天然丝，是人类最早利用的动物纤维之一，包括桑蚕丝、柞蚕丝、蓖麻蚕丝、木薯蚕丝等（图 2-1）。

图 2-1



### （二）丝绸织物的性能

第一：舒适感。丝绸是由蛋白纤维组成的，与人体有极好的生物相容性，加之丝绸表面光滑，其对人体的摩擦刺激系数在各类纤维中是最低的，仅为 7.4%。因此，它以其特有的柔顺质感，依着人体的曲线，体贴而又安全地呵护着穿着者的每一寸肌肤。

第二：吸、放湿性好。蚕丝蛋白纤维富含亲水性基团，又由于其多孔性，易于水分子扩散，所以它能在空气中吸收水分或散发水分，并保持一定的水分。在夏季穿着，又可将人体排出的汗水及热量迅速散发出去，使人感到凉爽无比。正是由于这种性能，真丝织品更适合于与人体皮肤直接接触。丝绸面料是夏装的优良选择。

第三：良好保暖性。丝绸的保温性得意于它的多孔隙纤维结构。

### （三）丝绸织物在旗袍中的应用

1. 双绉、素绉缎、绢纺、杭罗、电力纺等质地柔软轻薄的丝绸织物是夏季旗袍的最佳面料。这类材质舒适凉爽，轻盈而不透漏，不仅穿着舒适而且将女性的丰韵柔媚一展无遗。

图 2-2

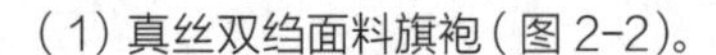

（1）真丝双绉面料旗袍（图 2-2）。

（2）真丝绢纺面料旗袍（图 2-3）。

（3）电力纺面料旗袍：电力纺是桑蚕丝生织纺类丝织物，以平纹组织织制。电力纺织物质地紧密细洁，手感柔挺、光泽柔和，穿着滑爽舒适。重磅的主要用作夏令旗袍、裙子面料及儿童服装面料，中等的可用作服装里料，轻磅的可用作衬裙、头巾等，是一种高档面料（图 2-4）。

（4）杭罗旗袍：杭罗用合股丝以罗组织组成，质地较薄，手感滑爽。杭罗旗袍花纹雅致，穿着透气（图 2-5）。

2. 古香缎、织锦缎、金玉缎、金丝绒面料旗袍：此类面料质地较厚挺，带绒感，显高档，是春秋季旗袍的经典面料。

（1）织锦缎旗袍

织锦缎绚丽斑斓的色彩组合、美轮美奂的传统图案，更衬出旗袍华丽的基调。

图 2-3

图 2-4

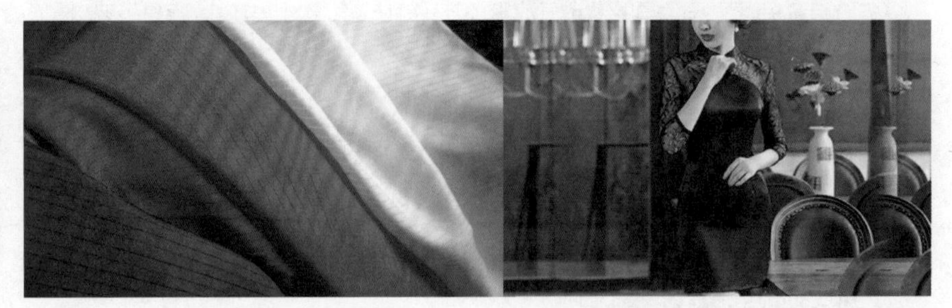

图 2-5

织锦缎是 19 世纪末在我国江南织锦基础上发展而成的。它是以缎纹为地，以三种以上的彩色丝为纬，即一组经与三组纬交织的纬三重纹织物。八枚经面缎纹用提花机织造。现代织锦缎按原料可分为：真丝织锦缎、人丝织锦缎、交织织锦缎和金银织锦缎等 9 种。其花纹精致，色彩绚丽，质地紧密厚实，表面平整光泽，是我国丝绸中具有代表性的品种。

织锦缎面料柔滑，重质感，有垂势。色泽鲜艳华丽，配上吉祥富贵等寓意美好的文字图案，非常有高贵气质，古代穿着者非富即贵，也是一种身份和地位的象征。由于工艺比较复杂所以耗费人力，面料本身的价格就很贵了，所以一般只出现在婚庆典礼场合。织锦缎参以金线、银线织造的就更是上乘之品了（图 2-6）。

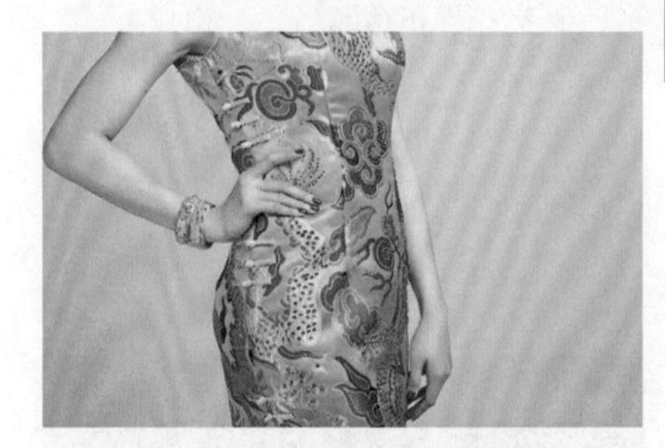

图 2-6

（2）金丝绒面料旗袍。金丝绒的经、纬丝都采用不加捻的生丝，以平纹组织为地，绒面为有光人造丝，绒经以“W”形固结，并以一定浮长浮于织物表面，织成的坯绒似普通经面缎纹织物。用割绒刀把织物表面的经浮线割断，使每一根绒经呈断续状的卧线，然后经过精练、染色、刷绒等加工，形成产品。金丝绒绒毛的密度和高度，取决于绒经的细度、经纬密度、浮长以及绒经和地经的排列比等。

金丝绒面料旗袍柔软亲肤，手感丝滑，有韧性，高贵上档次（图 2-7）。

图 2-7

3. 香云纱面料旗袍。香云纱是广东省佛山市顺德区特产，也是中国国家地理标志产品。

香云纱俗称莨绸、云纱，是一种用广东特色植物薯莨的汁水对桑蚕丝织物涂层，再用珠三角地区特有的含矿河涌塘泥覆盖，经日晒加工而成的一种昂贵的纱绸制品。由于穿着走路会“沙沙”作响，所以最初叫“响云纱”，后人以谐音叫作“香云纱”。

香云纱是世界纺织品中唯一用纯植物染料染色的丝绸面料，被纺织界誉为“软黄金”。实际上是薯蓣科的薯莨汁液泡过的小提花绸，和广东顺德、南海、三水、佛山等地特有的没有被污染过的河泥（俗称“过河泥”）发生化学作用的产物。薯莨汁液主要成分为易于氧化变性产生凝固作用的多酚和鞣质，和“过河泥”的高价铁离子发生化学反应后产生黑色沉淀物，凝结在制作绸缎的表面。传统香云纱正面黑色，反面黄褐色，现代也有多色香云纱。

香云纱手感挺爽柔润，具有防水、防晒，手洗牢度佳，易洗易干，经久耐穿等特点，是千百年来我国南方常用的夏季服装面料，并出口东南亚各国。

图 2-8 为香云纱旗袍。

图 2-8

## 二、舒适典雅——棉织物

### （一）棉织物的概况

棉织物，是以纤维素纤维棉纱为原料织造的织物。棉织物以优良的服用性能成为最常用的面料之一，柔软、透气、吸湿、全年穿着的舒适性、性能优良和耐穿。

冬季穿着保暖性好，夏季穿着透气凉爽，但其弹性较差，缩水率较大，容易起皱（图 2-9）。

图 2-9

### （二）棉织物旗袍

比起华丽的绸缎旗袍，棉质地的短旗袍更接地气，素雅、清爽、纯净，很生活化。

1. 印花棉布旗袍（图 2-10）。

2. 色织条格棉布旗袍。

（1）条纹棉布旗袍（图 2-11）。

（2）格子棉布旗袍（图 2-12）。

3. 提花棉布旗袍（图 2-13）。

图 2-10

图 2-11

图 2-12

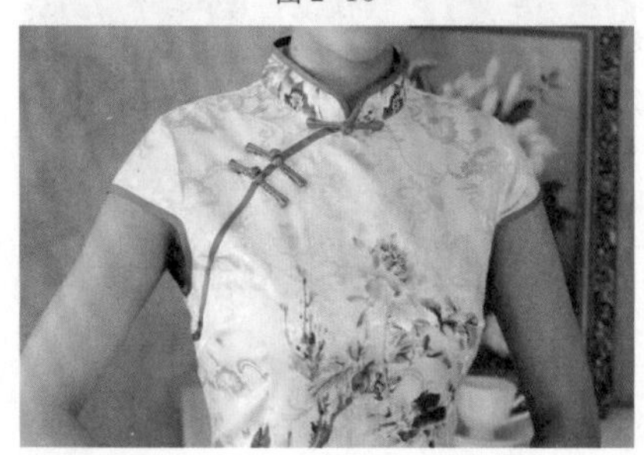

图 2-13

## 三、自然朴素——麻织物

### （一）麻织物的概况

麻纤维有很多品种，有苎麻、亚麻、黄麻和罗布麻等几种软质麻纤维。麻的主要成分是纤维素，麻纤维具有一些与棉纤维相似的性质，在洗涤和熨烫时也应该像对待棉织物一样地对待麻织品。

麻织物的强力和耐磨性高于棉布，吸湿性良好，抗水性能优越，不容易受水侵蚀而发霉腐烂，对热的传导快，穿着具有凉爽感。由于麻纤维的特点使麻布坚牢耐穿、爽括透凉，成为夏季理想的旗袍面料（图 2-14）。

图 2-14

### （二）麻织物旗袍

1. 印花苎麻布旗袍（图 2-15）。
2. 格子麻布旗袍（图 2-16）。
3. 提花麻布旗袍（图 2-17）。

图 2-15

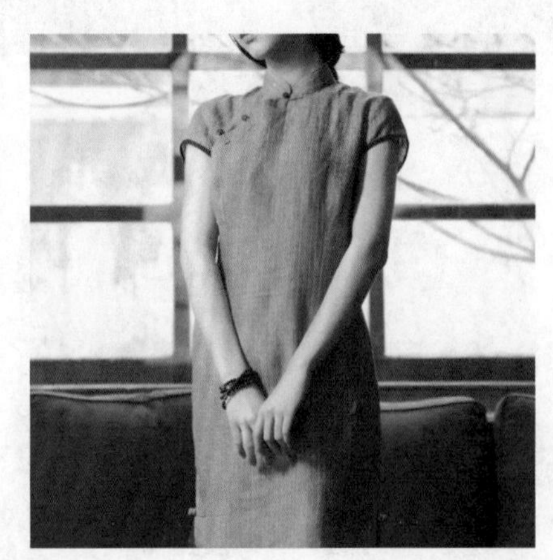

图 2-16

图 2-17



## 四、高雅华丽——羊毛面料

### （一）羊毛织物的概况

羊毛主要由蛋白质组成。羊毛纤维柔软而富有弹性，可用于制作呢绒、绒线、毛毯、毡呢等纺织品。

羊毛是纺织工业的重要原料，它具有弹性好、吸湿性强、保暖性好等优点。

羊毛纺织品以其华贵高雅、穿着舒适的天然风格而著称，特别是羊绒有着“软黄金”之美名（图 2-18）。

图 2-18

## (二)羊毛织物旗袍

1. 经典长袖长款旗袍，采用高质量的双呢面料，保暖温馨，是秋冬季旗袍的最佳选择(图 2-19)。

2. 毛呢面料镶边旗袍，采用柔软厚重的毛呢面料，领口袖口拼接兔毛，温暖大气，领部袖口和下摆有精致绣花，穿着很舒服，保暖效果不错(图 2-20)。

3. 双面呢绣花加厚旗袍，面料用 90% 羊毛与其他材质混纺，沿用镶、绣、滚、嵌等传统工艺，也可以与西式大衣搭配穿着(图 2-21)。

4. 秋冬旗袍外搭的羊毛披风(图 2-22)。

图 2-19

图 2-20

图 2-21

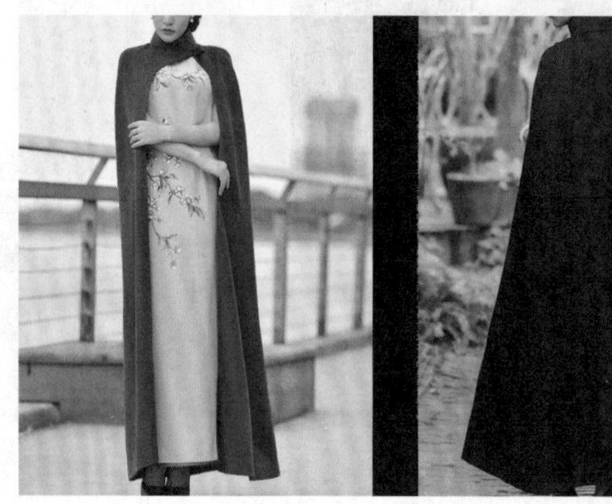

图 2-22



# 五、时尚创新旗袍面料

随着时代的发展，对传统面料的织造、图案设计、染色、后整理等进行创新，融入更多的时代元素。

## (一)采用蜡染、扎染、手绘等个性化的手法给传统面料赋予时代的寓意

1. 蜡染旗袍。蜡染是我国古老的少数民族民间传统纺织印染手工艺，古称蜡，与绞缬(扎染)、夹缬(镂空印花)并称为我国古代三大印花技艺。贵州、云南苗族、布依族等民族擅长蜡染。蜡染是用蜡刀蘸熔蜡绘花于布后以蓝靛浸染，去蜡后，布面就呈现出蓝底白花或白底蓝花的多种图案，同时，在浸染中，作为防染剂的蜡自然龟裂，使布面呈现特殊的“冰纹”，尤具魅力。蜡染图案丰富，色调素雅，风格独特。

用蜡染面料制作旗袍，显得朴实大方、清新悦目，富有民族特色(图 2-23)。

图 2-23

2. 扎染旗袍。扎染古称扎缬、绞缬和染缬，是中国民间传统而独特的染色工艺，是指织物在染色时部分结扎起来使之不能着色的一种染色方法，是中国传统的手工染色技术之一。

云南大理的白族扎染技艺、四川的自贡扎染技艺先后被文化部列入国家级非物质文化遗产。南通扎染技艺被列入江苏省级非物质文化遗产名录。

扎染用染色方法达到了印花的效果，而且由于手工扎法无重现性，所以世上不可能有完全相同的扎染饰品，这就是扎染的独特魅力。

扎染可用在真丝、全棉、化纤、皮革、麻、毛等面料上。

扎染经过设计人员的巧妙构思，采用质地合适的面料、配色和纹样进行旗袍的创作，使人们感到舒展、流畅，具有独到的民族特色（图 2-24）。

图 2-24

3. 手绘旗袍。手绘服装，即在原有或纯色成品服装基础上，根据服装的款式、面料以及顾客的爱好，画师在服装上用专门的服装手绘颜料绘画出精美、个性的画面。在不影响服装使用性的基础上，更增添其可观性。服装的画面可以是漫画卡通、真人素描，亦可以是风景、图案或装饰纹样；可以是故事片段配上文字，亦可以是顾客自己的所爱图片加真情告白。只要是可以绘画的，无论国画效果还是油画效果，基本都能呈现出来。简单地说，具有手工绘画图案的服装就称为手绘服装。

手绘旗袍则主要以体现东方传统艺术表现手法的形式，彰显出每件作品的独创性和艺术个性（图 2-25）。

图 2-25

**（二）对传统丝绸面料的成分结构进行革新**

传统丝绸面料是旗袍的主打用料，对传统丝绸面料的革新可赋予时代气息。

1. 弹力丝绸旗袍。以往的缎类织物都是以纯蚕丝或蚕丝与黏胶丝、锦纶丝相交织，如今在缎类面料的织造中以 93% ~ 94% 的真丝与 7% ~ 6% 氨纶进行组合，使缎类面料保留了真丝织品的光泽与华丽，又更富有弹性，而且更挺括。使旗袍造型更符合人体，更能显现出女性优美的凹凸曲线（图 2-26）。

图 2-26

2. 丝麻、丝棉旗袍。为了更好地克服丝绸面料易皱、难洗的缺陷，缎类面料的织造中除了加氨纶以外，再加入适量的棉纤维、麻纤维进行混纺、交织，无论是色泽还是手感都十分柔和，更为经济实用，抗皱效果和色牢度也都非常好。用这类面料来制作旗袍，会给人一种更平和、更朴素、更休闲的感觉，更符合现代人的生活品位，也打破选择传统面料的格局。图 2-27 为丝麻、丝棉旗袍。

图 2-27

3. 面料跨界应用制作旗袍。用制作其他类别的服装面料来制作旗袍也是旗袍发展的一条新途径。

牛仔布料设计的旗袍，给人以全新的视觉效果，深受海派消费者和海外客人的喜爱（图 2-28）。

不同种类现代面料的相拼组合也是一种不错的设计手段，如桃皮绒与柔软的羊皮相拼接、针织面料与蕾丝相组合，使得旗袍元素时装设计有强烈的时代感（图 2-29）。

图 2-30 为弹性面料与蕾丝组合旗袍。

图 2-28

图 2-29

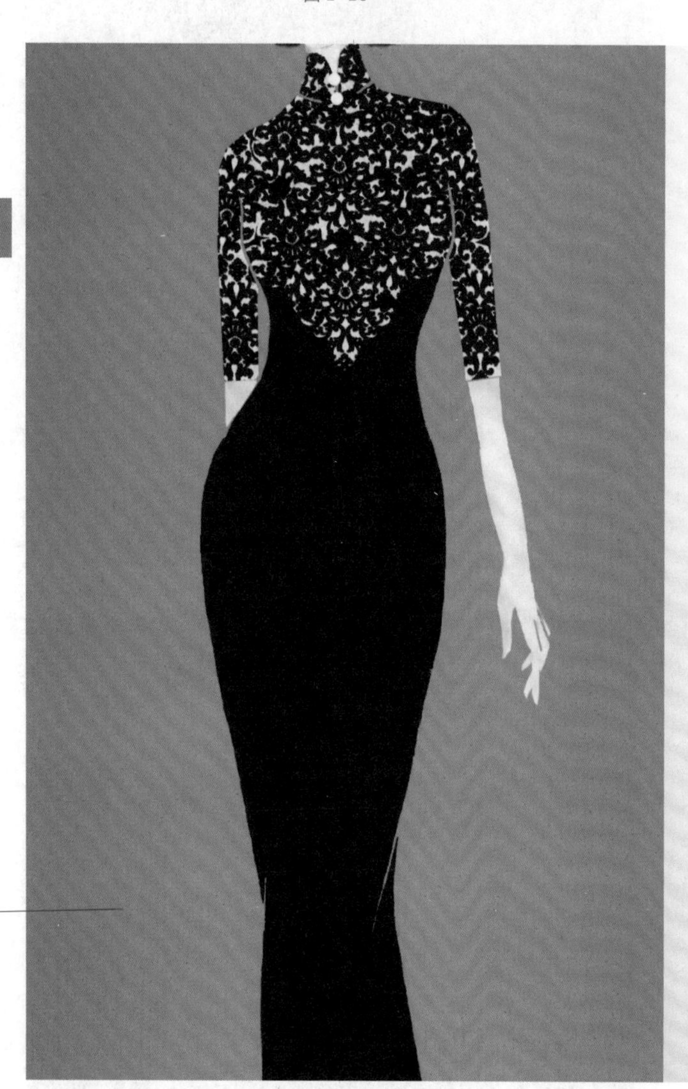

图 2-30

# 第二节 款式设计与创新

## 一、旗袍长度设计

旗袍长度的变化，体现了旗袍不同的风格特征。历史上因文化和社会多方因素的影响，旗袍的长度变化有一定的时代印记（图 2-31)。

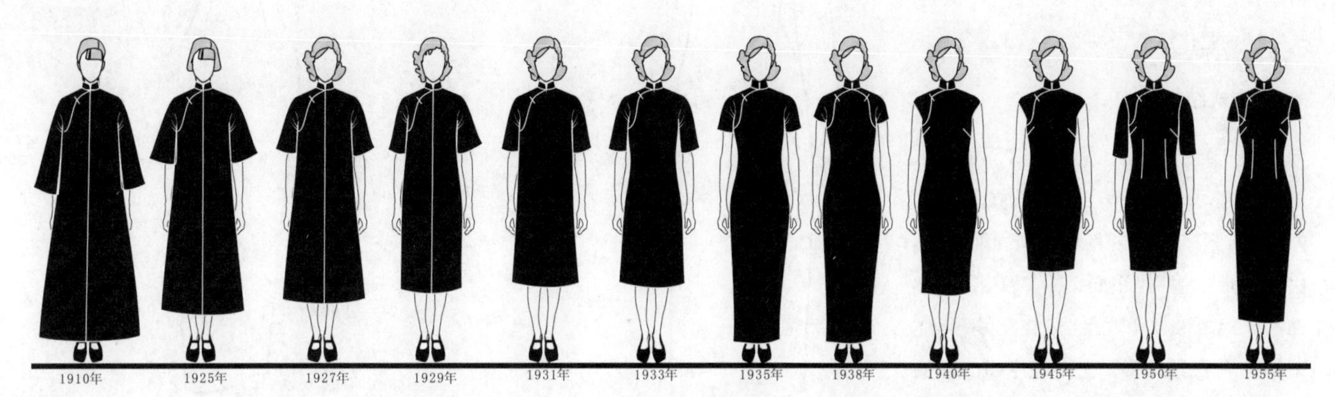


图 2-31

今天是个性化服装时代，旗袍长度的设计则与服装风格有关。

旗袍的长度至脚踝或在膝盖以下 15 ~ 20 厘米，适合传统款式、礼仪款式。根据人体工学，当旗袍的长度在人的膝盖以上 3 厘米的时候，人的活动量就可大大增加，膝盖以上的长度比较适合年轻人张扬、好动的个性，短小精悍显得非常有活力（图 2-32)。

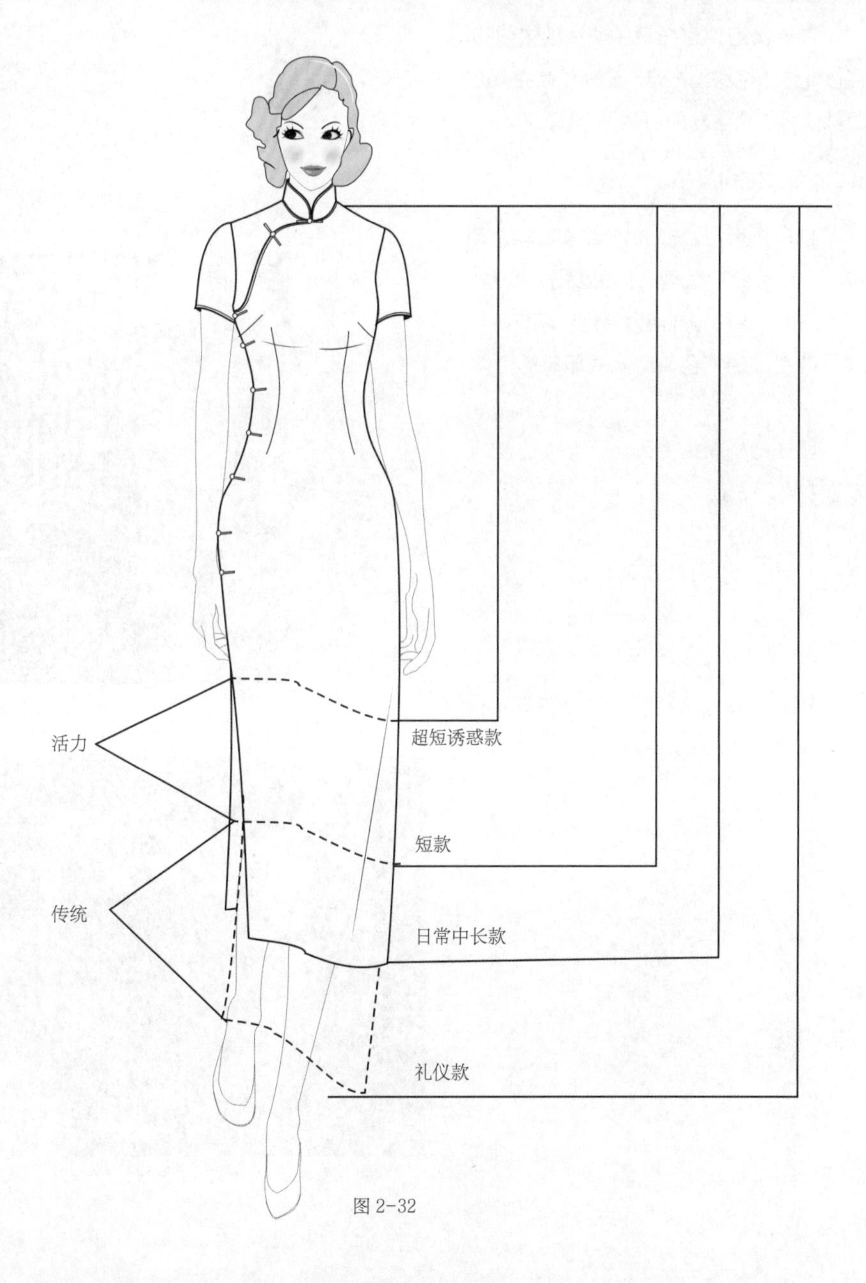


图 2-32

## 二、旗袍的结构设计

现代旗袍在结构设计上已广泛借用西式服装的结构设计原理，当然传统中式裁剪也仍然适用。

为了便于阐述旗袍的结构特点，本书将旗袍的裁剪方法归纳为中式结构、西式结构、变化结构三种类型（图 2-33）。

### （一）中式结构旗袍

中式结构旗袍，又称中式旗袍、古法旗袍。它承载着中华五千年的服饰文化，为平面结构、前后片连裁无肩缝连衣袖。民国初期为十字型平面结构、破中缝的连袖，20 世纪 30 年代至 20 世纪 40 年代采用前后衣身连裁，为不破中缝的连袖的平面裁剪。

传统旗袍也寄托着中华民族浓浓的民族情结，婉约且古典。在现代社会，这仍然值得传承与发扬（图 2-34）。

### （二）西式结构旗袍

它是指采用西式立体结构裁剪的旗袍。前后片分片裁剪，斜肩设计，收省、绱袖结构，这种构成使得现代旗袍既有中式传统服装的特色又有西式服装的合体效果。

西式结构旗袍受到当代女性的普遍欢迎（图 2-35）。

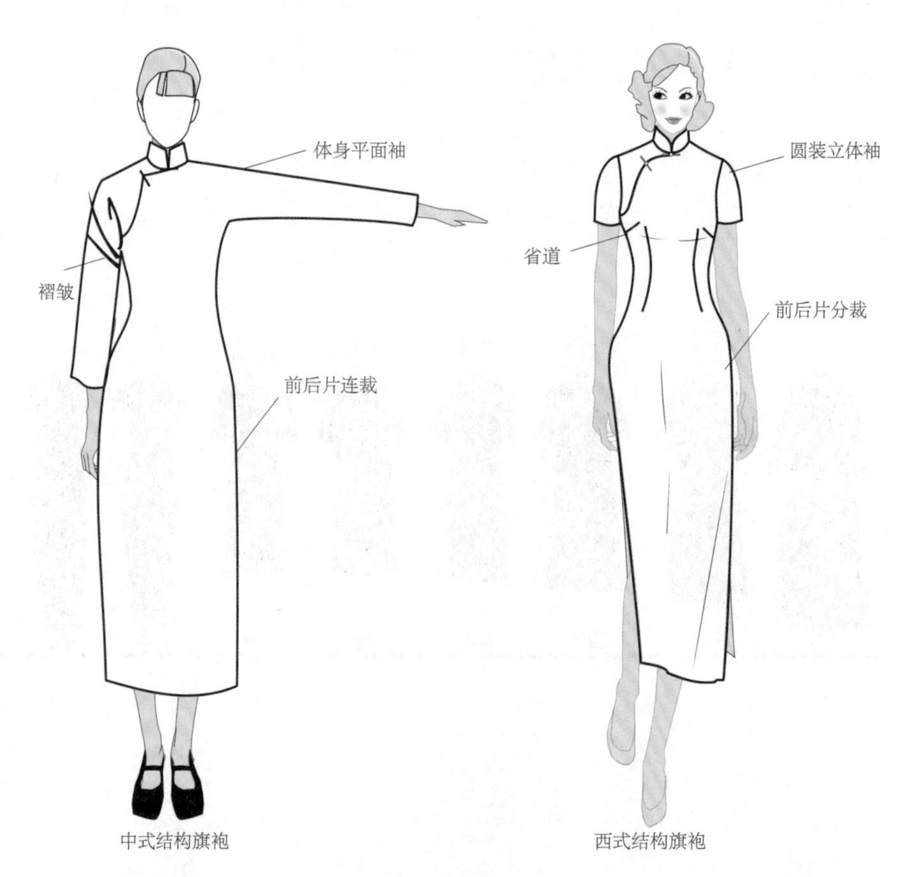


图 2-33

图 2-34

图 2-35

### （三）变化结构旗袍

它是指在保持其大的造型基本不变的基础上，对背部、肩部、门襟等局部造型进行创新与改良，汲取西方礼服的设计元素设计而成的旗袍。变化结构通常是通过肩部抽碎褶，或露肩、不对称露肩等设计语言；背部通过镂空的手法，或者镂空以后加垫蕾丝等设计手法，打破以往旗袍固有的严谨格局，从而增添几分性感与浪漫；在门襟的处理上，可以抛开传统的斜襟设计章法，采用前襟、肩襟，甚至无襟的设计手法。总之抽象地将“旗袍精神”糅合进时尚的女装设计之中，使得改良后的款式既不失旗袍原有的典雅，又蕴含着西式礼服的浪漫气息，可谓是中西合璧。这种设计手法很容易赢得年轻知识女性的青睐（图 2-36）。

图 2-36

## 三、领型的设计

旗袍领作为旗袍构成的关键元素之一，对旗袍的款式有非常重要的影响。旗袍领型设计可以为无领、经典立领、企鹅领、凤仙领、水滴领、竹叶领、马蹄领等。

旗袍领型样式分类如图 2-37 所示：

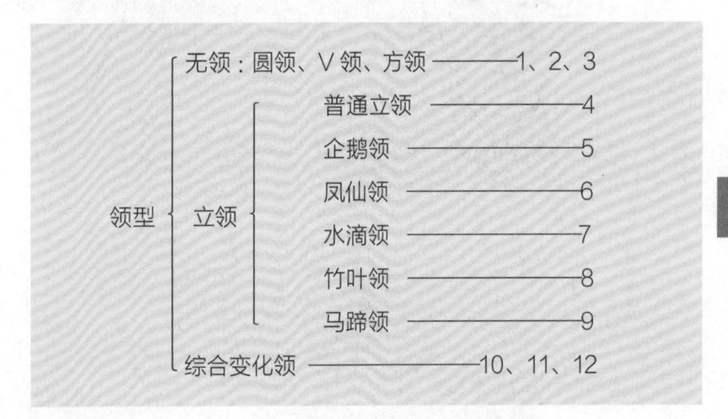


图 2-37

### （一）无领

中国传统袍服无领较多，近现代旗袍则少有应用（图 2-38）。

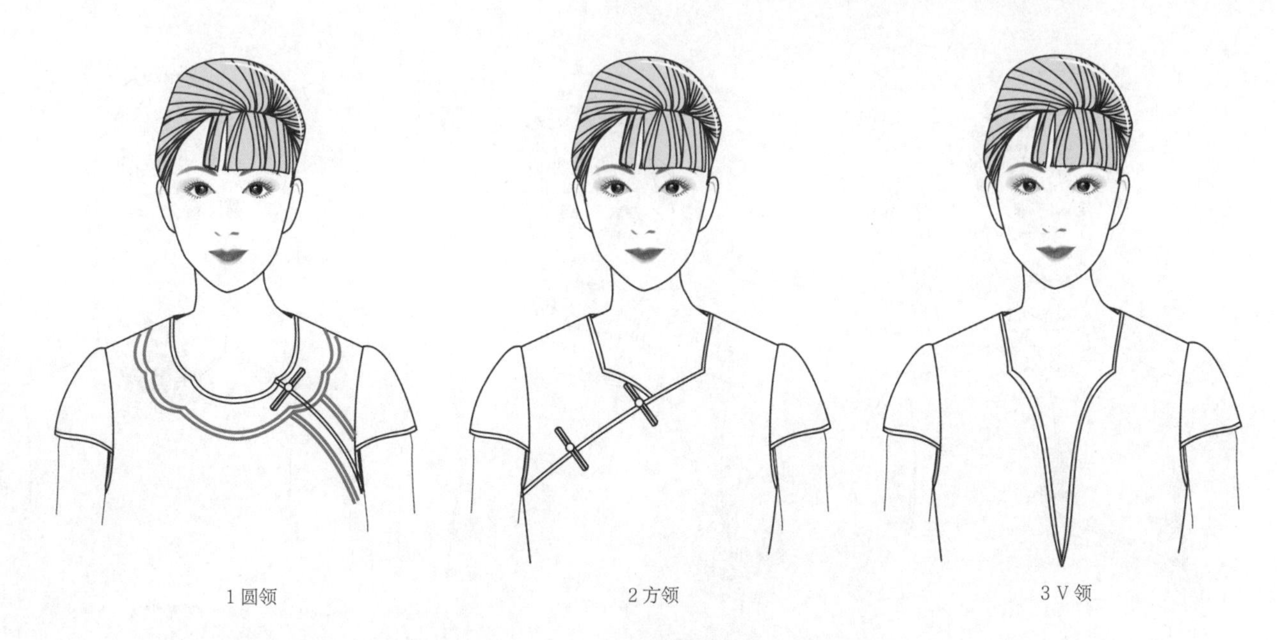

1 圆领　　2 方领　　3 V 领

图 2-38

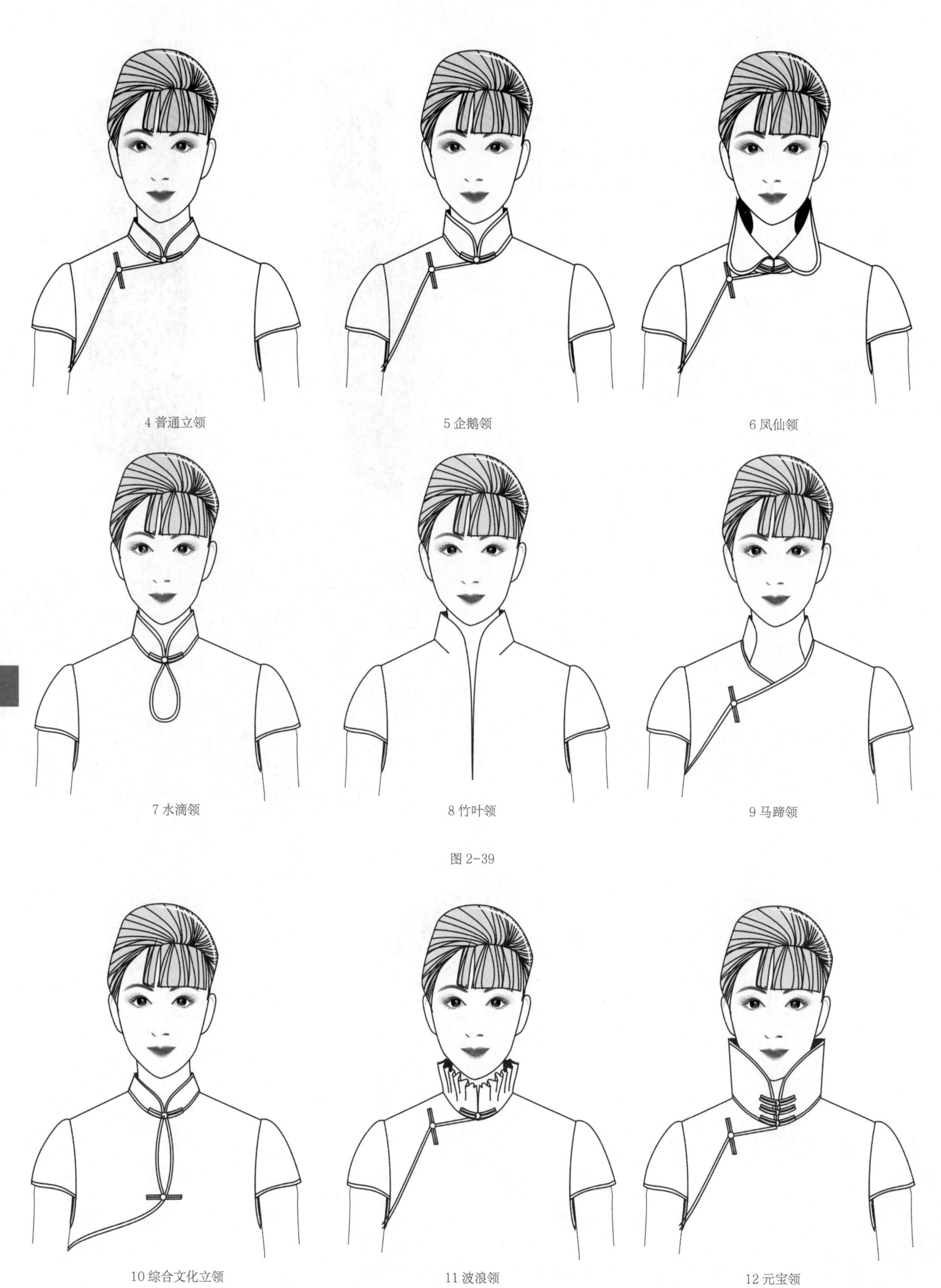


图 2-39

图 2-40

### （二）立领

立领是旗袍的主要领型，包含普通立领、企鹅领、凤仙领、水滴领、竹叶领、马蹄领等。立领的制作传统上用浆糊浆硬的内衬，现代则多用黏合衬工艺（图2-39）。

### （三）综合变化领型

它是指结合现代服装设计进行多种领型设计（图2-40）。

## 四、门襟的设计

门襟作为服装的重要组成部分，是服装造型的重要分割线，其功能性与装饰性并存。它和衣领、纽扣或搭襻互相衬托，和谐地表现服装的整体美。

旗袍的襟包括左右连襟、右襟、对襟、左襟、双襟、变化襟等。

图2-41为门襟样式分类。

### （一） 左右连襟（图2-42）

### （二）右襟

右襟是旗袍的主要形式，变化形式多样（图2-43）。

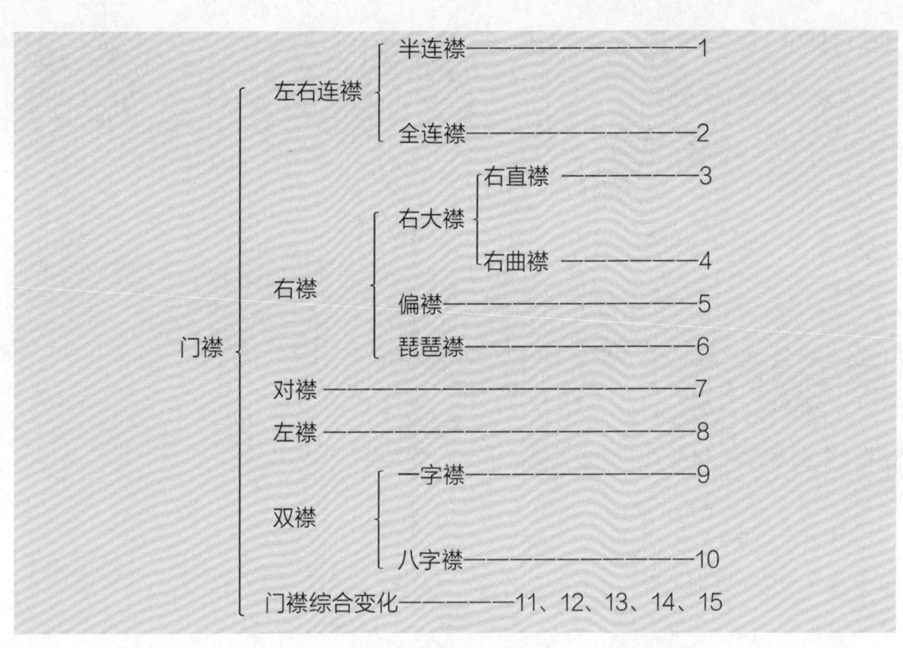


图2-41

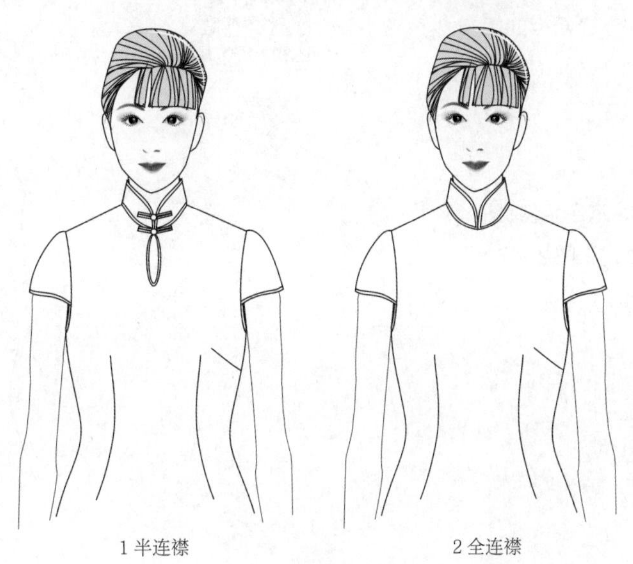

1 半连襟　2 全连襟

图2-42

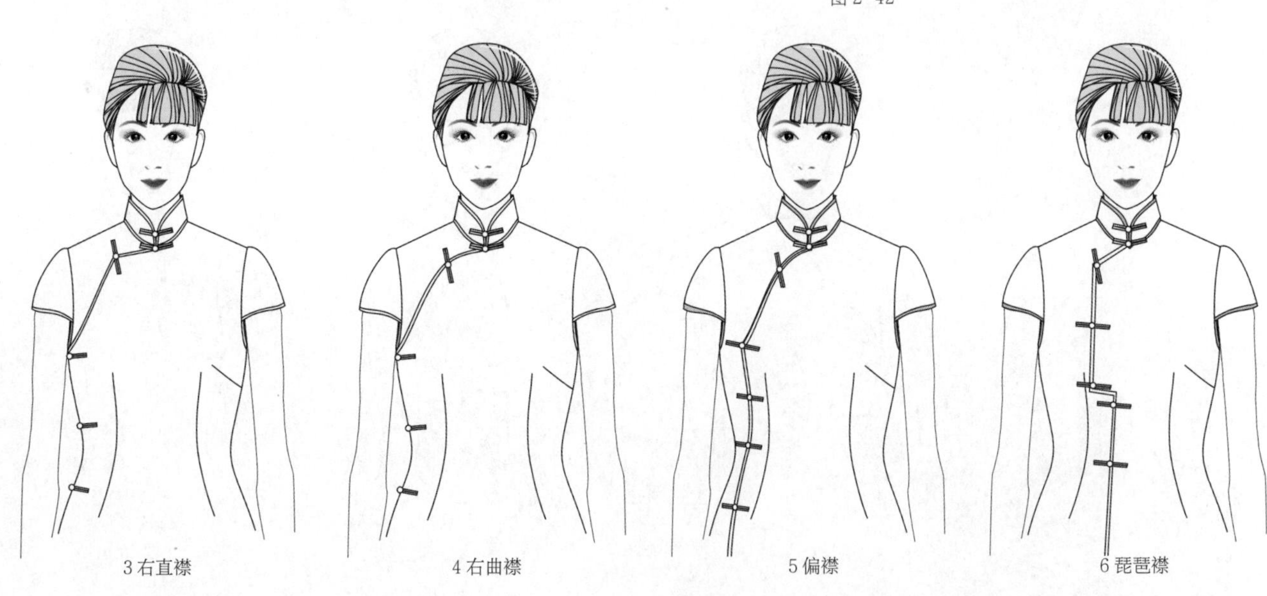

3 右直襟　4 右曲襟　5 偏襟　6 琵琶襟

图2-43

### （三）对襟

对襟也是中华袍服的常用襟形之一，图 2-44 中之 7。

### （四）左襟（图 2-44 中之 8）。

### （五）双襟包

双襟包含一字襟和八字襟（分别为图 2-44 中之 9、图 2-45 中之 10）。

在制作方面，对襟比单襟复杂，先在旗袍上开了两边的襟，然后把其中一个襟缝合。这个襟只作装饰，所以穿着双襟的旗袍与单襟的一样，只不过双襟的旗袍在视觉上有所不同。

### （六）门襟的综合变化（图 2-45 中之 11、12，图 2-46）。



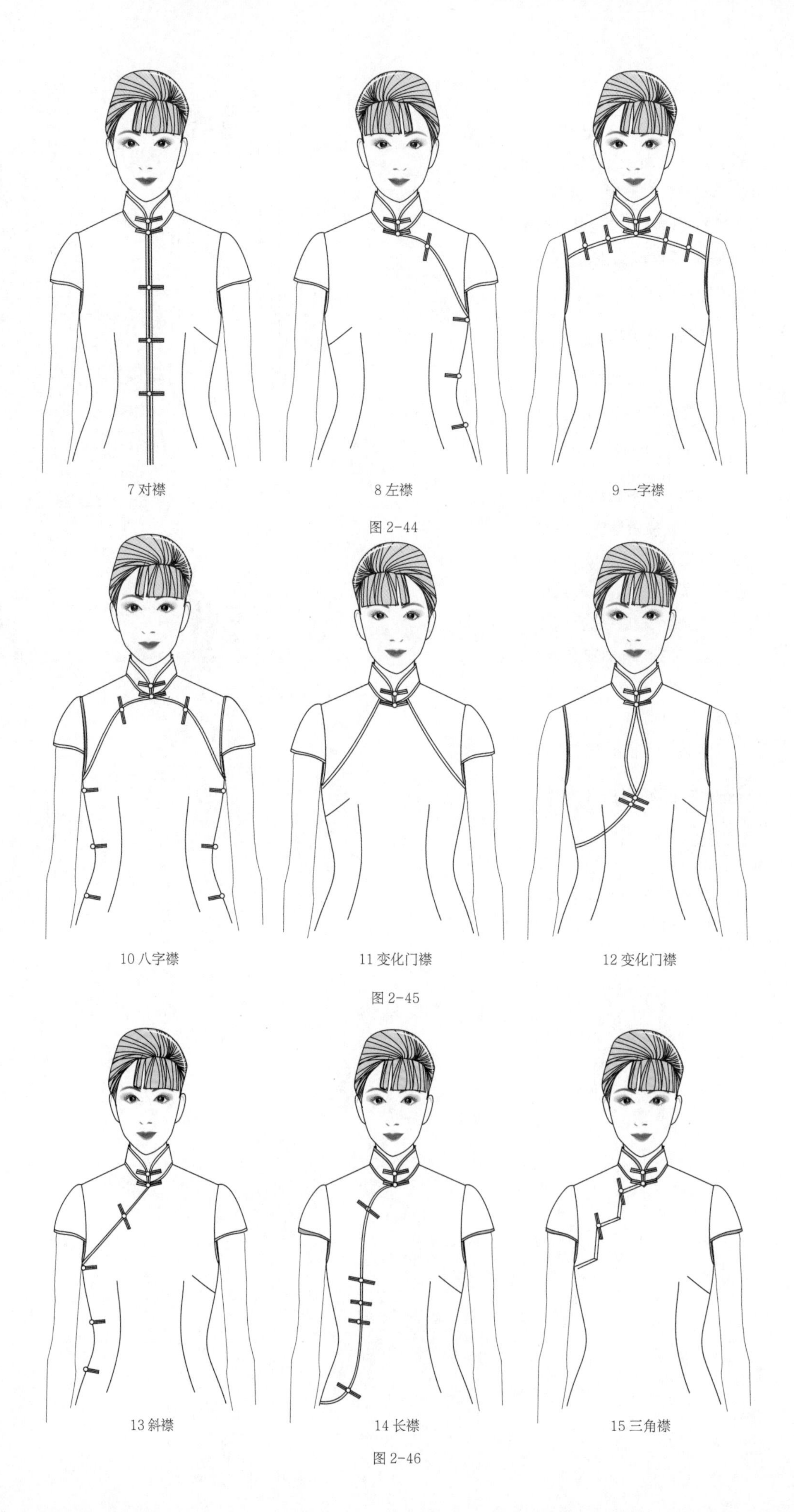


图 2-44

图 2-45

图 2-46

## 五、袖型的设计

旗袍的袖型变化可从旗袍的演变历史中借鉴，并与现代时尚潮流相结合，推陈出新。

旗袍的袖型设计按不同的分类方法可分为不同的种类。

按长短分类包括无袖、削肩、短袖、七分袖、八分袖、长袖；

按袖子造型可分为窄袖、合体袖、喇叭袖、大喇叭袖、马蹄袖、褶裥袖等；

按装袖工艺可分为无袖、圆装袖、连袖、分割袖等。

**（一）无袖、削肩、超短袖（图 2-47）。**

**（二）短袖、中袖（图 2-48）。**

**（三）袖子造型综合变化（图 2-49）。**

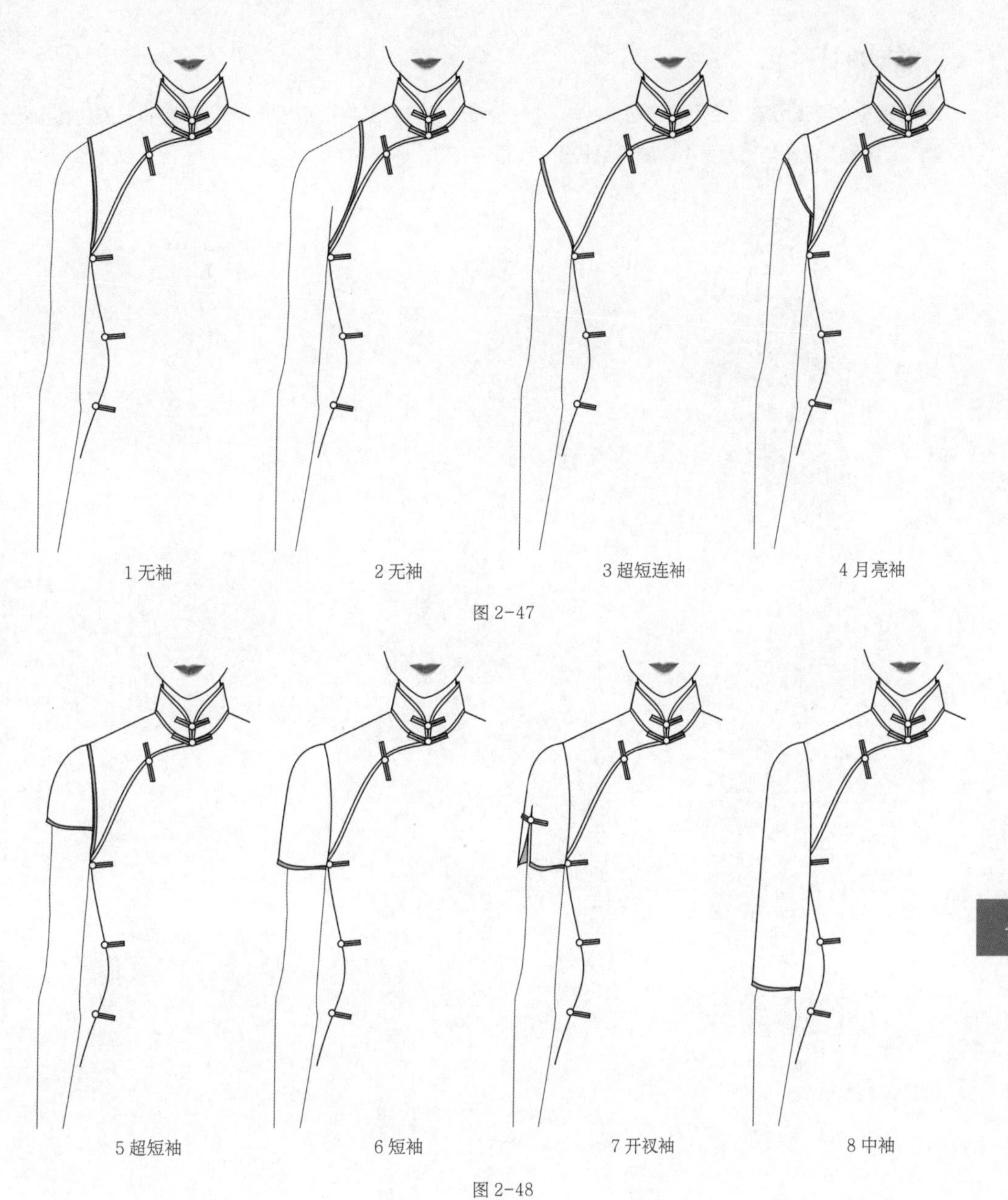

1 无袖　2 无袖　3 超短连袖　4 月亮袖

图 2-47

5 超短袖　6 短袖　7 开衩袖　8 中袖

图 2-48

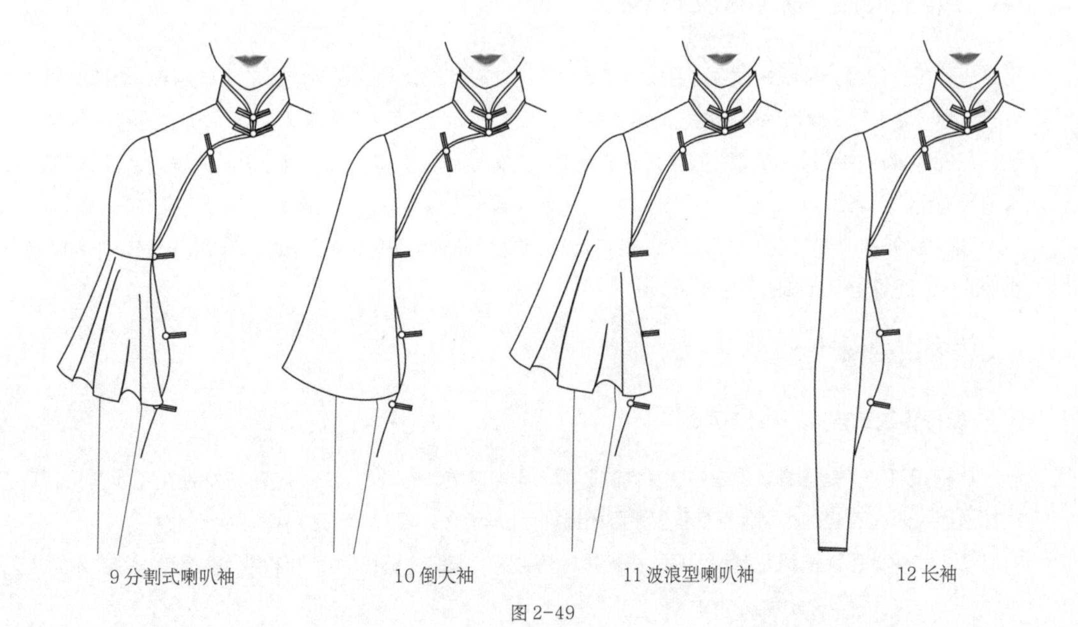

9 分割式喇叭袖　10 倒大袖　11 波浪型喇叭袖　12 长袖

图 2-49

## 六、廓型设计

旗袍的廓型在历史上经历了宽松、合体，摆衩有无的演变。旗袍的廓型可借鉴旗袍的发展史和流行趋势进行设计，有宽松型、A字型、窄身型、鱼尾型、直身型、前短后长型等（图 2-50）。

图 2-50



# 第三节 旗袍风格与设计师

旗袍不仅作为一种服装存在，更成为了当代国内外时装设计师的许多作品的灵感源泉，很多时装中都有旗袍的影子。这些作品有的很明显地借用了旗袍品类的组成元素，有的则抽象地糅合了“旗袍精神”，同样具有很强的识别性。

最能体现旗袍精神的要素是廓型。衣裳连属、适体收腰，廓型所表现出的柔美曲线，经过半个多世纪的演变，沉淀下来，成为旗袍最稳定的元素。

领、襟、开衩等细节也是很有特色的旗袍元素。这些细节特征虽不算是旗袍的专利，但只有作为旗袍的组成元素才被看作是美的、和谐的，进而成为设计师的灵感来源。

## 一、国内旗袍设计

### （一）发掘传统工艺，成就经典再现

旗袍是经典，是国粹，也是中国女性的国服。旗袍内敛、优雅、大方，与东方女性无论是身形还是气质上都非常契合。任何经典都是历经时间考验的。穿着旗袍不仅是因为造型上的美，亦是因为有一种中国精神在心中。

郭培是中式服装高级定制设计师。旗袍是她最钟情的服装，郭培的每件作品几乎都有华美的刺绣工艺。

在郭培设计的旗袍系列中，刺绣是她最大的亮点。牡丹象征富贵、龙凤寓意吉祥、花草代表高洁，一件旗袍上满满的都是中国传统文化所寓意的美好祝愿（图 2-51）。

### （二）与时俱进，旗袍设计与时代相结合

如今中国独立设计师充分显示自己身上的“中国基因”，有了文化自信，在旗袍设计上，能很好地传承旗袍传统，同时融入现代服饰注重舒适性的理念，并运用现代制衣工艺技术（图 2-52）。

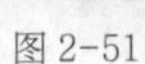

图 2-51

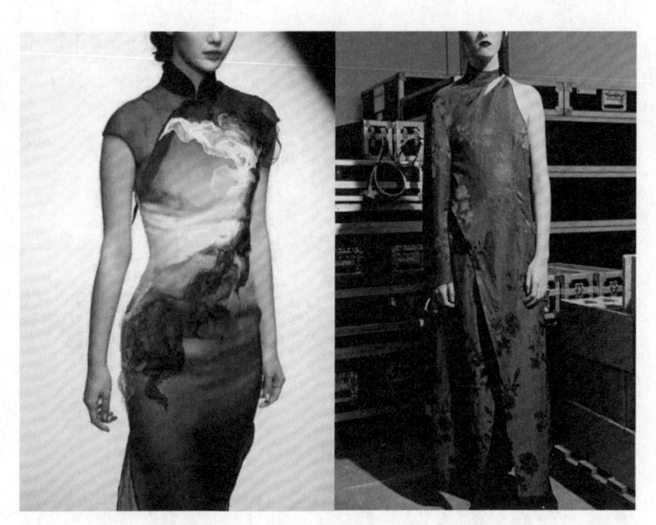

图 2-52

## 二、国外设计师与旗袍

旗袍作为中国服饰的代表，也是国际时尚界不变的经典元素，国际秀场上也不乏旗袍元素的设计。从几十年前在设计中“谨小慎微”地借鉴中国元素，到近十几年来中式旗袍被大张旗鼓地“西式改良”—— 西方设计师们从不掩饰自己对神秘东方的向往。对于国外设计师来说，中国的许多传统元素都是设计师的重要灵感来源，其中最常见的一些元素就是来源于旗袍。



### （一）Dior 与旗袍

Dior 推出过一系列中国味十足的礼服，明显受到旗袍廓型的影响。

John Galliano 在 Dior1997 年系列设计灵感中融入了中国旗袍的元素。旗袍式的礼服经过 Galliano 的裁剪也变得更多样化，带有一种性感的韵味（图 2-53）。

### （二）Ralph Lauren 与旗袍

2011 年，Ralph Lauren 的旗袍设计，正面十分的朴素，用了黑色的面料，领口也是普通的圆领，在肩袖的设计上采用了镂空的设计，多了一些小性感，但是当转身一看的时候，在背部大面积地用了镂空的设计，图案同样是龙的图腾，整体风格简单大方（图 2-54）。

图 2-53

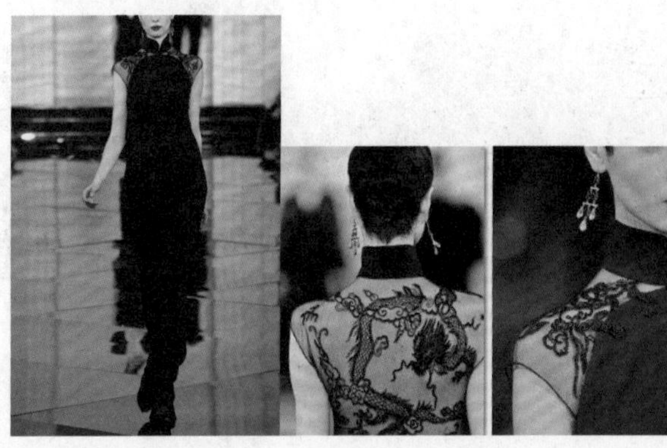

图 2-54

### （三）Louis Vuitton 与旗袍

LV 的设计再一次颠覆了我们印象中的旗袍模样。大面积的撞色设计，还有性感的露肩露背，将西方时尚元素和中国传统元素进行了大胆的融合（图 2-55）

图 2-55

### （四）Alberta Ferretti 与旗袍

Alberta Ferretti 2011 年春夏发布会作品，充分利用了旗袍元素，运用了立领、开衩、滚边、刺绣和盘扣等传统中国元素（图 2-56）。

### （五）Jason Wu 与旗袍

Jason Wu 2012 秋冬系列作品，改良旗袍的设计低调奢华、大气端庄（图 2-57）。

### （六）LeFame AW 2019 系列作品（图 2-58、图 2-59）。

图 2-56

图 2-57

图 2-58

图 2-59

# 第三章

## 旗袍穿着艺术

关于旗袍，
最深的记忆是，
民国那些摇曳多姿的女子。
她们是旧上海不曾迷失的风情。
旗袍的花色有水墨，
落樱，若兰等等。
不论静谧的长款、
温婉的连袖，
还是那古典精致的手工扣，
旗袍都是一道曼妙的东方风景，
自有一种清绝与傲然，
温婉、内敛、婉约。

# 第一节 名媛与旗袍

20 世纪三四十年代是旗袍发展的黄金时代，而上海是东方的时尚中心。

海派旗袍最初发源地上海，将旗袍文化传递到了中国的每一个角落。名媛与旗袍有着不解之缘。她们造就了旗袍的传奇，旗袍也为她们的人生画下了浓墨重彩的一笔。旗袍之所以成为了传奇里最富神韵的一笔，就是因为它们含蓄而典雅，承载着中国女性独有的美丽与意蕴。“不懂旗袍，就不解风情。不识名媛，就不知女人。”

“花样的年华，月样的精神，冰雪样的聪明。”正是那个年代每一位名媛的真实写照。不管是长袖还是短袖，不管是高领还是立领，不管是刺绣还是印花，只要旗袍穿在身上，沉静而又魅惑，古典隐含性感的气息就显露无疑。

当今世界，名流名媛与旗袍也有着不解之缘。

## 一、宋美龄与旗袍

宋美龄一生钟爱旗袍，在她很小的时候前往美国读书时，就一直对民族服饰情有独钟。翻阅有关宋美龄的影像资料，宋美龄多是穿旗袍亮相。晚年迁居美国的时候，私人飞机运送其衣物九十九箱，至少五十箱装的都是旗袍，可见她对旗袍的痴迷。为宋美龄制作旗袍的裁缝叫张瑞香，一辈子的时间就是给宋美龄做旗袍。外界都知宋美龄喜爱旗袍，故投其所好，所送的礼物多半都是绫罗绸缎旗袍面料。

## 二、张爱玲与旗袍

张爱玲说：“衣服是一种言语，随身带着一种袖珍戏剧。贴身的环境——那就是衣服，我们各人住在各人的衣服里。”

张爱玲非常喜爱旗袍，珍藏着各式各样的旗袍：织锦缎丝旗袍，传统且略显华贵；雪纺旗袍，轻盈而妩媚；镂金碎花旗袍，华丽而高雅；黑平缎高领无袖旗袍，凄美哀愁而不失神秘。

她穿旗袍的形象已深深地烙印在倾慕者的记忆里。

## 三、郭婉莹与旗袍



郭婉莹，1909 年出生于澳大利亚的悉尼，是上海永安百货郭氏家族的四小姐。殷实的家庭环境，让郭婉莹的人生有了更多的可能。在跌宕起伏的一生中，她钟情穿着旗袍。

## 四、周璇与旗袍

周璇和林徽因、陆小曼、阮玲玉一起并称为“民国四大美女”。

正是这些民国女神们，把旗袍推上了顶峰，也将其优美演绎到了极致。

周璇是 20 世纪 30 年代老上海中最有名的歌后、影星。《天涯歌女》《夜上海》等都是她的经典代表作，为人所广泛流传。周璇总是爱穿各式各样的旗袍，高高竖起的衣领尽显优雅的脖颈，盘旋成结的花扣欲说还休。

## 五、阮玲玉与旗袍

阮玲玉是一个拥有万千粉丝的超级明星，并且在中国电影史上留下了众多经典作品，她也代表了中国无声电影时期表演的最高水平。

阮玲玉的一举一动恬静秀美，其身姿妩媚，有着弯弯的眉眼、甜美的笑容，自然干净。她经常一袭旗袍，堪称三十年旗袍的形象代言人，被誉为“中国的英格丽·褒曼”，可见这位“默片影星”的气质有多好。

# 第二节 月份牌与旗袍

月份牌是上海成为通商口岸之后外国资本家纷纷在上海开厂设店，倾销商品进行广告宣传的产物。月份牌是服饰文化的载体。月份牌上人物的着装紧随时尚潮流，反映了那个时代的服饰变迁，亦可窥见旗袍的演变。

清末民国初期，人们从中国的年画当中获得灵感，用来制作产品宣传画，从而出现了月份牌，主要是借鉴和运用了在中国年画中配有月历节气的“历画”样式，并融入商品广告，可以说是整个民国时期一个时代生活侧面的记录。

光绪元年（1876 年）1 月 3 日，《申报》（英办）头版二条刊登了一则“奉送月份牌”的广告。

光绪二十二年（1896 年），上海鸿福来票行随彩票发送的《沪景开彩图》正式以“月份牌”为名，“老上海月份牌”百年兴衰路正式拉开帷幕。

## 一、20 世纪 20 年代月份牌周慕桥笔下清末女子的纤弱

20 世纪 20 年代以前，月份牌上女子服饰仍以清末女子服饰为主（图 3-1）。

## 二、20 世纪 20 年代月份牌进步女学生形象

受西方文化影响，20 世纪 20 年代后期取而代之的是一批接受过西方先进教育的进步女学生形象（图 3-2）。

## 三、20 世纪 30 年代，月份牌旗袍美人兴起

1929 年 4 月，民国政府正式将旗袍定为“国服”。作为“时尚先锋”的月份牌成为引领潮流、激发消费的宣传载体。

月份牌内容的变迁史就成为旗袍进化史，月份牌在一定程度上反应了当时旗袍的演变进程。

月份牌上美人服饰由以前的直线型设计改为收腰式，摆线提高至膝下，显腰身，露小腿，高开衩（图 3-3）。

## 四、20 世纪 40 年代，月份牌旗袍美人、摩登女郎

20 世纪 40 年代月份牌杭稺英笔下摩登女郎的魅力与潇洒直接把月份牌推向顶峰。

当我们现在再看这些月份牌时，依旧能感受到画中的美人所穿的旗袍的美，旗袍的魅力有着穿越时空的能力，一直能够被感受。

图 3-4 为民国时期可口可乐的广告。

图 3-5 为月份牌的香烟广告。

图 3-1

图 3-2

图 3-3

图 3-4

图 3-5

## 五、旗袍的设计直接和洋装结合

近代中国女子服装变迁史和月份牌上的着装变化是基本一致的。随着西方文化影响深入，旗袍设计不断改良，进一步和洋装结合，甚至于月份牌上有美人直接穿洋装（图 3-6、图 3 - 7）。

除了服饰，近代女性的发型也有所变迁，20 世纪 20 年代末开始流行烫发，20 世纪 30 年代烫发和高跟鞋成为旗袍的绝配，在老上海月份牌上仍可体现（图 3-8）。

上海电影明星爆红之后，以阮玲玉、周璇等人为原型的月份牌十分亮眼（图 3-9）。

图 3-6

图 3-7

图 3-8

图 3-9

## 六、月份牌画家

老上海月份牌最具成就的画家是杭穉英先生。杭穉英，浙江海宁人，13 岁考入商务印书馆图画部学画，21 岁自立门户，抗战期间拒绝给日寇作画，举债度日，后创作出《梁夫人击鼓抗金兵》《木兰从军》等爱国作品（图 3-10）。

图 3-10

月份牌中的美人，其穿着、妆容、首饰搭配，可谓是当时时尚潮流的一种体现，甚至是大家追捧的对象。

月份牌中的美女形象，并不是单凭画家空想而来的，也是请来专门的模特，依此而作。月份牌在当时可谓是红极一时，许多当时的电影红星如胡蝶、阮玲玉、黎灼灼等都被作为模特走入月份牌画中。

月份牌中的美女是当时都市女性的时髦代表。她们穿最流行的时装；用最新潮的物品：电话、电炉、钢琴、话筒、唱片等；有最时髦的消遣：打高尔夫球、抽烟、骑马、游泳等。都市摩登女郎为月份牌与旗袍找到了彼此共同表达的形式，因而旗袍与月份牌得以实现流行的一致步伐，使月份牌中的旗袍总是当令新装。

新中国建立之后，月份牌广告被改造成为更具鼓动性且具有时代特征的“宣传画”。月份牌进入衰落期。

老上海月份牌已成为今天永远的记忆，当古老的经典被咀嚼成新潮的时尚，在如今部分商品的“复古包装”中，老上海月份牌的风韵终又得见。我们的心灵也在复古的风情中回到从容与平静，或许它能让这些穿过时光之门的斑驳影像为我们再次回忆起那段摩登岁月的传奇以及风华绝代的旗袍故事。

# 第三节 旗袍选择与穿着

张爱玲说:“再没心肝的女子,想起她去年那件织锦缎旗袍的时候,也是一往情深的。”

如何选择与穿着旗袍,显示东方女子的端庄大气以及温润典雅的气质,以下从材质选择、体型要求、穿着场合、配饰与仪态等方面进行阐述。

## 一、材质选择

旗袍面料的选择也要依据旗袍穿着场合、种类来选择。用作礼服的旗袍、日常工作中的旗袍,还是舒服中式化的生活旗袍,其面料的选择都要根据需要来选择。

### (一)旗袍面料的质感

旗袍宜选垂坠感好,稍厚实面料。太过轻薄的料子难以保持廓型,一扭一褶,尤其在夏天有风吹的时候,裙子粘着腿、上身后就显得廉价。

如重磅真丝,用丝量高于普通丝绸,织物细密挺括,易打理,不透光。

真丝绉表面有纹路,与绸缎类光滑的表面不同,非重磅的绉料轻盈软糯,是常见的旗袍料子。一般来说没有乔其纱透,成品旗袍和乔其纱旗袍一样,走路时款款摆动,摇曳生姿。

### (二)面料的材料成分

1. 丝绸:华丽高雅,根据质地厚薄可适合各季面料。

2. 麻棉:夏季可选择纯棉印花细布、印花府绸、色织府绸、什色府绸、各种麻纱、印花横贡缎、提花布等薄型织品。

3. 化纤或混纺织品:适合春秋季,如各种闪光绸、涤丝绸,以及各种薄型花呢等织物。这些织品虽然吸湿性、透气性差,但其外观比棉织品挺括平滑、绚丽悦目,在不冷不热的季节中穿用很适宜。

### (三)面料的光泽

面料光泽柔和较雅致为上品。光泽感太强,很容易不小心穿成一块移动的反光板。对于日常穿着,面料光泽柔和,素雅淡花色就好。

真丝绉光泽也很柔和。花色繁复,然织物本身光泽温和,不刺目,此为旗袍的最佳选择。

## 二、体型要求

选购旗袍一定要看是否合身,这点也是最重要的。

在购买之前一定要测量出自己的“三围”,即胸围、腰围、臀围,应购买与自身“三围”相适或略微有余的旗袍。在更衣室里试穿旗袍的时候,要反复感受,试试“三围”是否贴体舒适。旗袍具有塑身的特点,过于宽大的话,穿出来一定是很不好看的。

传统旗袍,需要塑造这样的身材外表,如有不足,宜扬长避短,通过内衣等进行塑造(图 3-11)。

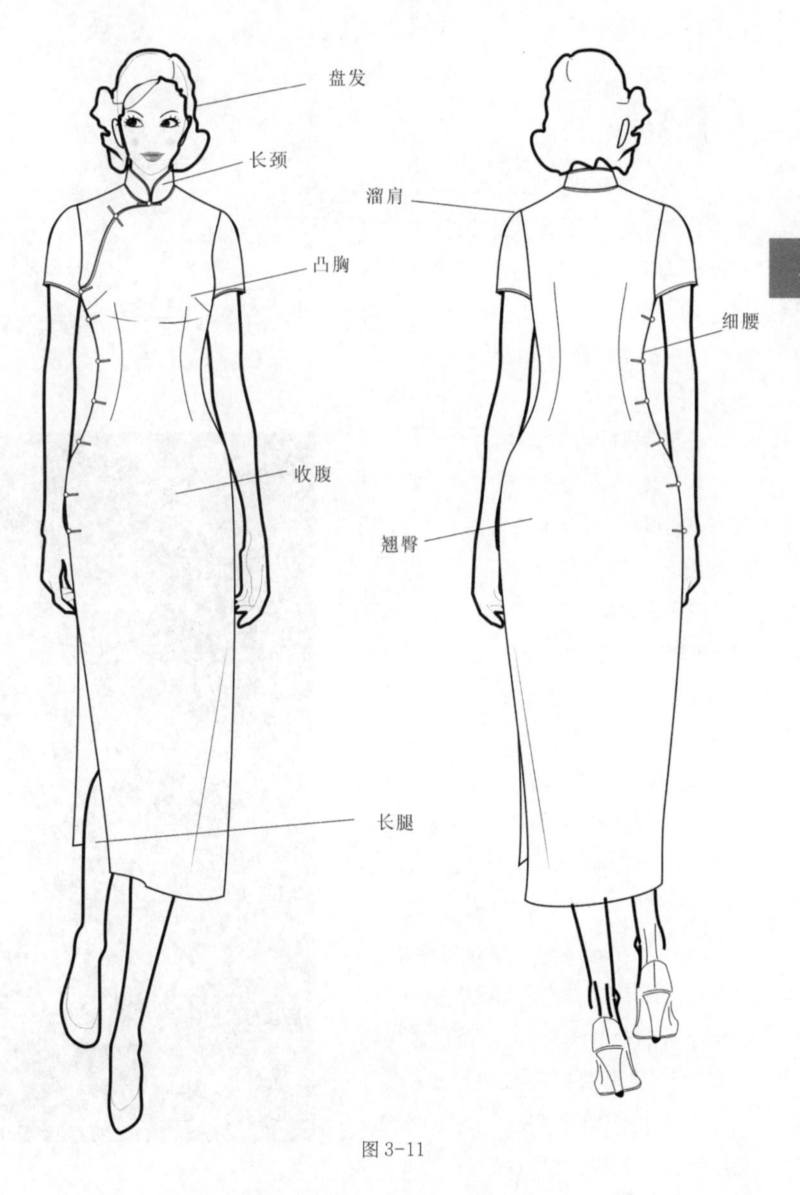

图 3-11

第一：骨架小，留意一下肩部设计，溜肩女子穿起来身条好看。

第二：脖颈白，细长。

第三：身材匀称、苗条丰满，丰而不肥。

第四：翘臀凸胸，容易体现S形线条，一般东方女性可用文胸适当弥补胸部造型。

第五：腰肢细软，裹在绸缎里面走起路来，风摆杨柳。

第六：小腹不过于突出。

第七：双腿细长。

第八：秀发乌黑亮泽，长短都可以，不宜披发。

## 三、场合

众所周知，一件衣服要穿得出彩，除了要有正确的搭配方式，还必须穿对正确的场合。

### （一）日常场合

很多短款旗袍和各式各样的改良旗袍，是非常适用于日常穿着的。比如改良式旗袍马甲，设计精巧，穿起来既不失旗袍的韵味，又不会显得过于隆重，而且打底可以搭配各种连衣裙，或者是半身裙，十分百搭（图3-12）。

日常旗袍的着装要点：

1. 长度不要过长，日常穿的旗袍长度不宜过长，一般及膝长度刚好，可以超过膝盖一点点，因为太长的话一是容易给人感觉太庄重了，二是穿着起来行动也不便。年轻的朋友们甚至可以选择膝盖以上长度的旗袍作为日常穿着。

2. 图案花纹不宜太夸张，日常旗袍不宜用龙凤之类的图案。

蕾丝改良旗袍裙，领口立领的设计独特，开衩处的白色拼接又独具匠心（图3-13）。

3. 经典的无色彩，素雅的灰色系，富有现代都市感，非常适合日常生活穿着。服饰配件的色彩选择同色系的，颜色与旗袍颜色搭配不要太突兀（图3-14）。

4. 面料选择也可更广泛，如蕾丝、雪纺等都是不错的选择（图3-15）。

图3-12

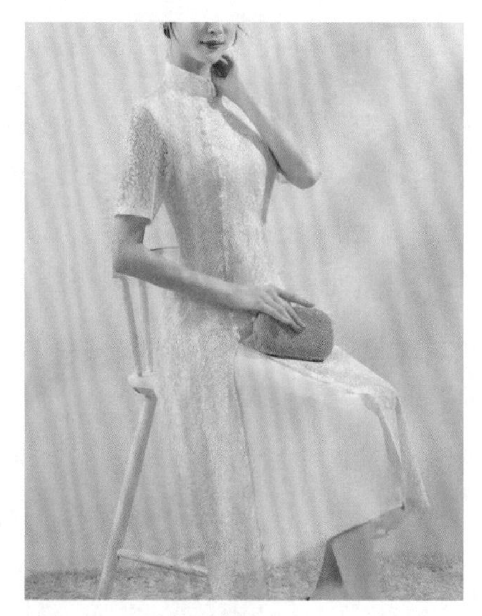

图3-13

图3-14

图3-15

图3-16

（二）旅行出游

旅行出游要结合旅行的类型和旅行角色而定。

1. 去中式园林游玩，可以穿着经典的民国旗袍，穿越到民国，玩一把复古风。穿旗袍拍照留念的话，记得带道具，比如一把油纸伞，在雨中撑开，行走在江南的烟雨朦胧中。

2. 旅行或者出游踏春要步行的路比较多的话，尽量不要搭配高跟鞋，可以选择一些与旗袍同色系的中跟、低跟、小猫跟的鞋子，走起路来脚会相对舒适（图 3-16）。

（三）正式场合

在一些正式场合诸如婚庆、商务、重要社交活动时，对旗袍的选择，在材质、面料、工艺、刺绣方面有讲究，才能衬托端庄大气和高雅的品味。

着装人基于自身的阅历修养、审美情趣、身材特点，根据不同的时间、场合、目的，选择服装体现仪表美，增加交际魅力，给人留下良好的印象，使人愿意与其深入交往。同时，注意着装也是每个事业成功者的基本素养。

1. 旗袍色彩色调统一，简洁，点缀不要太花哨。精致、优雅和大气。

2. 服饰配件，鞋子、首饰、发型、手包，色彩协调。首饰要精致，不宜过于繁琐；发型也宜将头发挽起来，而不是披头散发。

3. 注意角色，如新娘旗袍婚礼服：

**婚礼旗袍的色彩**：以红色系为主，大红色适合年龄稍大的新娘，因为大红色可以显出新娘的稳重大方；玫瑰红色适合年纪较轻的新娘，因为本身皮肤的肤质很好，衬以玫瑰红色，可以使新娘显得青春俏丽；深红色适合稳重有涵养的知识女性。

**婚礼旗袍的面料**：尽量不要考虑人造丝和纯涤面料，因为非常容易起静电。春夏秋季结婚应考虑用轻薄的料子比如真丝，颜色也不要太凝重；冬天举办婚礼最好选用织锦缎，这种面料可以衬托婚礼的豪华。

**婚礼旗袍款式**：新娘在选择的时候一定要根据自己的身材来扬长避短。比如身材比较丰满的新娘可以选择穿 X 型的旗袍，这样可以很好地起到把遮掩缺点的效果，同时又可以突显出身材的曼妙。对于身材比较匀称和腿型好的新娘可选择两边开衩的款式，这

图 3-17

图 3-18

样可以更好地突显出新娘的体型优势。对于脖子较短的新娘来说，最好是选择没有领口的旗袍。对于脖子比较长的新娘来说，可以选择一些高领旗袍（图 3-17）。

参加婚礼喜庆活动，尽量选择艳丽的服装，烘托气氛，不应过于随意。因为你要体现对那个场合的尊重，从而体现出你对婚礼主角的重视，也不能穿得太过耀眼，那样就会喧宾夺主（图 3-18）。

## 四、配饰与仪态

旗袍穿着优雅体现在以下几个方面：

第一：旗袍的选择，花色款型要根据自身的体型特征和季节因素，以及出席的场合和自己想要传达出的气质风韵来选择。

第二：旗袍的搭配，尽量选择精致小巧的配饰，手里可以有个小坤包。露腿的旗袍可以选无色长丝袜或者穿船袜，不要选择黑色或其他颜色的丝袜和渔网袜之类的。高跟鞋和包包的颜色要与旗袍协调。

第三：化淡妆，描口红，画眉毛，涂眼线，不可太过夸张，穿着旗袍忌浓妆。发型忌造型夸张，可以盘发，也可以自然披肩或者扎起。

第四：穿着旗袍时要注重仪态（图 3-19）。

身着旗袍站立时可以两腿略微前后交叉，上身挺直，可略微颔首，两手可以叠放于小腹部。如果手中有小坤包可以自然拿在手中置于小腹部，亦可做左手半握拳横于胸腹位置，微微托起右肘，右手抬起自然弯曲置于下巴下方或者颈部位置，做沉思状，面部表情自然微笑，保持嘴角上扬的动作。这些标准动作如果做到位了，给人的感觉就非常自信优雅。

穿着旗袍行走时的姿态要点：穿旗袍走路时步子尽量不要迈太大，按模特一字步来走，两手下垂自然摆动，注意控制手臂摆动幅度，不要角度过大，影响美感，利用腰肢和臀部的配合自然形成随风摆柳的优美姿态，给人袅袅婷婷的美感。

穿着旗袍时坐姿要点：在落座前需要手部做按压前后裙摆的动作，落座后两腿膝盖处合并靠拢，小腿朝向一侧微微倾斜。无论坐在椅子上还是沙发上，都不要占满位置，留下三分之一左右，上半身一定要挺胸收腹，两手可以自然叠放在大腿之上，也可交叉握于小腹部，或者可以手拿坤包置于腹部，这样显得仪态万方又自信从容。

此外，如果在站立时背后有可以依靠的地方，可以略作放松，后背略斜。上半身依旧要保持挺拔的状态，两腿一般是前后交叉，可以后脚略微弯曲提起，脚尖着地；亦可前脚绷直脚尖点地，后脚做支撑中心。两手可以自然垂放于身体两侧，也可交叉托于胸腹位置。这样的姿态给人感觉不轻浮，而且显得落落大方。

图 3-19

# 中篇：旗袍制板

# 第四章

## 旗袍的量体与裁剪基础

旗袍穿着体现人体之美感。
要学习旗袍裁剪，
就要测量人体数据，
观察体型特征，
掌握人体活动规律，
以及服装面料与工艺知识。

# 第一节 人体与测量

基于服装与人体的关系，服装纸样设计要进行相关的人体测量和数据分析。

## 一、人体测量部位的基准点和基准线

人体的外表结构复杂，为了测量的需要，在人体的体表确定一些点和线作为基准。

基准点和基准线是设计服装结构线的基准（图 4-1）。

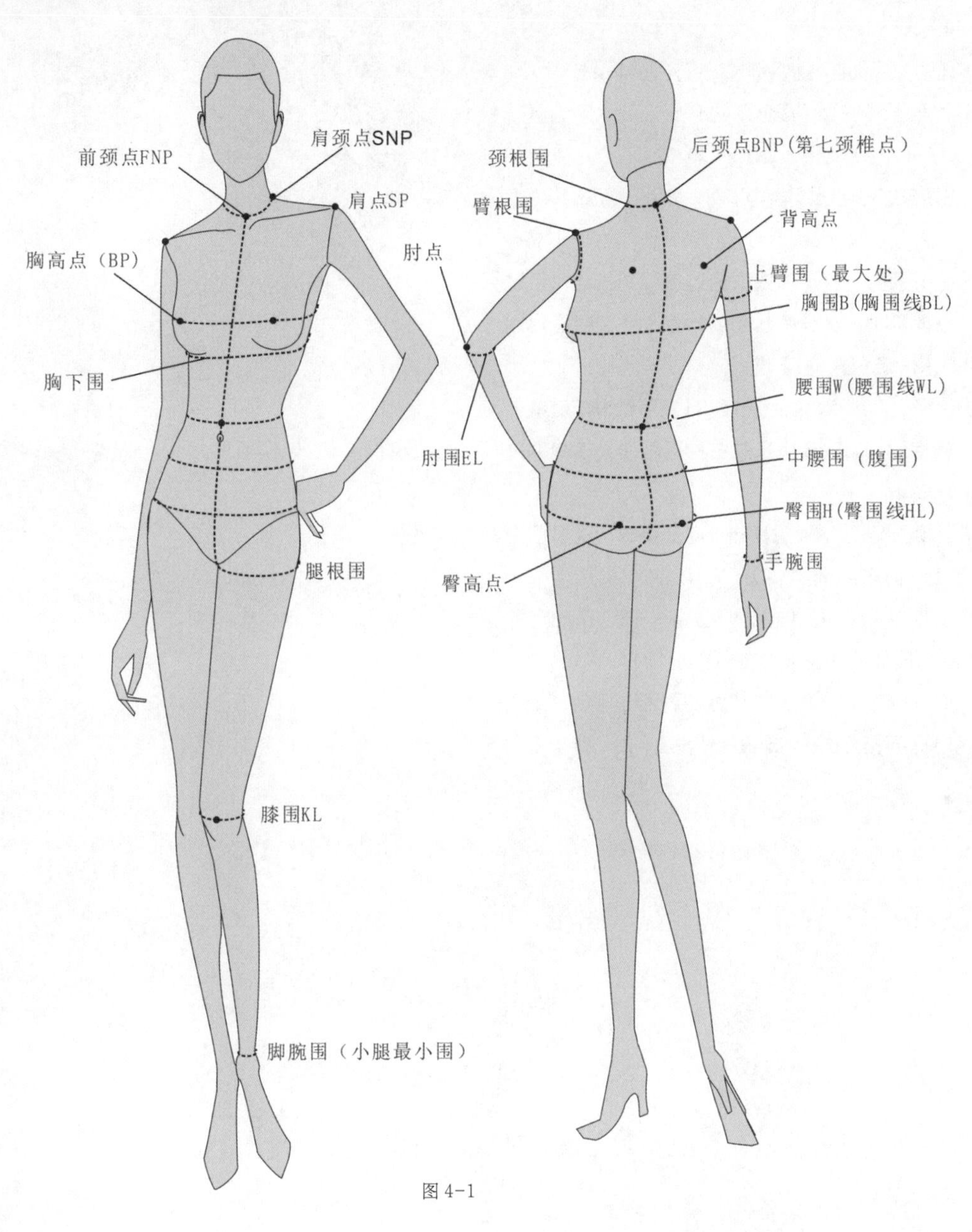


图 4-1

## 二、旗袍量体

旗袍可以极尽展示女性的身体曲线，在旗袍制板时对量体的要求比较高，在实际量体裁衣的工作中，对个体进行数据采集非常必要。用简便方法量体是一项重要的工作，测量工具通常为皮尺，掌握测量的要点对于准确测量人体尺寸非常重要。

### （一）测量要点（图 4-2）

1. 被测者着内衣或贴身单衣，挺胸直立，平视前方，肩部放松，上肢自然下垂，腰围不明显部位可系带确定位置。
2. 测量者站在被测者的左前方，避免正对四目相撞。
3. 测量长度方向尺寸时，保持与地面垂直。

4. 测量围度方向尺寸时要保持与地面呈水平状态，被测量者要自然呼吸，尺寸要留一个手指头松量。

5. 注意观察被测者体型特征。

**（二）测量方法**

1. 围度的测量。

（1）胸围：皮尺经过胸点（腋下最丰满处）水平测量一周，注意不束紧（图 4-3）。

（2）腰围：在腰部最细部位水平测量一周（图 4-4）。

（3）腹围（中腰围）：在腰围线以下约 9 厘米处水平测量一周（图 4-5）。

（4）臀围：在臀部最凸出点（最丰满处）水平测量一周（图 4-6）。

（5）下领围：下领围可将尺子依次通过肩颈转折点、后过第七颈椎点，前过锁骨窝测量脖子一圈，个体的领深是要根据脸型、脖长、身高来确定（图 4-7）。

（6）臂根围：经过肩端点、前后腋点，环绕手臂根部测量一周，在量身定做旗袍时，加放 6 厘米左右松量后作为旗袍袖窿弧长的尺寸（图 4-8）。

（7）领高（上领围）：在下领围基础上向上量取，是根据个人的脖子长度和设计来确定（图 4-9）。

（8）上臂围：在上臂最粗的位置水平测量一周，是确定袖肥的依据。贴体袖一般加放 4 厘米左右（图 4-10）。

（9）肘围：经过肘点，环绕测量一周；腕围：经过手腕环绕测量一周的尺寸；掌围：五指并拢在手部最粗处测量一周（图 4-11）。

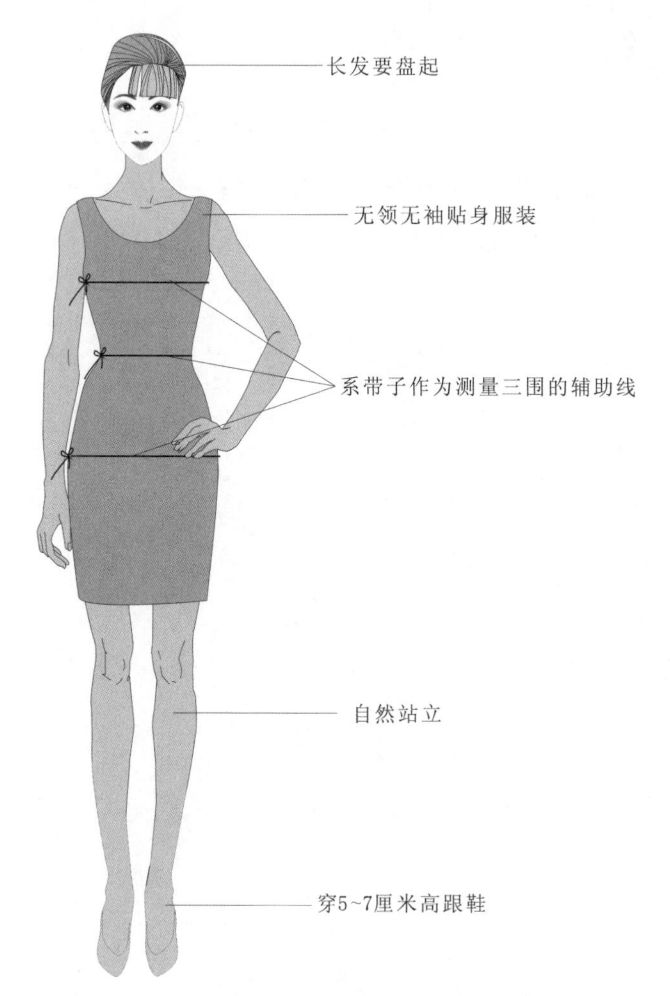

图 4-2

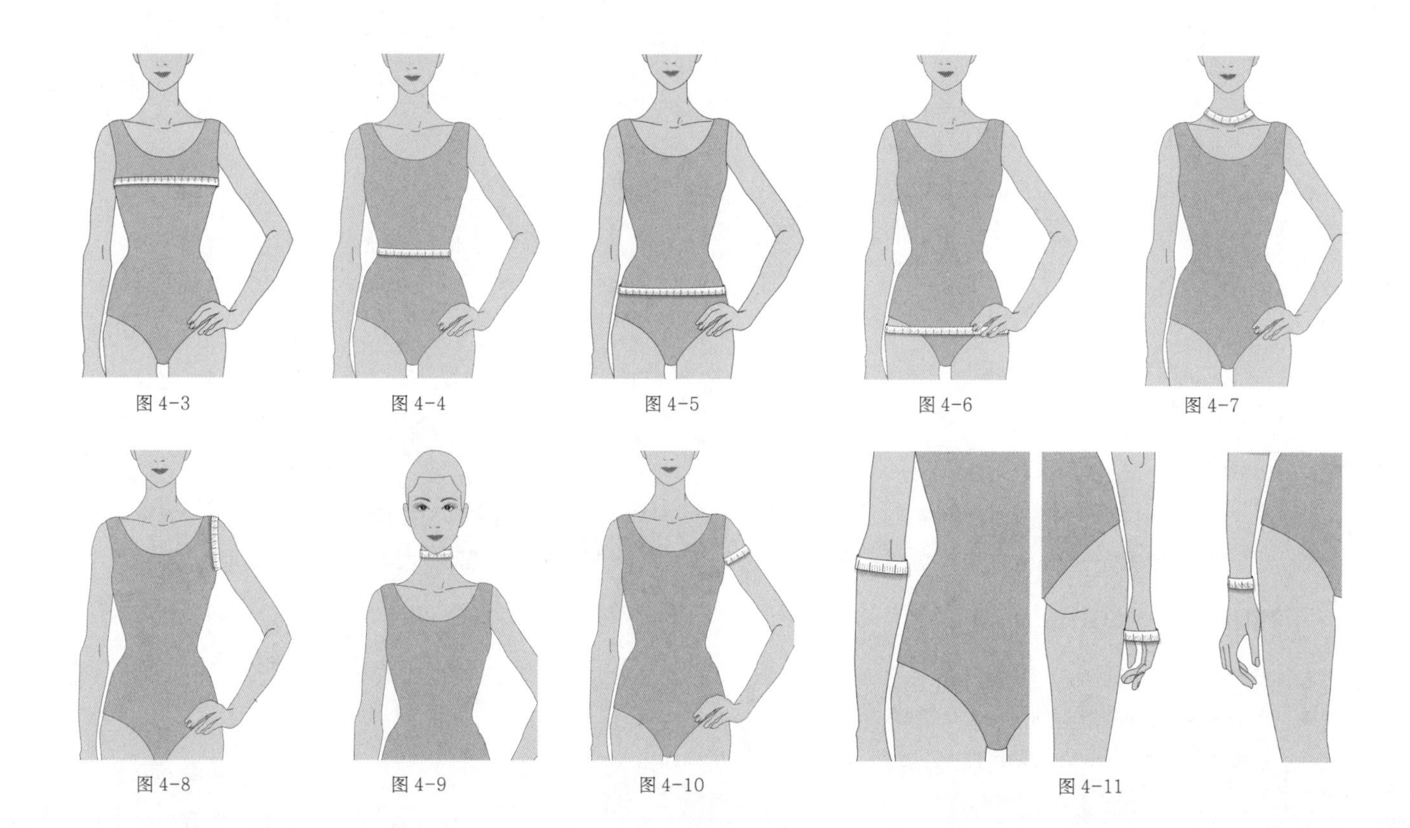
图 4-3　图 4-4　图 4-5　图 4-6　图 4-7

图 4-8　图 4-9　图 4-10　图 4-11

2. 高度的测量

（1）旗袍衣长的确定：旗袍的长度是根据穿着者的年龄、体型、穿着场合等综合因素来决定的（图 4-12）。

超短旗袍：长度在膝盖骨以上 10 ~ 20 厘米。

短旗袍：长度在膝盖骨以下 10 ~ 20 厘米。

日常中长旗袍：长度在膝盖骨以下 20 ~ 30 厘米。

礼服类旗袍：长度盖住脚面。

（2）背长：从第七颈椎点至腰围线的长度，是旗袍收腰的位置（图 4-13）。

（3）胸高：从肩颈点至胸点的距离（图 4-14）。

（4）前腰节长：将皮尺自肩颈点经胸点量至腰围线的长度，经乳房下部时可轻按皮尺使之贴合身体（图 4-15）。

前腰节长减背长的数据可作为旗袍收胸省量的依据，胸省量 T= 前腰节长 - 背长 +0.5，胸省量角度的计算公式为 15：T。

（4）后腰节长：自肩颈点经肩胛骨至腰围线的长度（图 4-16）。

（5）臂长：手略弯（30°），自肩点经肘点至手腕的长度（图 4-17）。

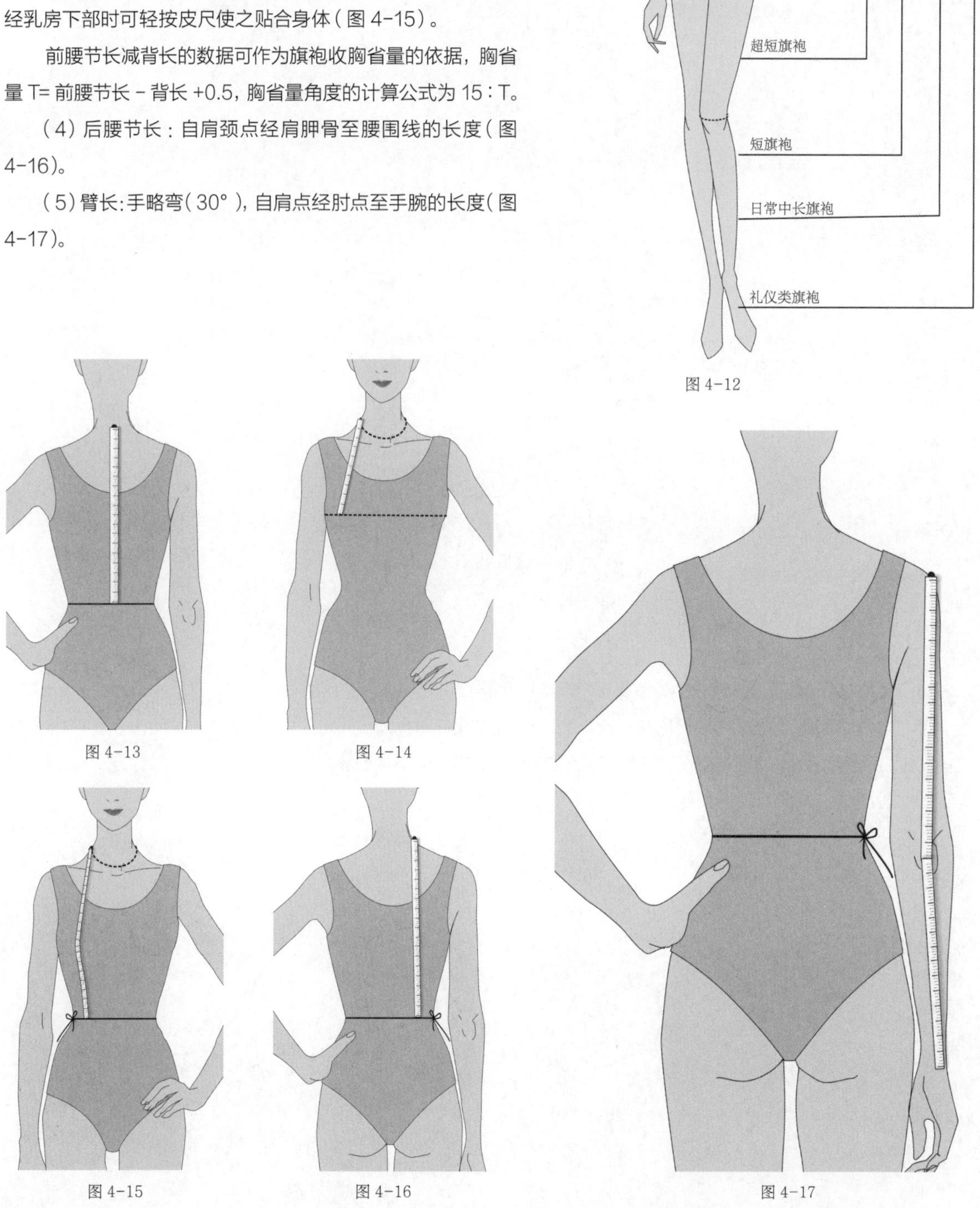


图 4-12

图 4-13

图 4-14

图 4-15

图 4-16

图 4-17

（6）第七颈椎点高：从第七颈椎点垂直放下皮尺，并在腰围线处轻压，一直量至脚后跟的高度（图 4-18）。

（7）腰长（腰围线至臀围线）、腰高：自侧面腰围线至脚的外踝点的长度（图 4-19）。

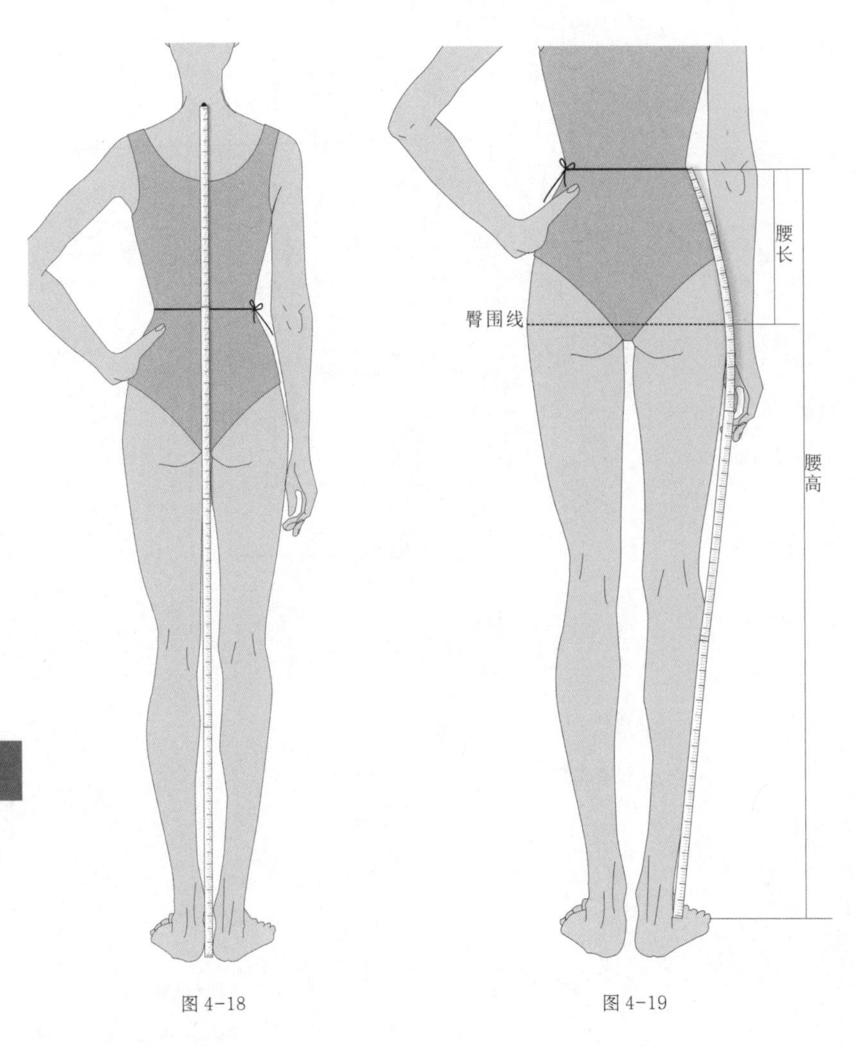


图 4-18　　图 4-19

3. 宽度的测量。

（1）肩宽：从左肩点经第七颈椎点下 1.5 厘米的位置量至右肩点（图 4-20）。

（2）背宽：量背部左右两侧后腋点（手臂与后身的交界点）间的尺寸，做旗袍时要加放一定的松量，约 1 ~ 2 厘米（图 4-21）。

（3）胸宽：量前部左右两侧前腋点（手臂与前身的交界点）间的尺寸，做旗袍时基本不放松量（图 4-22）。

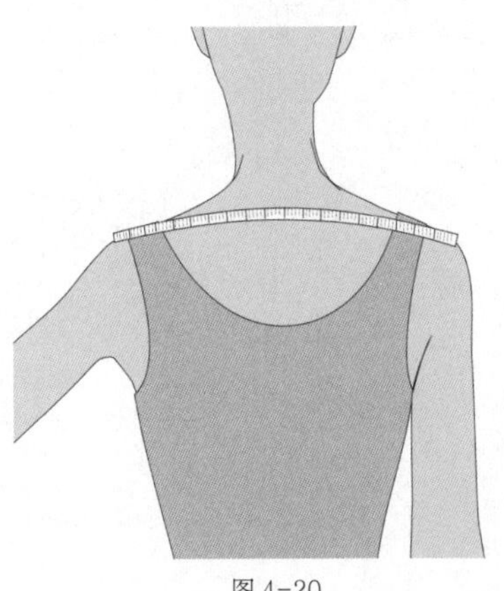

图 4-20

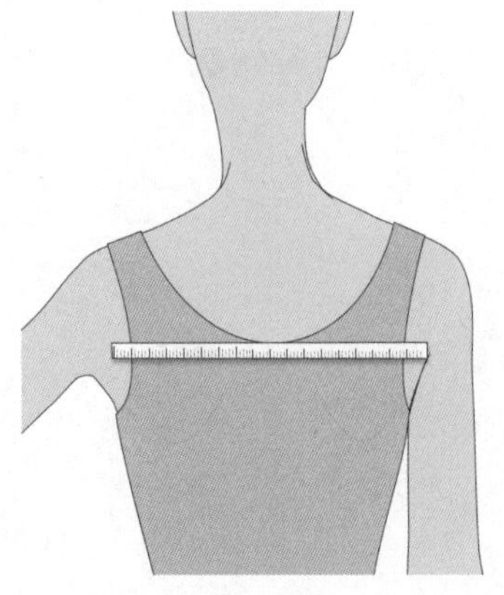

图 4-21

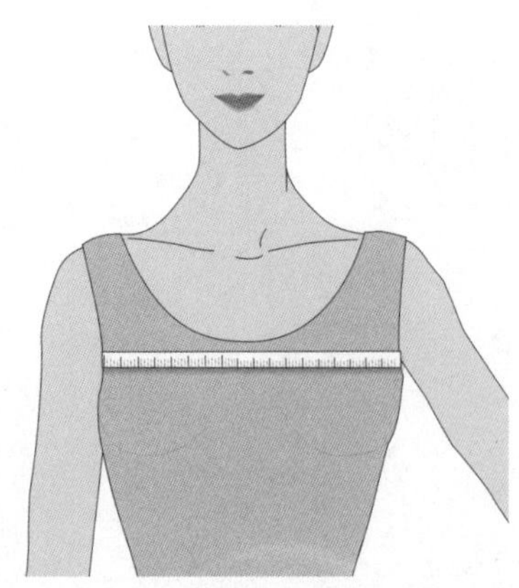

图 4-22

## 三、旗袍工业纸样人体数据

本书直接以中国女装市场上较普遍应用的人体数据为主要参考。图 4-23 为我国成年女子中间体 160 /84A 的主要部位数据，± 后数据为 5 · 4 系列档差数据，可作为成品尺寸的档差。

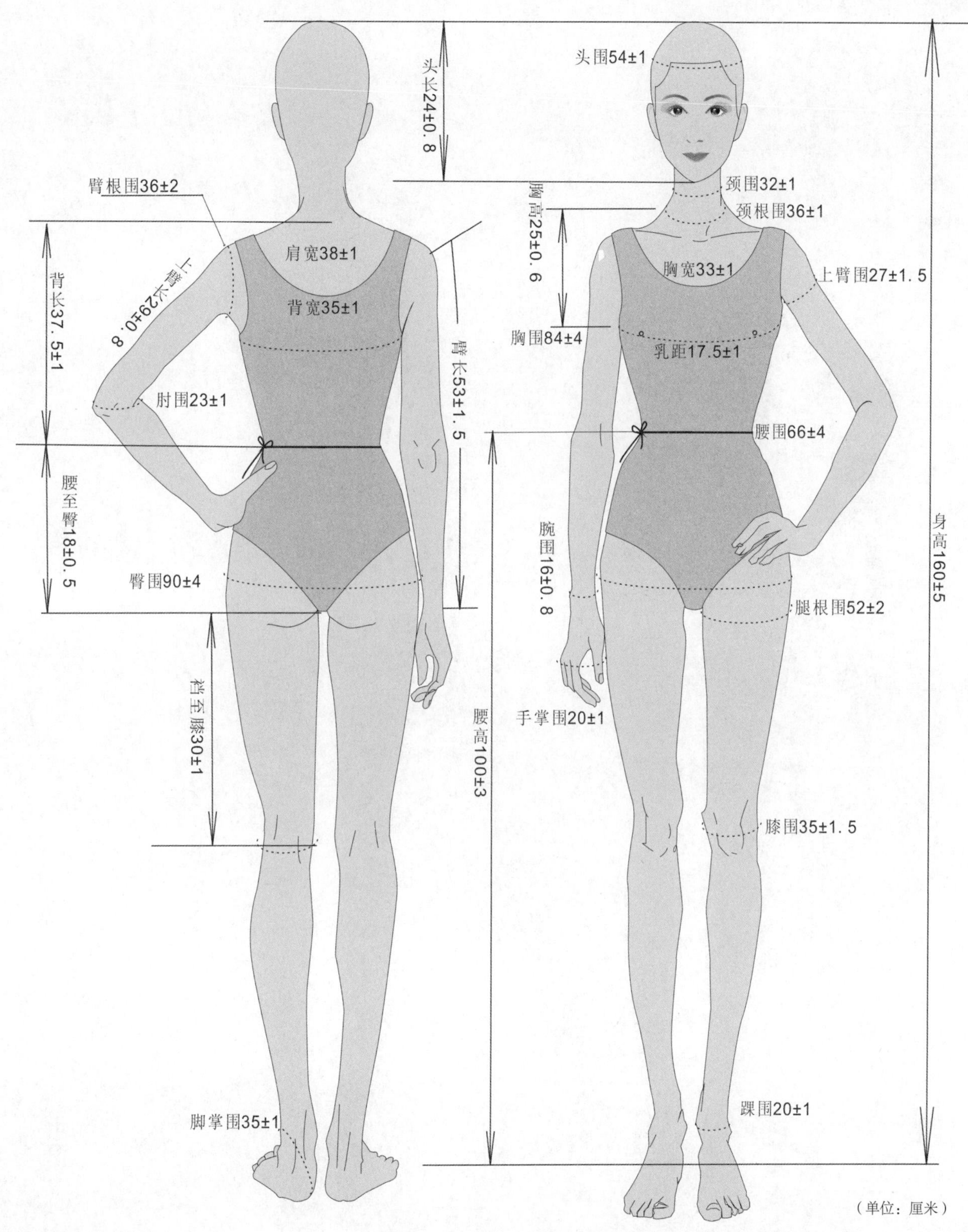


160/84A 成年女子人体静态数据（5 · 4 档差）

图 4-23

## 四、人体的活动规律性

在对人体静态数据和人体形态因素掌握之后，针对人体的活动规律即人体动态数据，设定活动松量和活动需要的造型量。

旗袍结构中宽松量和运动量的设计，主要是依据人体正常运动状态的尺度，正确了解人体运动的尺度是旗袍实用功能与审美功能完美结合的需要（图 4-24）。

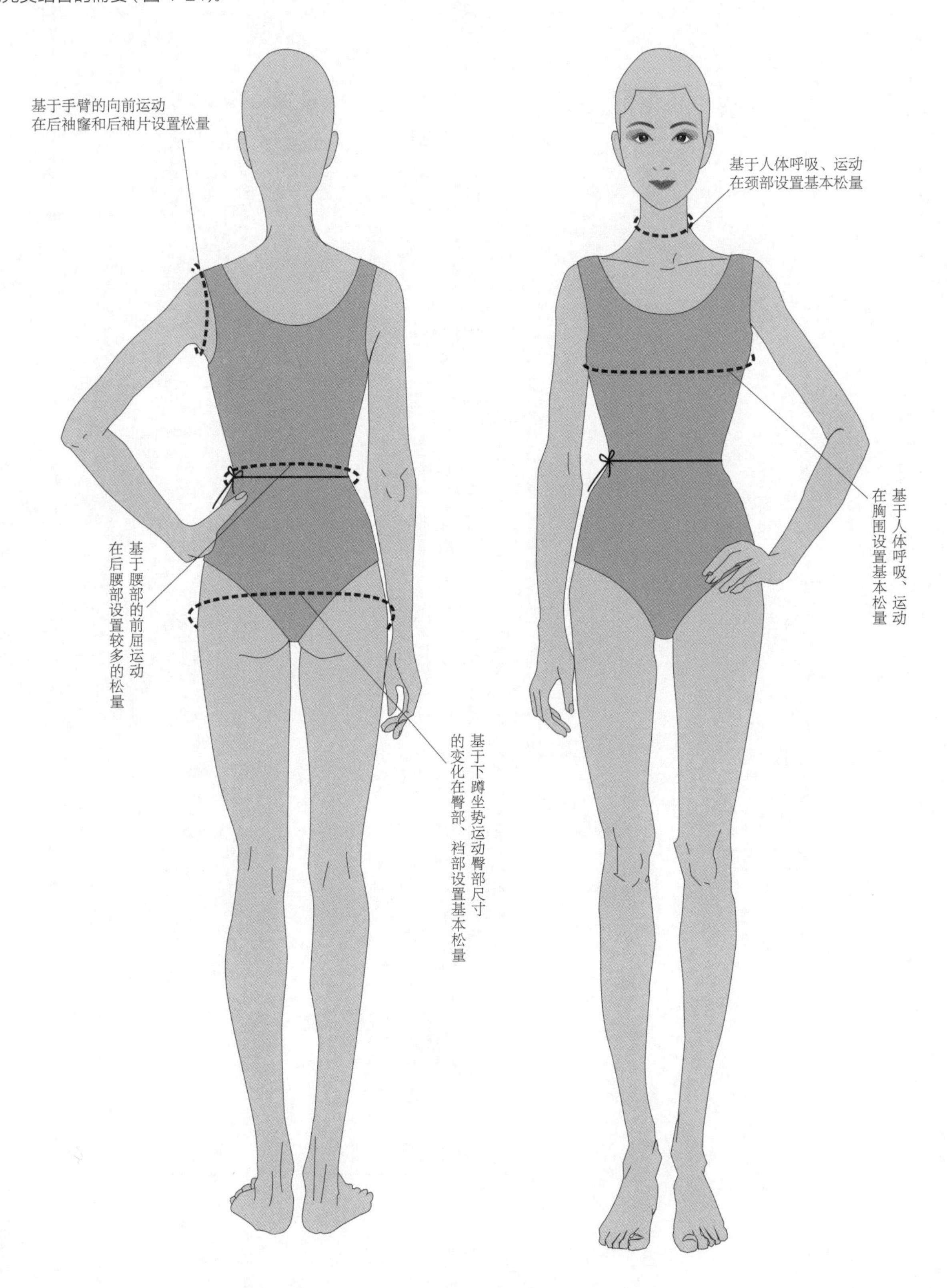


图 4-24

# 第二节 旗袍平面裁剪基础

## 一、纸样设计工具和材料

表 4—1

| 序号 | 名称 | 图例 | 用途 |
|---|---|---|---|
| 1 | 放码尺 | | 服装制板最通用工具，常用长 45.7 厘米，宽 5.08 厘米，可用来制板、放码，绘制直线、曲线和测量直线、弧线长度等 |
| 2 | 大刀曲线尺 | | 主要用来绘制侧缝 |
| 3 | 6 字曲线尺 | | 主要用来绘制袖窿、袖山、领窝等部位弧形造型 |
| 4 | 皮尺 | | 量体，测量弧形部位尺寸 |
| 5 | 剪刀 | | 剪纸和剪布剪刀要分开 |
| 6 | 制板纸 | | 最好用 40 或 50 克重企业用的唛架纸，这种纸张便宜，透明度高，可用于画结构图和拷贝纸样 |
| 7 | 铅笔 | | 自动铅笔硬度为 B 或 2B，粗细 0.5 或 0.7，刀削铅笔可用 HB 或 B |

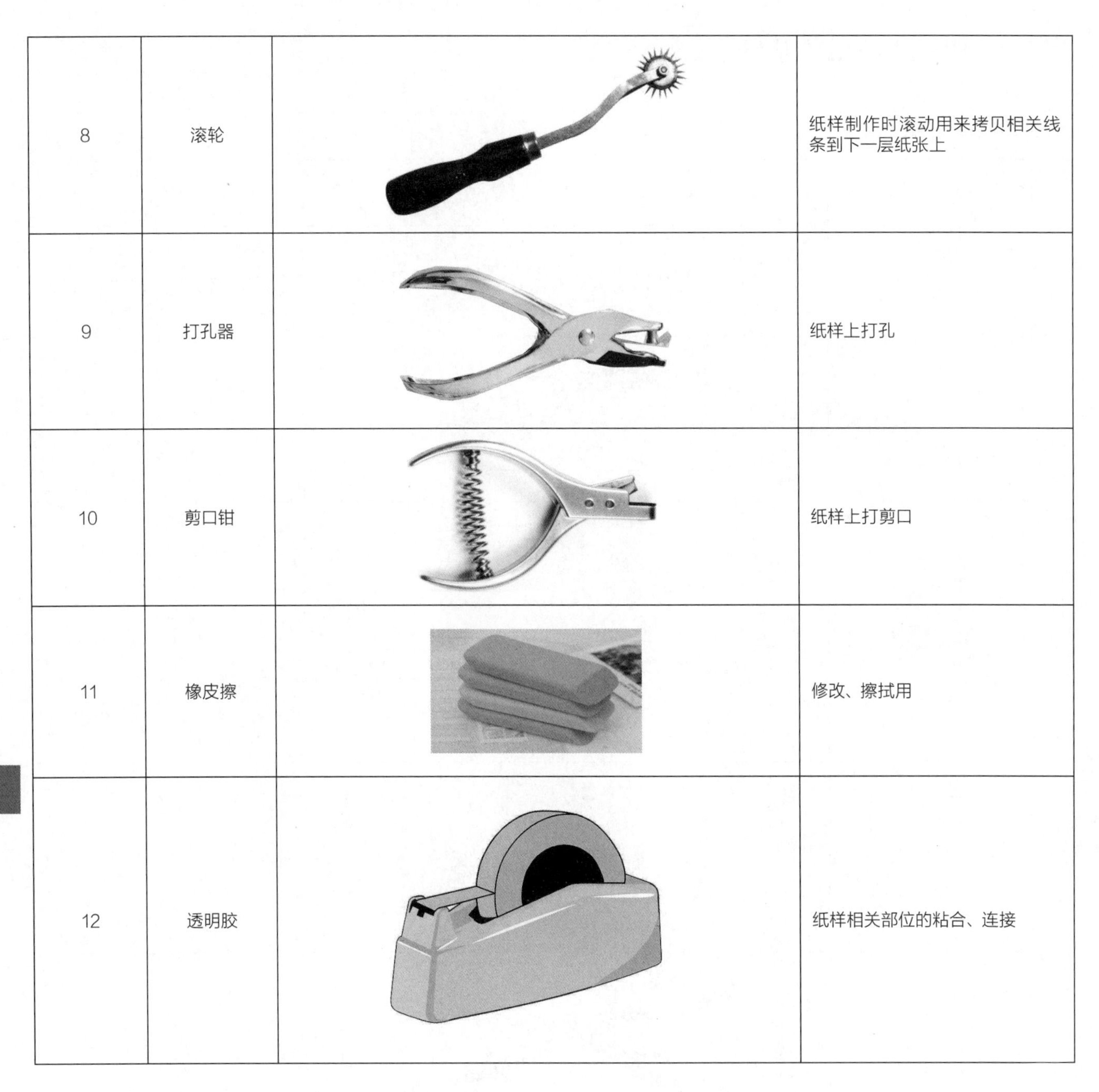

| 8 | 滚轮 | | 纸样制作时滚动用来拷贝相关线条到下一层纸张上 |
|---|---|---|---|
| 9 | 打孔器 | | 纸样上打孔 |
| 10 | 剪口钳 | | 纸样上打剪口 |
| 11 | 橡皮擦 | | 修改、擦拭用 |
| 12 | 透明胶 | | 纸样相关部位的粘合、连接 |

合理的平面纸样制作的流程，对追求服装版型高的精准性非常重要(图 4-25)。

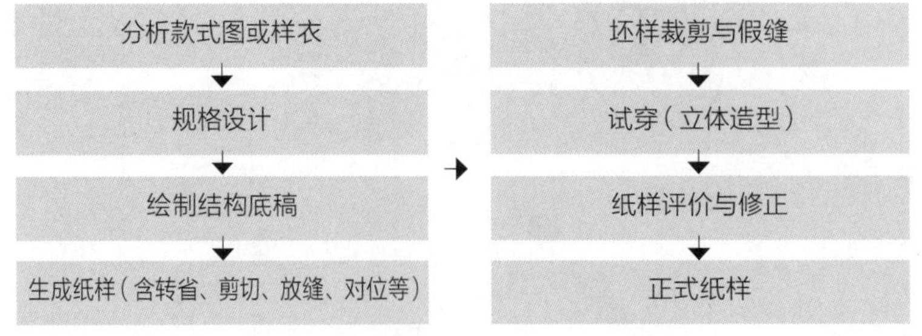


图 4-25

## 二、分析款式

在开始进行纸样设计之前，要进行款式分析，明确旗袍各部位的名称（图4-26）。

纸样设计一般分为依设计图纸或已有样衣进行分析（图4-27），款式分析包含廓型，长度和围度尺寸，结构分割，工艺细节，面料辅料等。

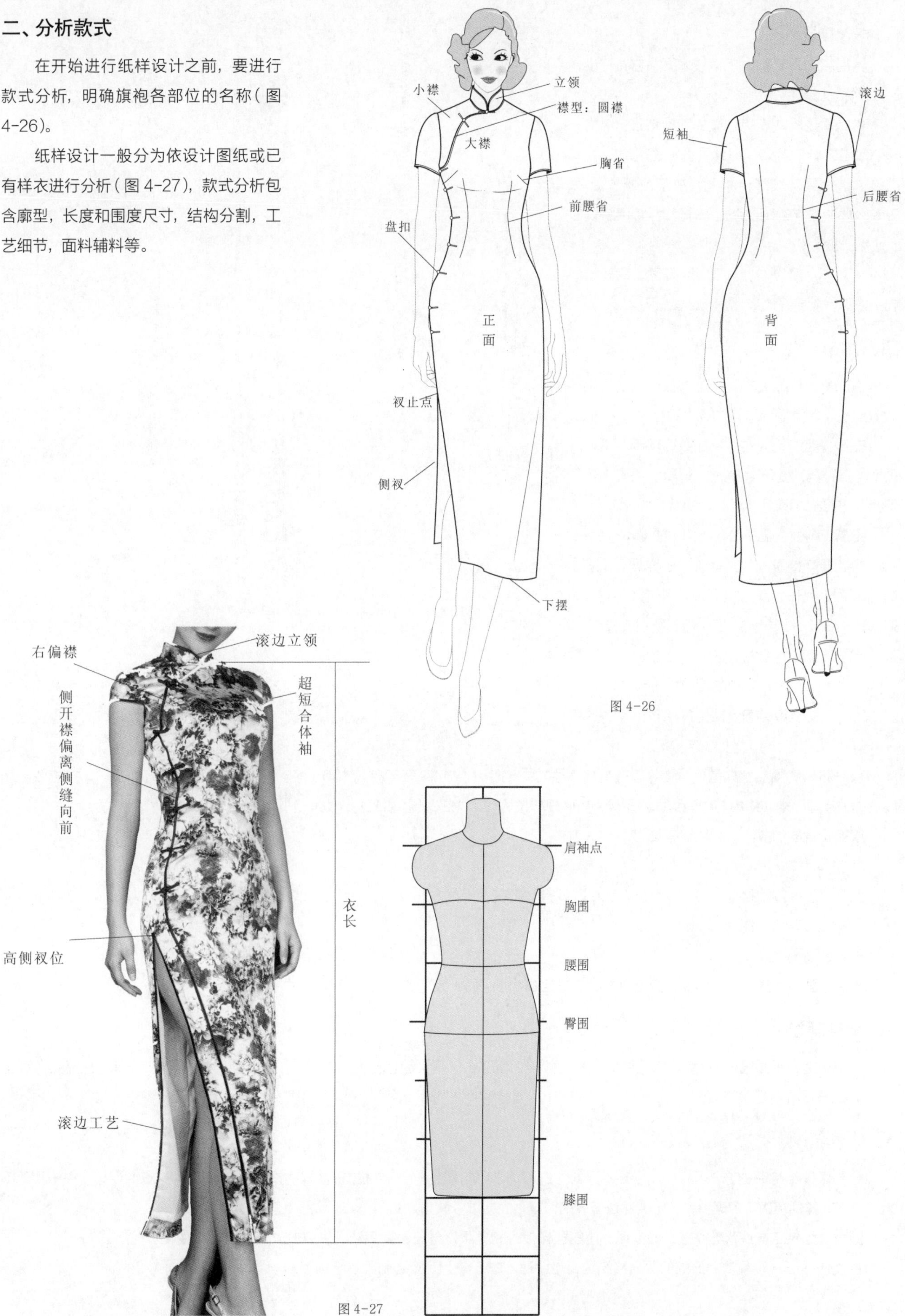


图 4-26



图 4-27

## 三、绘制款式图

旗袍款式图又称为工程技术图，它具有设计、纸样、工艺的三重性。

款式图要反映旗袍的款式造型特征、结构分割、工艺细节等。一般来说款式图包含正背面款式图、局部细节分析图，在工业制单中，还有必要的文字说明，包含面辅料、色彩、结构、工艺细节等。

从立体角度出发，从正面、侧面、背面绘制三视图，能更好地表达旗袍款式（图 4-28）。

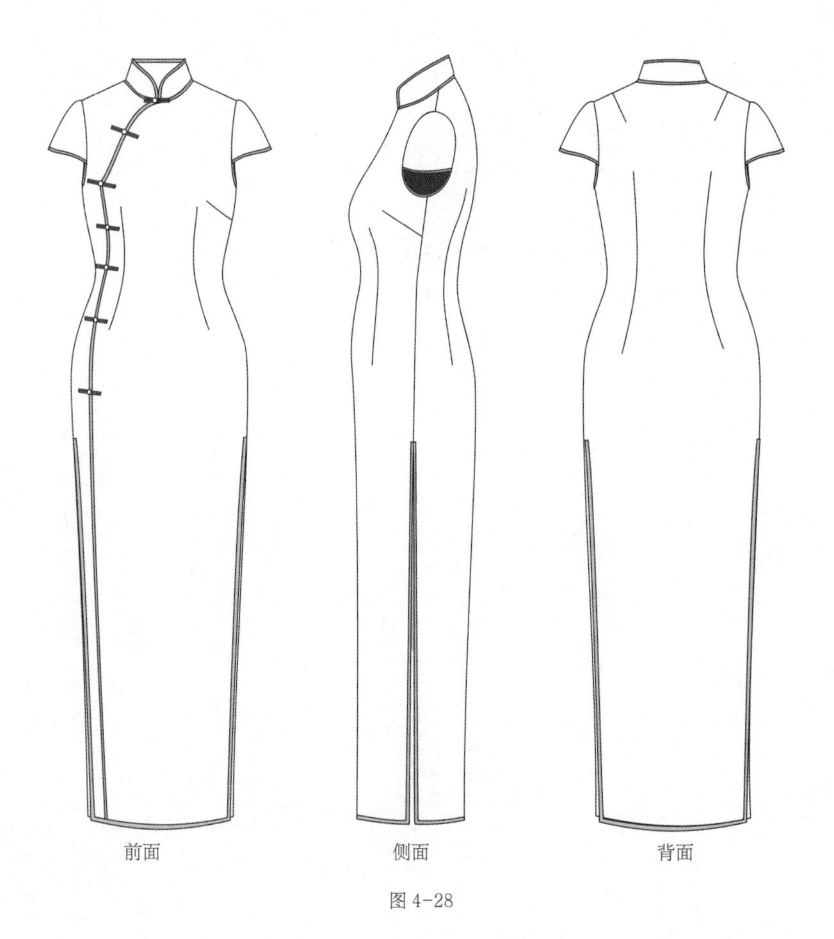

图 4-28

## 四、规格设计

在测量人体数据的基础上加放一定的松量和造型量，才能得到旗袍的成衣数据。

在量身定制时，对个体的数据精确测量很重要，在批量化生产旗袍时，则要应用服装号型标准进行规格设计。

身高、胸围、腰围是人体体型的基本数据，用这些数据来推算人体其他部位的数据，误差最小。“号”代表身高，是设计服装长度的依据，如衣长、袖长、裙长等，“型”代表胸围或腰围，是设计服装围度的依据，可用下面的一元一次函数表示：

服装部位长度尺寸 =a× 号 +b

服装围度部位尺寸 =c× 型 +d

其中 a、b、c、d 为相关系数。

以身高和胸围加上体型代号作为旗袍规格表达方式，如 160/84A 表示身高 160，净胸围 84，体型为 A 标准体。 在工业纸样设计中，掌握平均体即中间体的数据很重要，其他规格按人体数据的变化规律进行放大缩小（推档）。

旗袍松量的加放与下列因素有关：

1. 服装款式。

如紧身旗袍胸围松量在 0 ~ 4 厘米，宽松型胸围松量在 8 厘米左右。

2. 年龄、穿着习惯。

3. 旗袍材料的性能。

如弹性面料、斜纱面料等制作旗袍时松量应适当减小。

## 五、纸样制作

传统旗袍为平面裁剪，一般在布上直接划线裁剪（见第五章），现代旗袍则为西式裁剪，需要制作纸样（现在一般为服装 CAD 出样），然后按纸样进行裁剪。

### （一）绘制结构底稿

绘制服装结构图的方法很多，不必纠结于方法的不同，目的都是得到三维的符合款式设计和人体结构的旗袍造型。对于平面服装构成，纸样的精确、合理性，一定要通过服装的假缝、立体试衣的方法进行修正，以臻完美。

原型法绘制结构底稿方法：一般是用透明的塑料板绘制原型，再在原型基础上进行加放处理和切展变化。

直接作图法一般是依据原型的数据和结构变化原理，在纸样上直接绘制服装结构图。

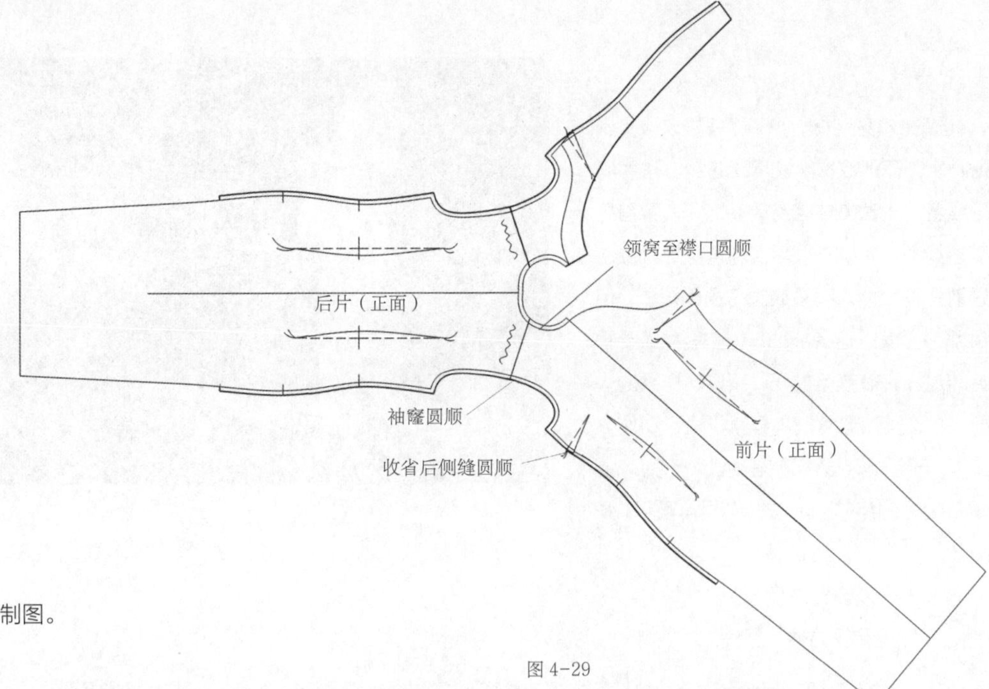


图 4-29

**（二）纸样制作**

1. 手工或服装 CAD 结构制图。

2. 同时作纸样技术处理。

（1）加入缝份。

（2）对位记号：在省底、拉链止点、腰侧点、开衩位置等处作刀眼，在省尖 0.3 厘米处作钻孔。

（3）画上布纹线。

（4）注明布纹线信息，如款式（号）、纸样名称、片数、必要说明等。

**（三）纸样的修正与对位**

当服装平面纸样经缝合以后，可能会有相关连接部位不光顺的现象，或者有的部位对接点出现问题，这就需要我们缝合前在纸样阶段进行修正（图 4-29）。

1. 纸样的前后片肩缝缝合以后，领窝不圆顺、袖窿不光顺时要重新修改纸样，直至光顺为止。

2. 省道缝合以后出现不光顺的现象，要进行修正。

3. 袖山弧线缝合后圆顺。

## 六、立体造型、试衣与调整

旗袍纸样完成后，我们可用坯布制成样衣上人台，要认真观察成衣效果。

**（一）人台静态着装观察（图 4-30）**

1. 正确着装情况下肩斜度是否符合款式要求。

2. 从正面、侧面、背面观察胸围线、腰围线、摆围线是否水平。

3. 颈围、胸围、腰围、臀围、腿围、臂围等围度方向松量是否合适。

4. 领型、肩宽、胸背宽等宽度方向尺寸是否合适。

5. 观察衣长、袖长、扣位等是否与设计相符。

6. 衣袖自然下垂时袖子的自然弯曲是否合适，装袖的前倾度和装袖角度是否符合款式要求。

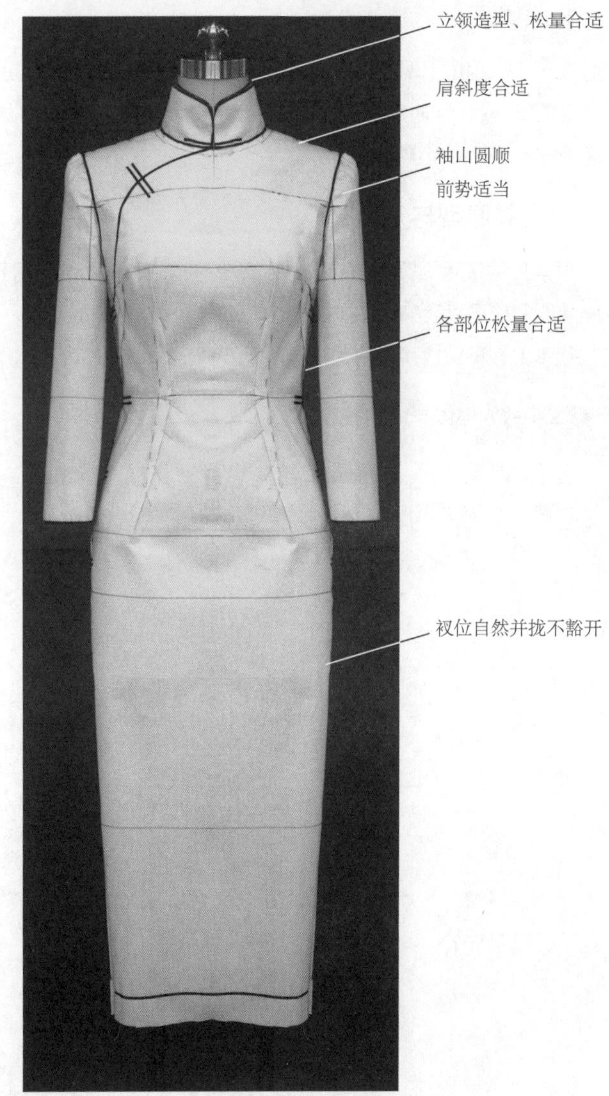


图 4-30

### （二）试样

旗袍量身定做，少不了修修改改，少则两次，多则数次。最常动的部位是肩膀和腰身，注意伸伸胳膊转转脖子，看看是不是舒适，如果不太习惯穿紧身的就要注意别做得太紧。高领的旗袍虽然好看，但颈部会很累，通常脖子转过去人就要跟着转过去，很考验技巧，所以动作大的人要注意（虽然穿旗袍本身就不适合动作太大）。记得一定要坐下来试试，因为可能站着刚好的尺寸坐下来就会显得紧了（图 4-31）。

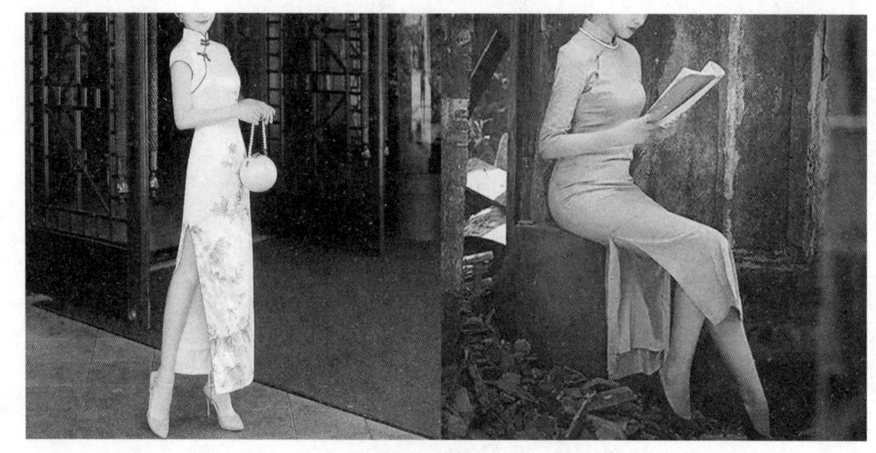

图 4-31

以下三点需要注意：

1. 行走是否方便、舒适。

2. 手臂向前和向上运动时，后衣片的袖窿、背宽、袖山的造型是否符合人体运动功能的需要。

3. 人体坐姿和下蹲时是否有足够的松量或舒适度。

## 七、样版修正

在试衣过程中出现结构疵病如衣身胸围松量不足、前衣片起吊、袖山吃势过多起死褶等，在现有样衣的基础上对纸样进行修正，不需要重新起版，有时在样衣上直接进行修改后点影。按点影对纸样进行修正。样版的修正和调整是一项复杂和技术含量较高的工作，在后面的章节中会有详细阐述。



## 八、女上装原型与人体

原型是服装平面裁剪中的最基础纸样，它是简单的，不带任何款式变化的服装纸样，它能反映人体的最基本体表结构特征，利用服装原型在平面裁剪中可以变化出丰富多样的服装款式。

旗袍的裁剪可以用原型为基础进行纸样设计。

### （一）上半身人体体表结构特点（图 4-32）

1. 人体左右对称，领窝截面为前倾圆面。

2. 肩斜度平均 20°，前肩斜约 22°，后肩斜约 18°。

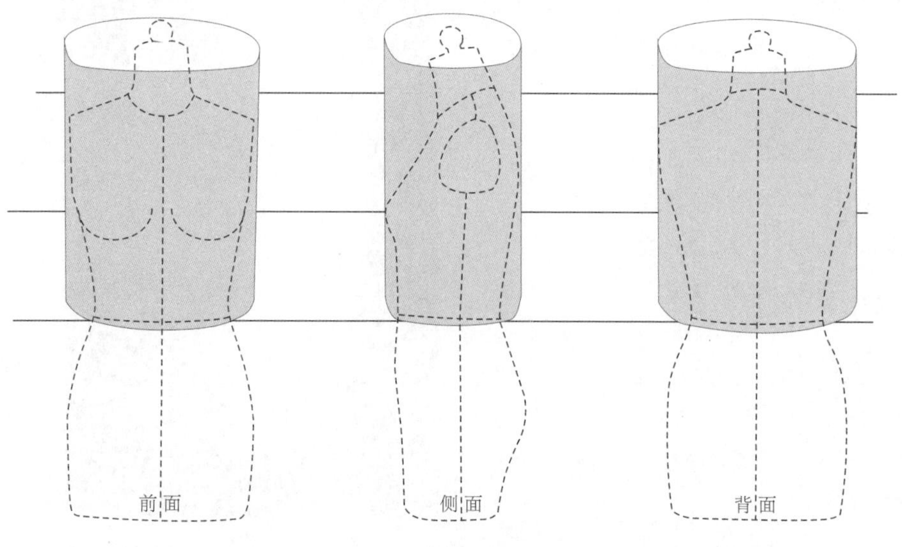


图 4-32

3. 前胸以乳点为中心呈半球状凸起，肩部呈弓形以肩骨点为中心凸起。

4. 胸腰差分布复杂，后省量大于前省量。

5. 人体动态特征包含肩关节、腰关节和人体脊柱的弯曲等。

**（二）上半身人体体表结构与上半身原型**

上半身原型是在人体体表结构基础上加放一定的松量，综合考虑动态因素和服装变化的需要而设计的最基础的纸样（图 4-33）。

**（三）下半身原型**

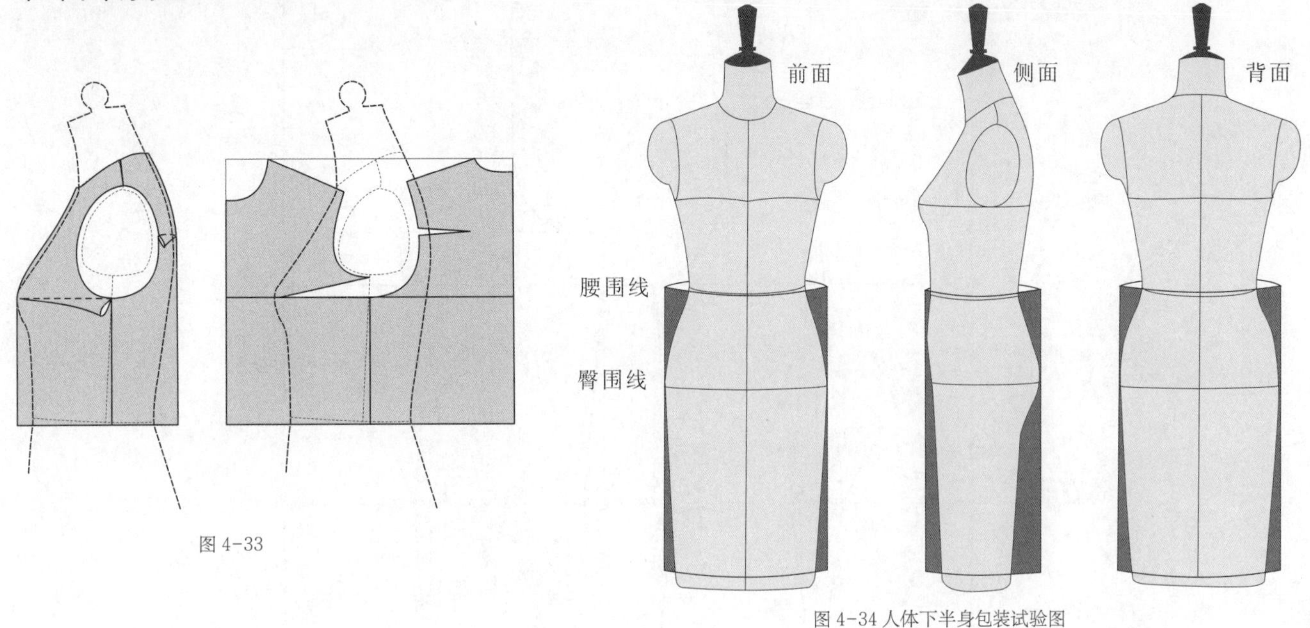


图 4-33

图 4-34 人体下半身包装试验图



为了理解半裙的构成原理，可以用纸张来做一个人体包装试验，在纸张上画出人体的臀围水平线和前后中心垂直线，纸张水平围绕成筒状后观察：在人体臀围线以上腰部都有空隙，侧面和后面较多，前腹较少（图 4-34）。

**（四）旗袍原型**

结合上半身原型和下半身原型，从上平线至膝围线作为旗袍的原型。

1. 按成年女子号型 160 / 84A 进行规格设计（即身高 160 厘米，净胸围 B* 为 84 厘米的标准体）。

（1）成品胸围 B= B*+ 松量 = 84+8=92 厘米。

（2）腰围 B-W=20(本案例按此卡腰量绘制，在实际应用中可按比例计算卡腰量)。

（3）肩宽 S=0.25B+14=0.25×96+14=38 厘米。

（4）背长 BL=0.25G-2.5=0.25×160-2.5=37.5 厘米。

（5）领围 N=B/4+15=38 厘米，前横开领：N/5-0.6，前直开领：N/5+1，后横开领：N/5，后直开领为后横开领约三分之一即（N/5）/ 3=2.5 厘米。

（6）前肩斜为 15：6，后肩斜为 15：5。

（7）胸省量为 15：T（T= 前腰节长 - 背长 +0.5）（图 4-35）。

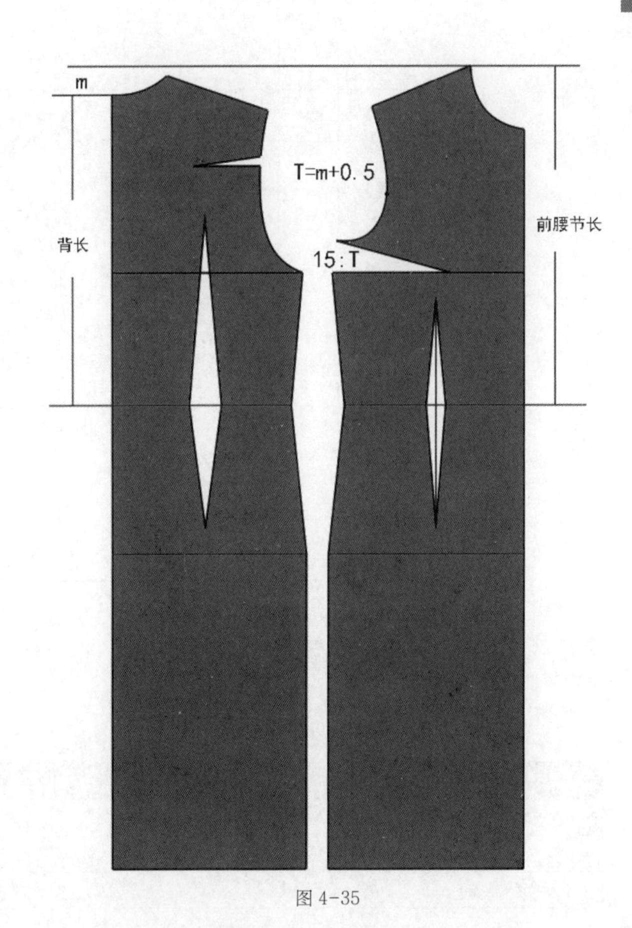


图 4-35

号型 160 / 84A 旗袍原型（本案例胸省量取 15 : 4）（图 4-36）。

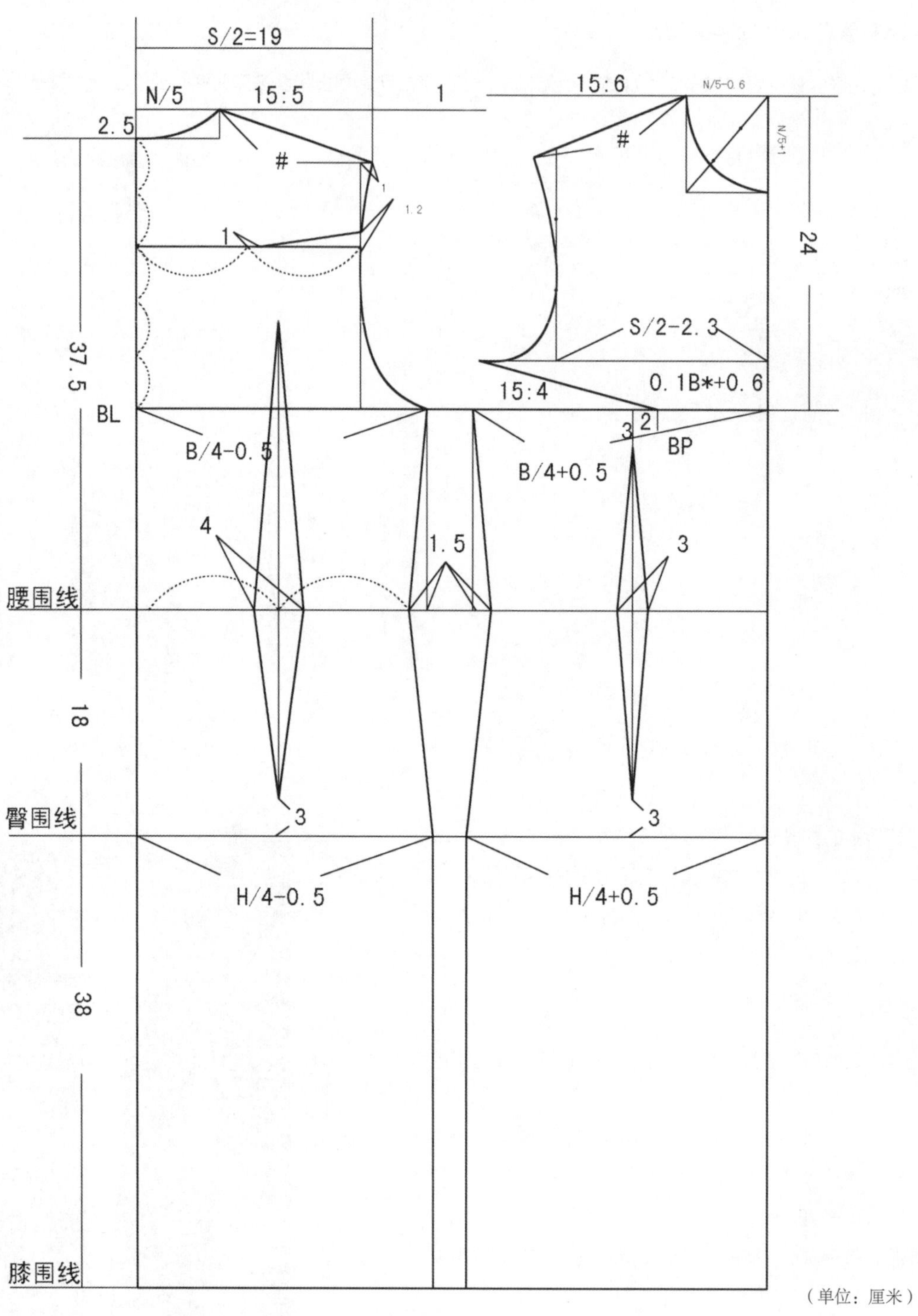

（单位：厘米）

图 4-36

2. 旗袍原型系列规格参考尺寸（表 4-1）。

表 4-1 单位：厘米

| 号型 | 成品胸围 | 制图胸围 | 肩宽 | 领围 | 背长 | 腰长 |
|---|---|---|---|---|---|---|
| 155/80A | 88 | 92 | 37 | 37 | 36.5 | 17.5 |
| 160/84A | 92 | 96 | 38 | 38 | 37.5 | 18 |
| 165/88A | 96 | 100 | 39 | 39 | 38.5 | 18.5 |

# 第五章

## 传统旗袍裁剪

传统旗袍，
又称中式旗袍、古法旗袍。
她承载着中华五千年
的服饰文化，
为平面结构、前后片连裁
无肩缝、连身袖。
民国初期为
十字型平面结构，
破中缝的连袖；
20 世纪三四十年代采用
前后衣身连裁，不破中缝的
连袖的平面裁剪。
传统旗袍寄托着
中华民族
浓浓的民族情结。

## 第一节 中式服装的结构特点

### 一、中式服装的结构特点

纵观中华传统服饰，大多是平直的线条，衣身宽松，“十字型平面结构”为中国传统服装结构基本形态。

清末明初的传统袍服，继承了中国传统服装的基本结构：中式立领、前后片连裁（无肩缝）、连袖、右衽斜襟，两侧开衩，中缝拼接，中规中矩。其工艺特点：精细的手工制作，采用刺绣、镶、嵌、滚等工艺。

受西方裁剪方法的影响，衣身廓型逐渐合体，至 20 世纪三四十年代进入旗袍发展的黄金时代，但旗袍的结构主要采用前后衣身连裁、不破中缝的连袖平面裁剪。

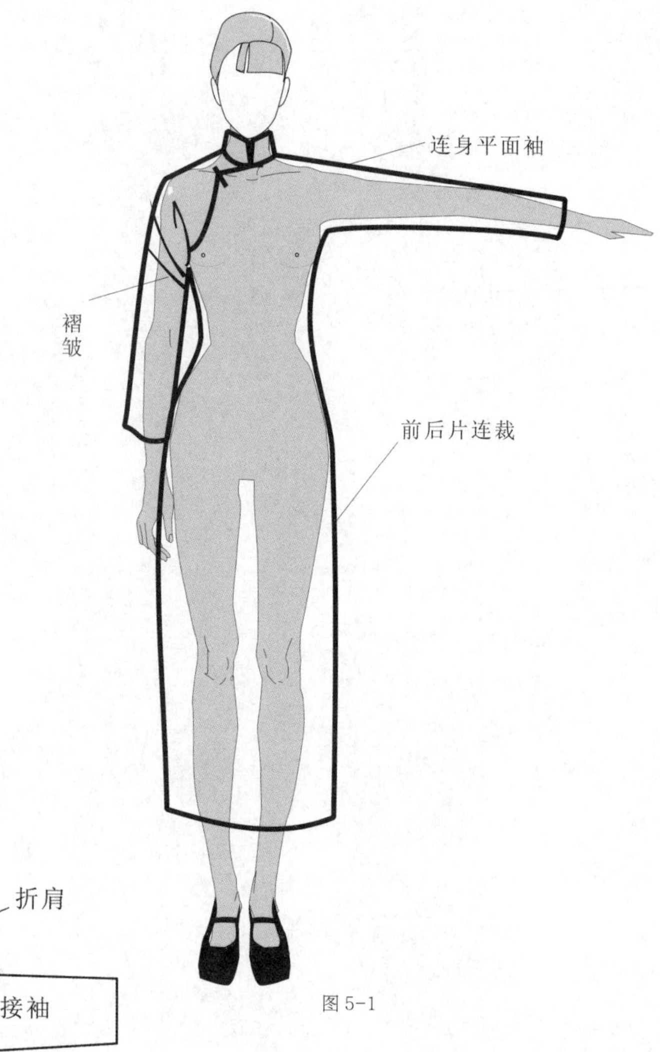

图 5-1

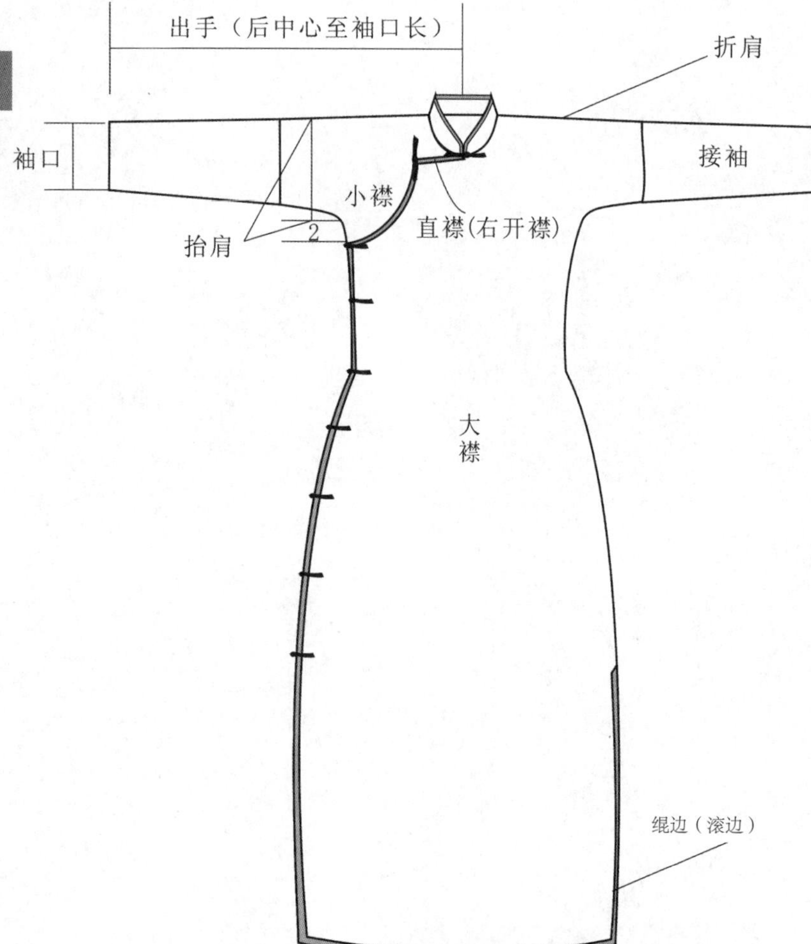

图 5-2

### 二、中式服装的结构设计原理

传统的中式服装结构设计主要依据人体手臂伸直展开的平面形态，当人体手臂放下时，腋下会产生一定的皱褶，并有足够的手臂活动量。前后片连裁结构示意图如图 5-1 所示。

传统的中式服装各部位名称如图 5-2 所示。

# 第二节 早期传统旗袍

在 20 世纪 20 年代以前，中国女性就一直有穿袍服的传统。袍服出现在旗袍未正式定义之前，是旗袍的前身。本书将其暂定义为早期旗袍。

在 20 世纪一、二十年代的旗袍结构特征为：袍身较为宽大平直，为十字型平面结构，前后片连裁无肩缝，前后片中间为破缝，连身袖（图 5-3）。

## 一 、宽松中缝旗袍袍结构设计

### （一）设计说明

本款式参照贵州安顺屯堡的女性“凤阳汉装”进行结构绘制。

今天安顺屯堡的女性尤其是中老年妇女仍然在日常生活中穿着具有明清时期特色的服饰，即称为“大袖子”的传统袍服。作者对流传至今的屯堡服装的款式、结构、色彩、配件、制作工艺等方面进行过实地考察。

衣长过膝的袍服，袖口较大，矮立领，右衽大襟、袖口处有镶边装饰，两侧开长衩。

按照中国传统平面裁剪方式，前后衣片中心处分割，前后连裁，一片式连袖，领口装立领，高约 3.5 厘米（图 5-4）。

图 5-3



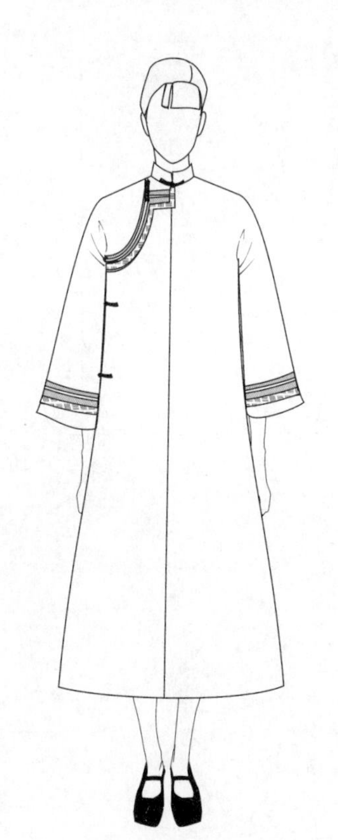

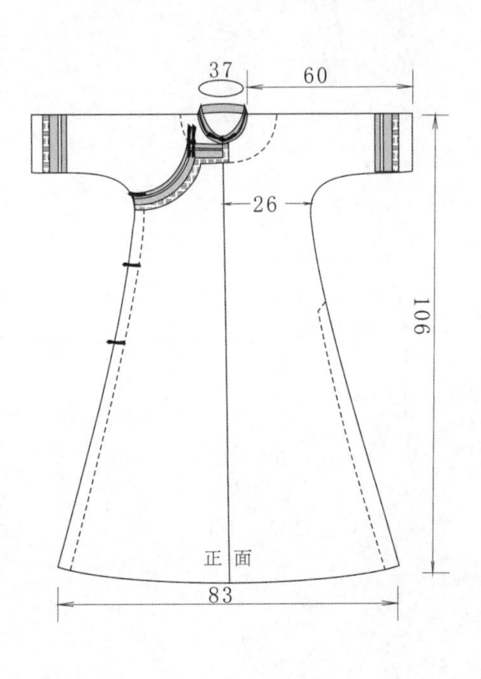


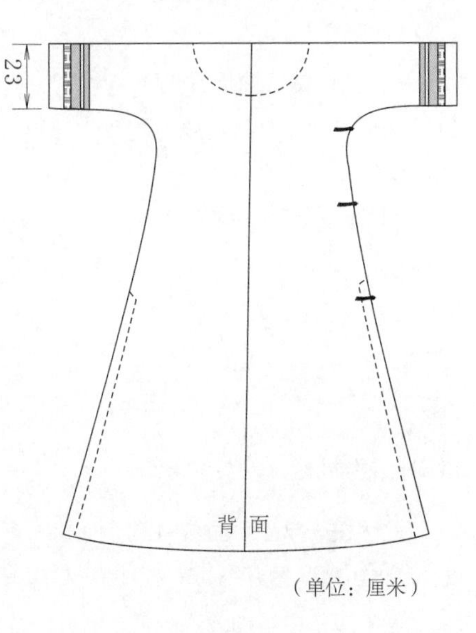


（单位：厘米）

图 5-4

**（二）面料**

此类旗袍面料多为单色棉布、电力纺、织锦缎等。

**（三）制图要点**

主结构包括立领和左右衣身三个部分。

立领为完全直领结构。

衣身结构中心破缝，采用长袖前后连裁。

1. 按 160/88（净胸围 B*=88，净腰围 W*=70，净臀围 H*=94）宽松风格设计尺寸、制图。

2. 衣长：按衣长在小腿中部位置设计尺寸 106 厘米。

3. 背长：按人体原型 37.5 厘米。

4. 胸围：加放 16 厘米，取 B*+16=104 厘米。

5. 腰围：在胸围基础上侧缝处画顺不收腰。

6. 臀围：臀围放松量 10 厘米以上。

7. 领围：总长约 36 厘米，平面裁剪时直接裁剪毛样尺寸。

8. 通肩袖长：领口至袖口之间长 60 厘米。

9. 袖口宽：袖口围折叠后为 23 厘米。

10. 袖窿深：袖折线向下 26 厘米，与袖口连辅助线，再与衣身侧缝线画顺。

11. 侧缝开衩：臀围线下 20 厘米。

12. 下摆：自胸围至下摆呈梯形放出，半下摆宽 41.5 厘米。

**（四）结构制图**

此图按十字型平面结构绘制展开结构图（图 5-5）。

宽松旗袍主结构裁片示意图如图 5-6 所示。

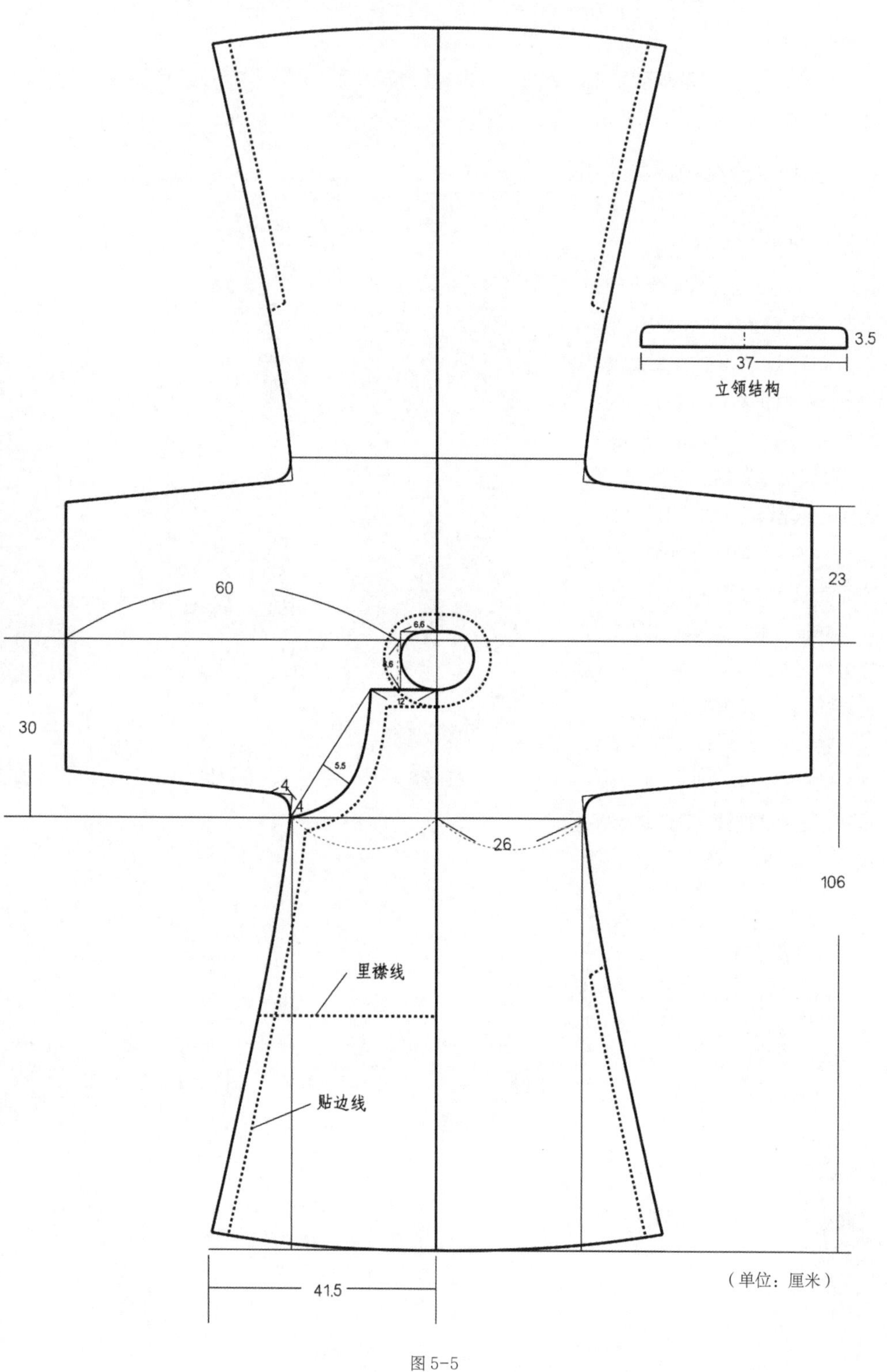


图 5-5

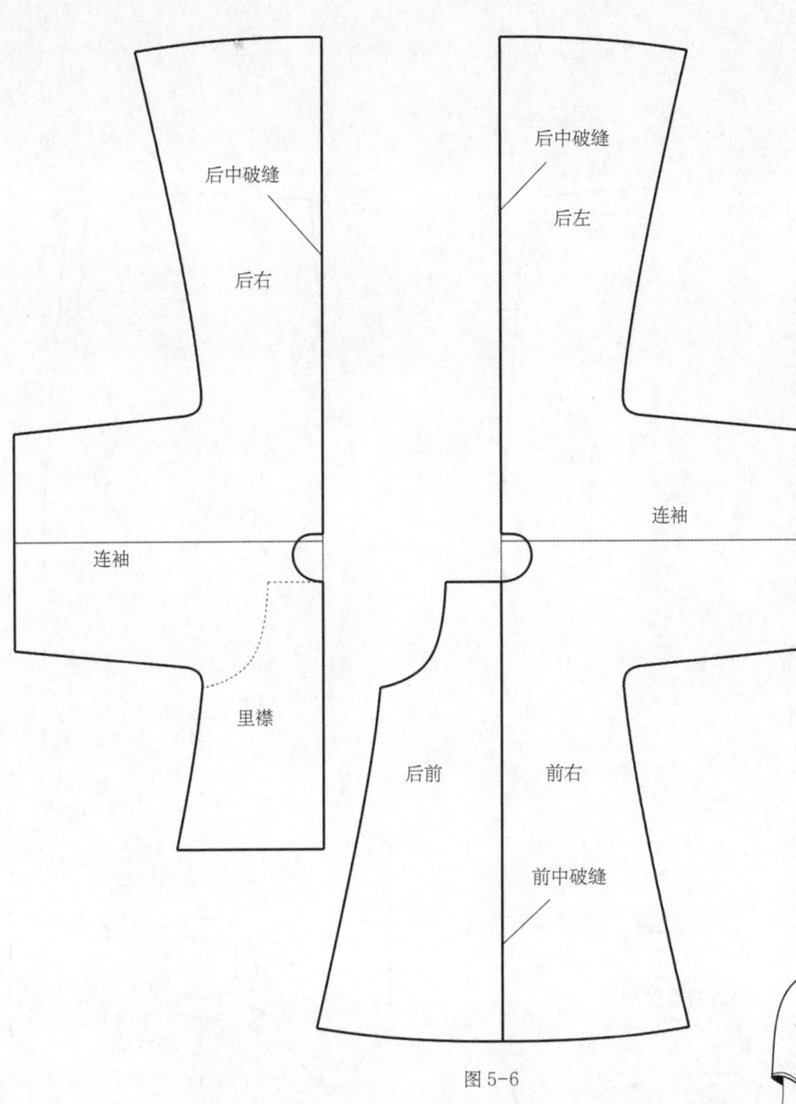


图 5-6

## 二 、十字型一片式旗袍结构设计

### （一）款式说明

本款式流行于民国时期，裁剪方法仍沿用中国传统十字型平面结构。

夏季旗袍，衣长至膝下，右衽大襟，侧缝收腰，低立领，前后片连裁，连身短袖，前后中无破缝，膝下左右低开衩，总纽数9个，下摆微收，下摆有一定弧度，在领、袖、前襟、下摆、开衩口有滚边。该款式继承中华传统服饰的特点，为十字型平面结构，制作更加便捷（图 5-7）。

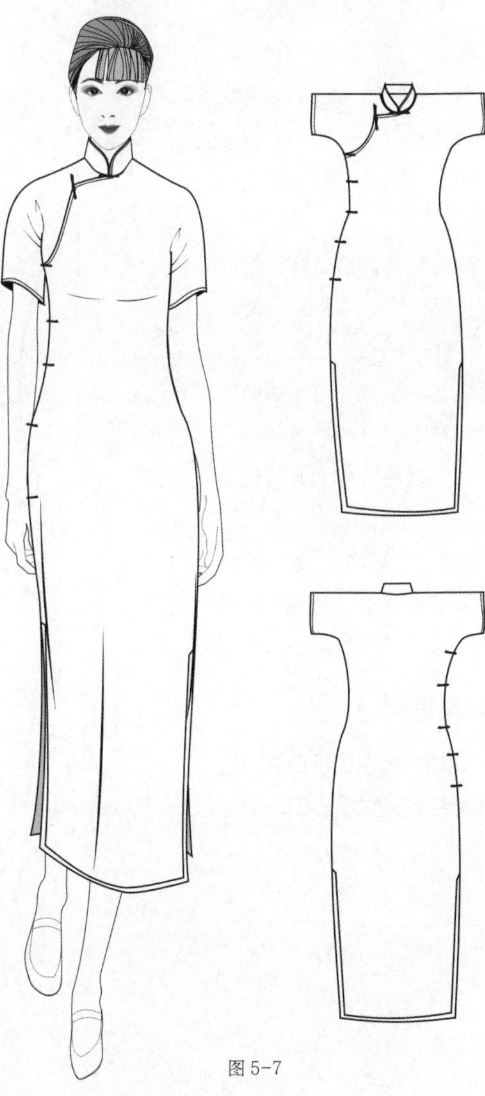

图 5-7

### （二）面料

面料多为单色棉布、印花布、丝绸、织锦缎等。

### （三）制图要点

主结构包括立领和衣身两部分。

立领为完全直领结构。

衣身结构采用前后连裁，连身短袖。

1. 按 160 / 84（净胸围 B*=84，腰围 W*=70，臀围 H*=94）较贴体风格设计尺寸，制图。

2. 衣长：按衣长在小腿中部位置设计尺寸 110 厘米。

3. 背长：按人体原型 37.5 厘米。

4. 胸围：加放 8 ~ 10 厘米，取 B=94 厘米。

5. 腰围：在胸围基础上侧缝处每边收进 3 厘米，W=82 厘米。

6. 臀围：臀围放松量 6 ~ 8 厘米，H=102 厘米。

7. 领围：总长约 36 厘米，平面裁剪时直接裁剪毛样尺寸。

8. 通袖长：两袖口之间全长 60 厘米。

9. 袖口宽：袖口展开 31 厘米。

10. 袖窿深：在原型袖窿深的基础上，下落 0.5 厘米，即折肩线向下 21 厘米。然后与袖口连辅助线，再与衣身侧缝线画顺。

11. 侧缝开衩：臀围线下 20 厘米。

12. 下摆：按人体膝围处相对臀宽线收进 2 厘米，画顺侧缝下摆。

**（四）结构制图**

此图按十字型平面结构绘制展开结构图（图 5-8）。

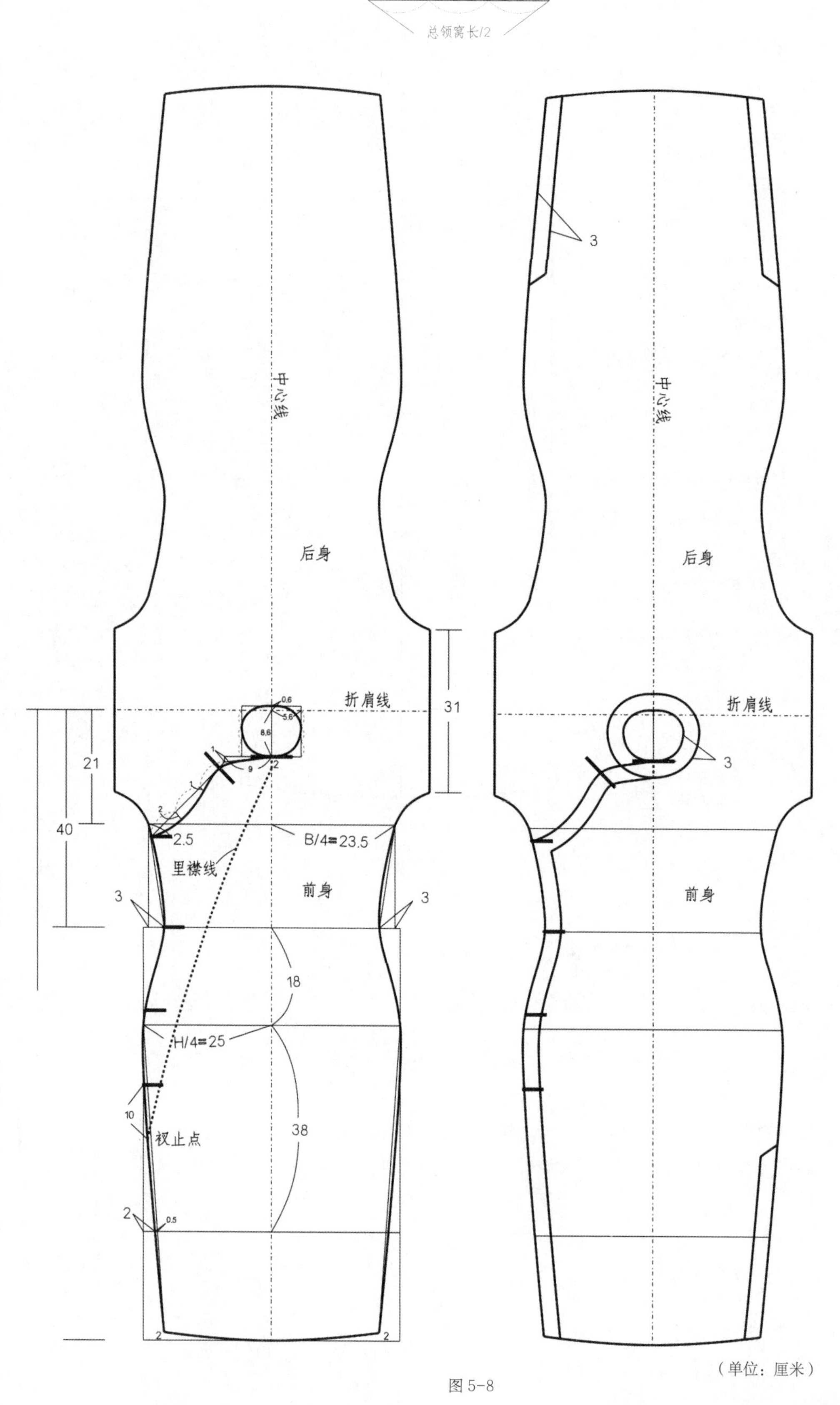

图 5-8

## 三、较合体破中缝旗袍结构设计

### (一)款式说明

长款式旗袍，衣长至脚面，右衽大襟，衣身较合体，低立领，前后片连裁，连身袖，袖口有接缝，前后中破缝，膝下左右低开衩，总纽数7个，下摆略放，下摆有一定弧度，在领、袖、前襟、下摆、右侧缝、开衩口有滚边。该款式继承中华传统服饰的特点，为十字型平面结构，制作更加便捷(图5-9)。

### (二)面料

面料为单色棉布、印花布、丝绸、织锦缎等。

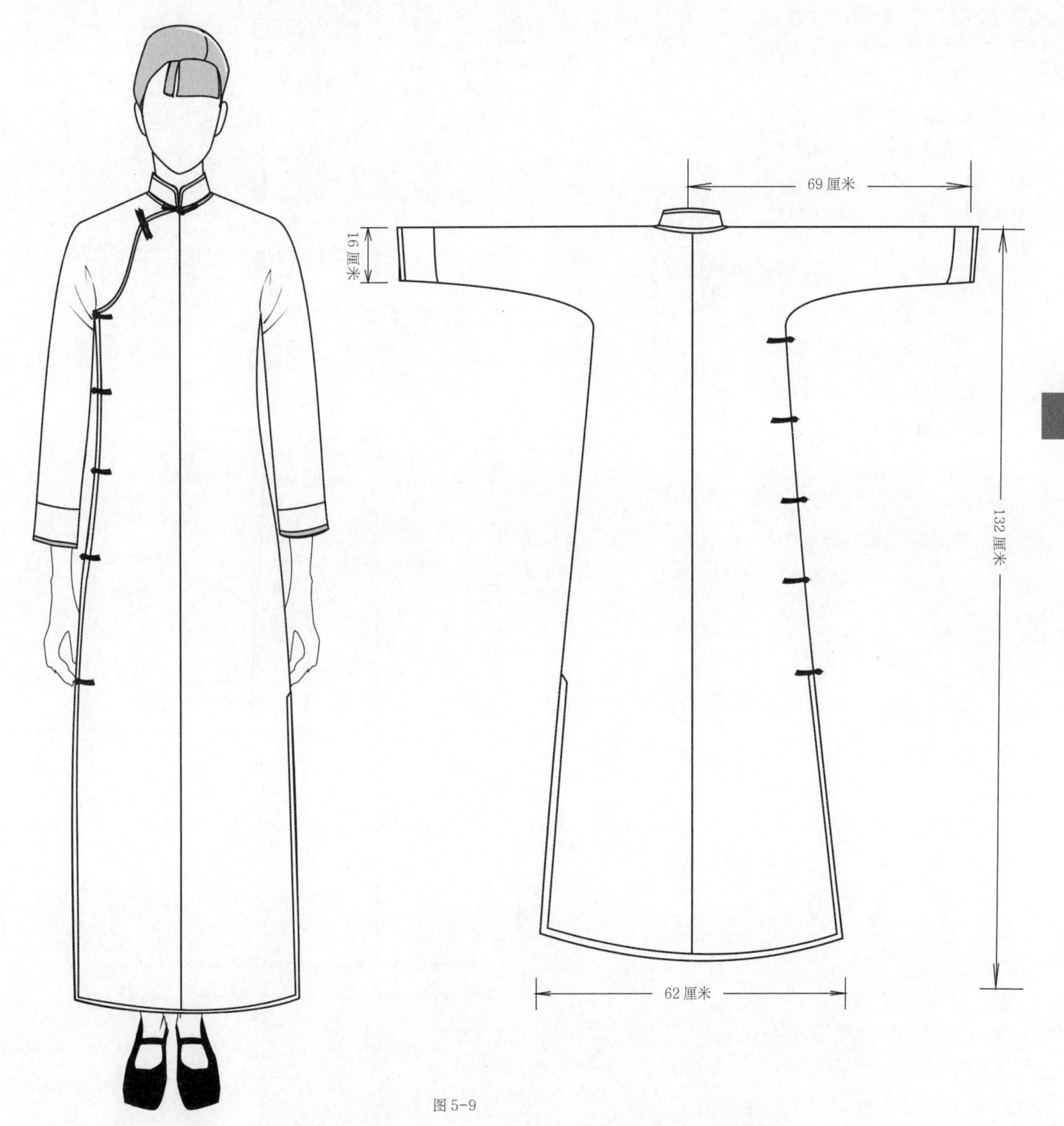


图5-9

**（三）制图要点**

主结构包括立领和衣身两部分。

衣身结构采用前后连裁。

1. 衣长：按衣长在小腿中部位置设计尺寸 132 厘米。

2. 胸围：加放 8 ~ 10 厘米，取 B=94 厘米。

3. 领围：总长约 36 厘米，平面裁剪时直接裁剪毛样尺寸。

4. 出手：后中心至袖口长 69 厘米。

5. 袖口宽：袖口宽 16 厘米。

6. 袖窿深：在原型袖窿深的基础上，下落 0.5 厘米，即折肩线向下 21.5 厘米。然后与袖口连辅助线，再与衣身侧缝线画顺。

7. 侧缝开衩：下摆向上 52 厘米。

8. 下摆：从胸围至下摆围梯形放出，下摆宽 62 厘米。

**（四）结构制图**

前后片主结构图如图 5-10 所示。

主结构裁片示意图如图 5-11 所示。

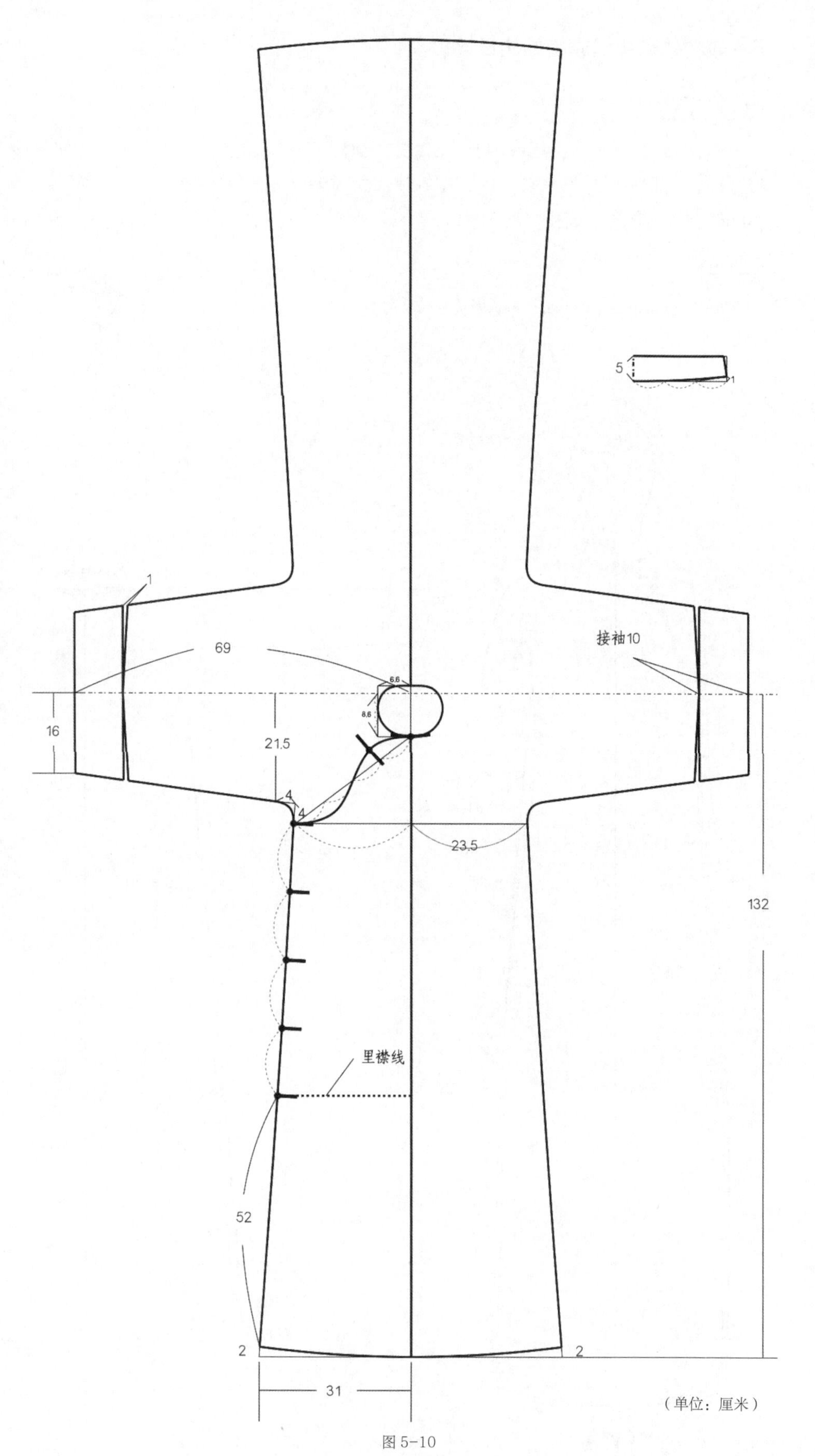

图 5-10

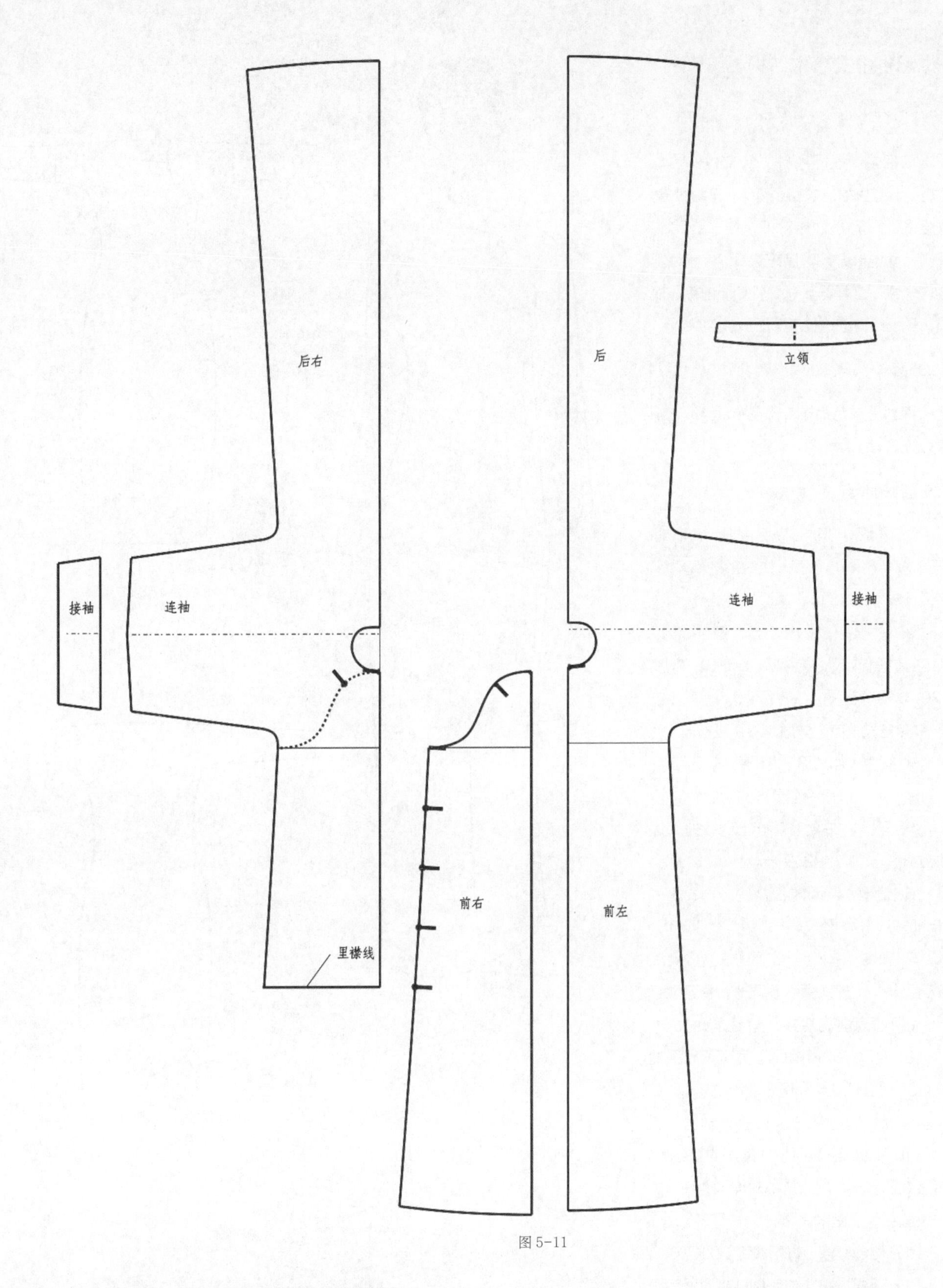


图 5-11

## 第三节 20 世纪三四十年代传统旗袍

传统中式旗袍（古法旗袍）由整片布料裁制，使用的是平裁工艺，流行于 20 世纪三四十年代。旗袍松量合适不紧绷，穿着舒，有自然褶皱。

这时期的旗袍，从传统十字型平面结构向西式结构优化，旗袍的裁剪方法有了一些转变，由传统守旧一跃而成为优雅与时尚的化身。取消了前后中缝，保持了“T”型结构，采用归拔工艺，领、襟、袖的款式和装饰出现了很多变化。

## 一、无省中式旗袍结构

### （一）设计说明

前后衣片为整块构成，右衽大襟，无肩缝，连身袖。衣长至膝下，无胸腰省，收腰设计，低立领，接袖口，袖长至手腕，两侧在膝下低开衩，盘纽数 9 个，前后下摆均外弧 3.2 厘米，领、袖口、前襟、底边、开衩口有滚边工艺（图 5-12）。

### （二）面料

面料为单色棉布、印花布、丝绸、织锦缎等。

### （三）制图要点

1. 按 160/84A（净胸围 B*=84，净腰围 W*=68，净臀围 H*=92）较贴体风格设计尺寸，制图。

2. 衣长：按衣长在小腿中部以下位置设计尺寸，衣长 L=0.8× 身高 +20=0.8×160+8=116 厘米。

3. 背长：按人体原型 37.5 厘米。

4. 胸围：加放 8 ~ 10 厘米，B=B*+（补正文胸 2）+8=94 厘米。

5. 腰围：在胸围基础上侧缝处每边收进 3 厘米，W=82 厘米。

6. 臀围：臀围放松量约 6 ~ 8 厘米 H=H*+8=100 厘米。

7. 领窝：总长约 41 厘米，后领窝深 1.5 厘米，前直开领 8.5 厘米，横开领 7 厘米，平面裁剪时直接裁剪毛样尺寸。

8. 通肩袖长：按原型肩宽 + 原型袖长 SL=38/2+50=69 厘米。

9. 袖口宽：展开宽 13 厘米。

10. 袖窿深：在原型袖窿深的基础上，下落 0.5 厘米，然后与袖口连辅助线，再与衣身侧缝线画顺。

11. 侧缝开衩：臀围线下 20 厘米。

12. 下摆：按人体膝围处相对臀宽线收进 2.5 厘米，画顺侧缝下摆。

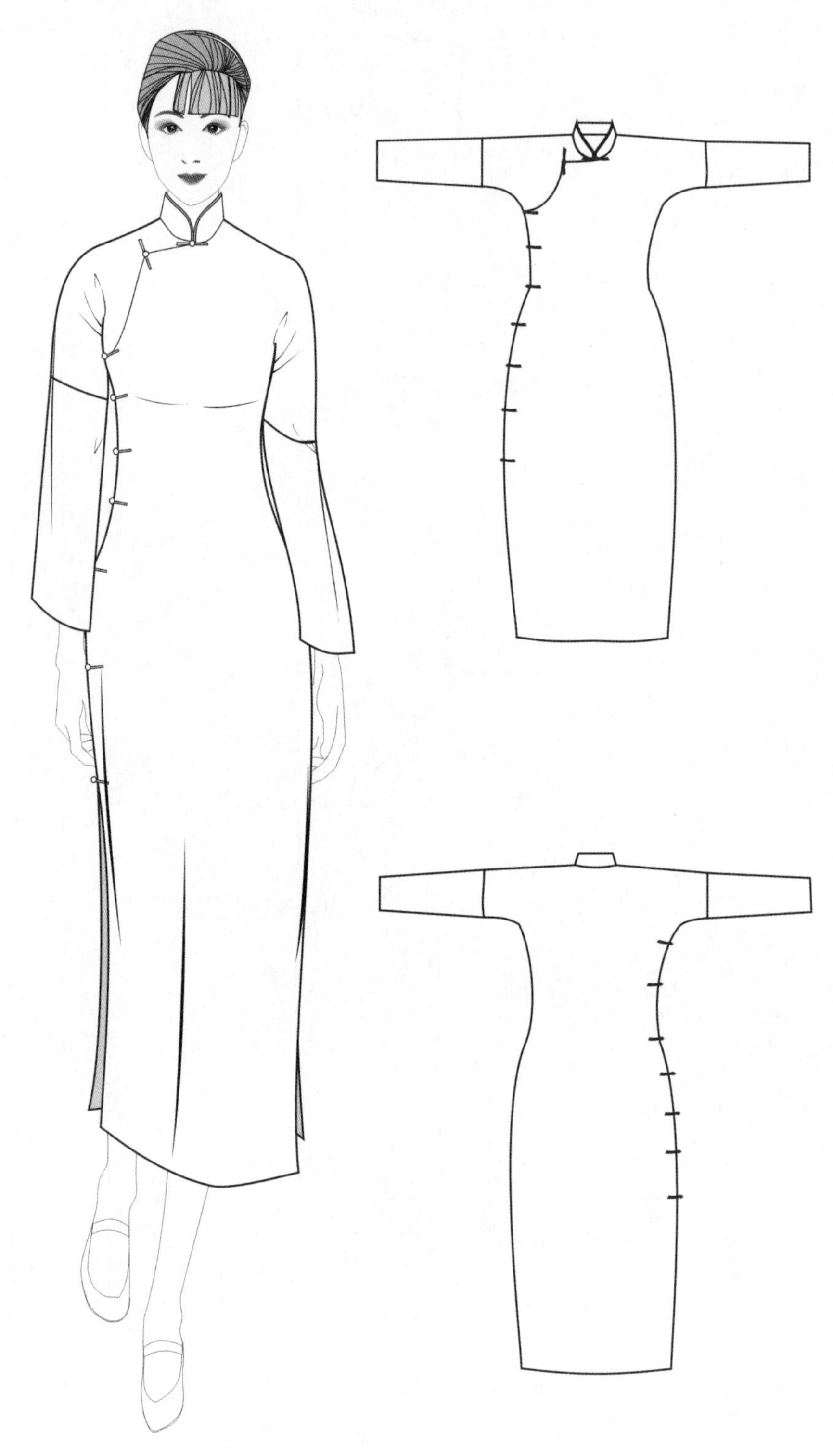

图 5-12

（四）结构制图（图 5-13）

1. 因平面裁剪在面料的反面画线裁剪，故将结构图画在前中心线的右侧，结构图为左衽，成品时为右衽。

2. 衣领、袖子单独裁剪。

3. 领窝结构裁剪细节：领窝净样总长约 41 厘米，后领窝深 1.5 厘米，前直开领 8.5 厘米，横开领 7 厘米。平面裁剪时直接在面料上折布挖襟，所以裁剪毛样尺寸。

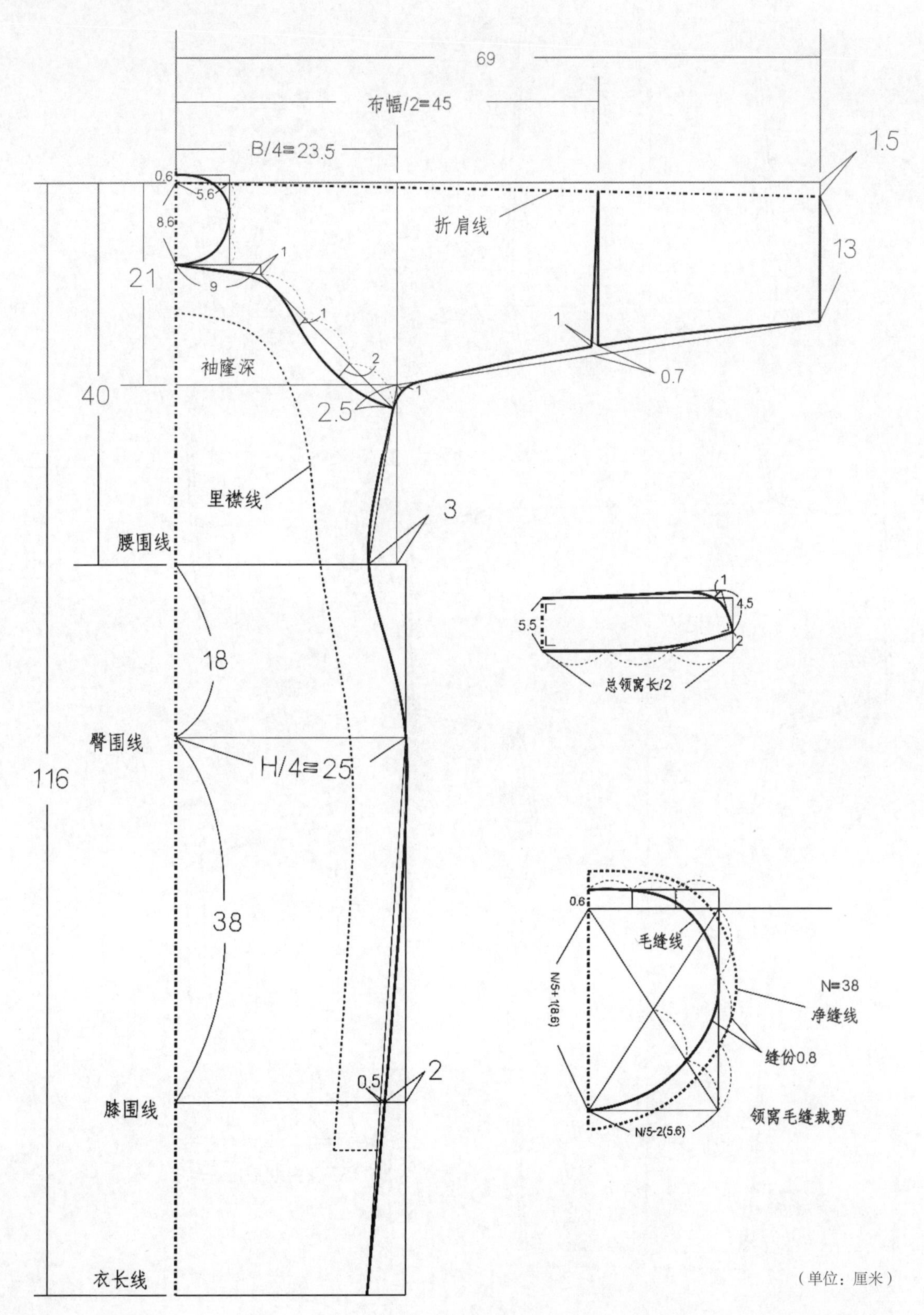


（单位：厘米）

图 5-13

4. 将结构图平面展开，旗袍主要结构衣片示意图，从平面图中可以看出，在右衽开襟处有一定的掩襟量，衣片的中心线与面料的布纹中心线产生了一定的偏移量（图 5-14）。

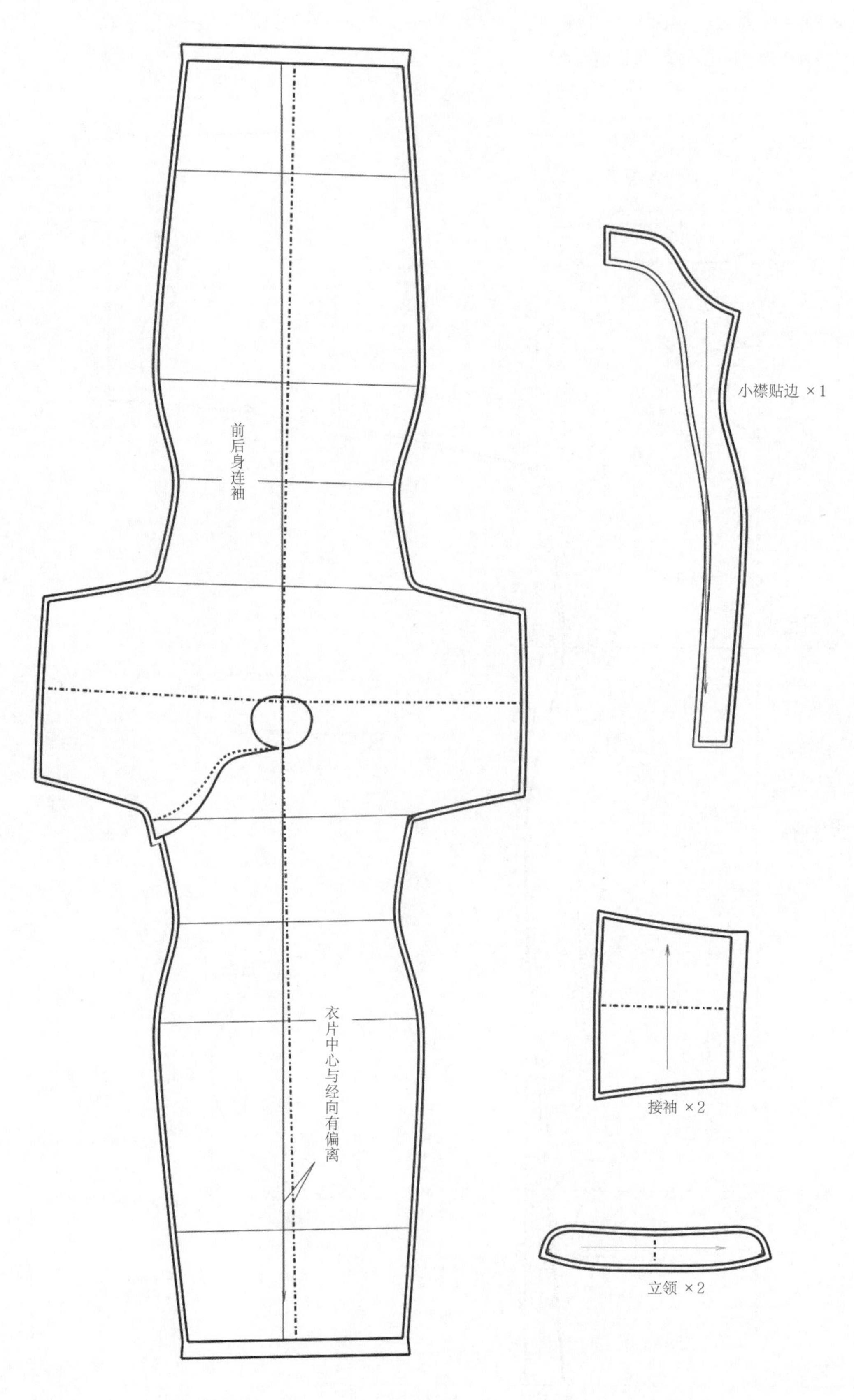


图 5-14

**（五）平面裁剪面料步骤**

以中式旗袍的结构图为依据在布上画样裁剪，传统面料布幅一般在 75 ~ 90 厘米之间。下面以白纸为媒介作中式旗袍平面裁剪示例说明。

1. 折料（图 5-15）。

将布料缩水整理好，先裁剪衣身，接袖部分另裁剪。

经纱方向取 2 个衣长度并另加 6 厘米预留量。

先把两边的直丝布边面朝里对折，中线为面料经向中心线。

面料纬纱垂直方向长度上对折画一条衣长线（即折肩线）为上平线。

2. 剪开大线。

将上面一层布料的面料经向中心线拉向右偏出 2.5 厘米，折出旗袍的前中心线，按前面的结构图绘制出挖襟线。

按已经划好的大襟线剪至领口深处，再沿前中心线剪开至折肩线处，将上翻开，为下步归拔作准备（图 5-16）。

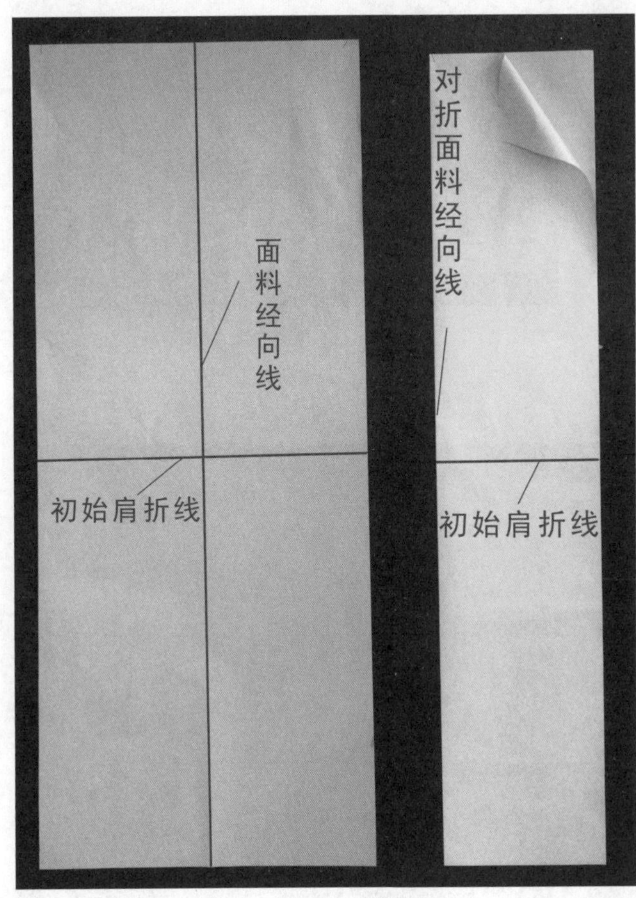


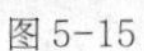
图 5-15

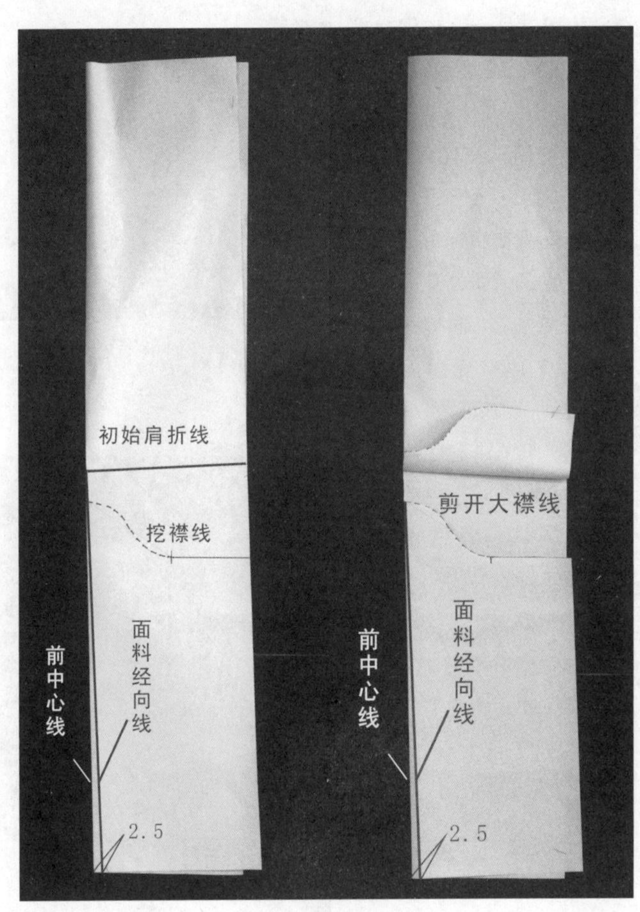

图 5-16

3. 归拔领口线。

剪好后将里襟线向上翻开，（实为前片右领口）剪 Y 形剪口，深度不超过 3.5 厘米，用熨斗将直开领拔开，注意不要拔破领口（图 5-17 左）。

4. 折回里襟。

把已经拔好的里襟对齐里层折肩线，把里襟折回还原铺平，使里襟领口深处与大襟重叠 1.3 ~ 1.5 厘米，侧缝胸围处重叠 2 ~ 3 厘米。这个量即为偏襟处里襟（小襟）与门襟（大襟）的重叠量（搭进量）（图 5-17 右）。

5. 画线裁剪。

把已经拔好的里襟对齐里层折肩线，把里襟折回还原铺平后，按前面结构图 5-12 的尺寸重新画线，留出缝份后进行裁剪（图 5-18）。

6. 裁剪后的平面效果。

把裁剪后的衣片铺平观察，可看到一片式旗袍的整体平面图。把肩线对折，掩襟量用大头针别住，也可看到一片式旗袍缝合后的大致平面效果（图 5-19）。

传统旗袍结构分析：流行于 20 世纪三四十年代的连肩平袖旗袍是没有前后中缝的，那么开襟处就没有掩襟量。旗袍的大襟必须是遮掩底襟接缝的，这个原则被称为“门襟遮蔽”，门襟掩盖底襟接缝的重合部分叫“掩襟量”。

这种中式旗袍的裁剪方法，使得衣片的前后中心有一定的偏斜，这种偏经裁法虽然并不完美，但解决了一片式旗袍的门襟遮蔽问题。

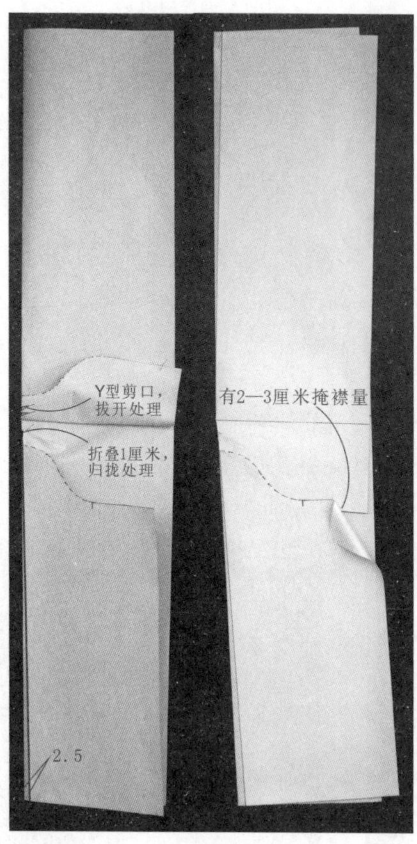


图 5-17

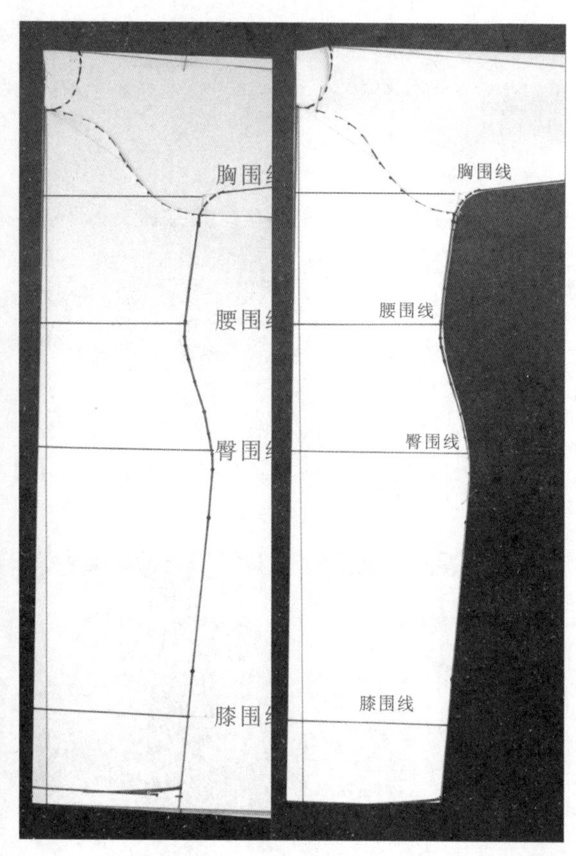


图 5-18

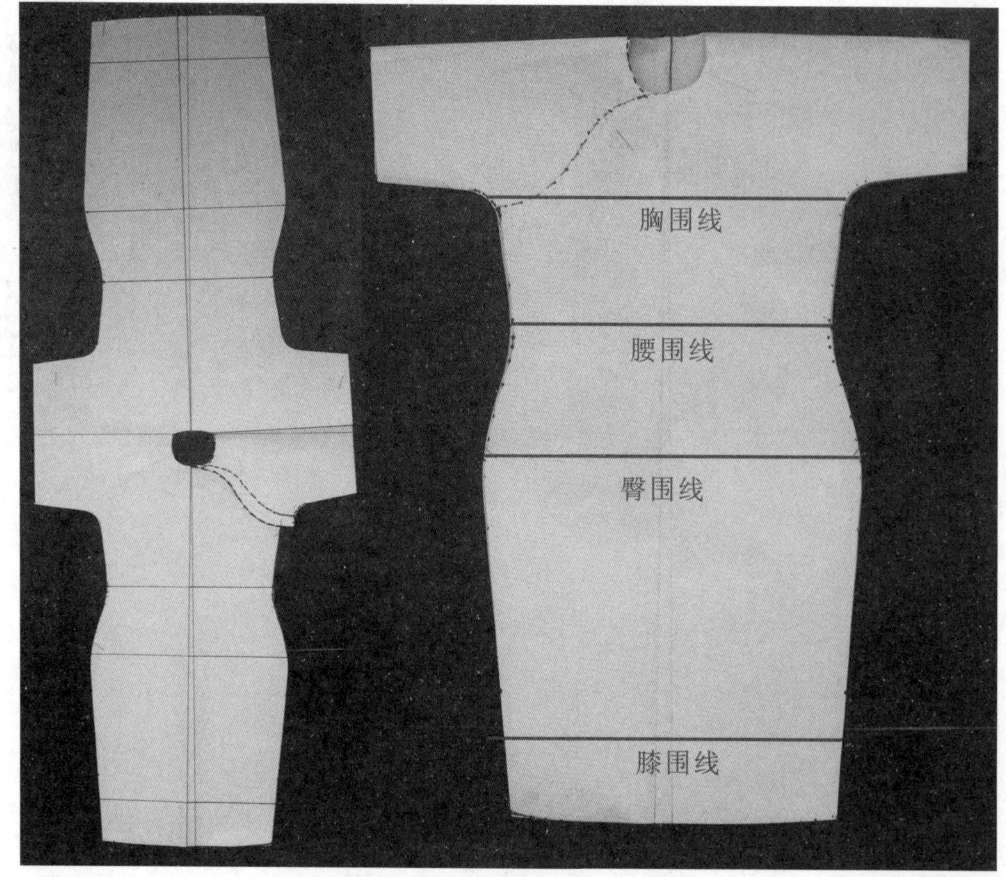


图 5-19

## 二、有胸省中式合体旗袍结构设计

### （一）设计说明

前后衣片为整块构成，右衽大襟，无肩缝，连衣袖。衣长至膝下，前片有胸省，后片有腰省收腰设计，立领，短袖，两侧在膝下低开衩，盘纽数 7 个，前后下摆均外弧 3.2 厘米，领、袖口、前襟、底边、开衩口有滚边工艺（图 5-20）。

### （二）面料

面料为单色棉布、印花布、丝绸、织锦缎等。

### （三）裁剪步骤

1. 折料。

先把两边的直丝布边面朝里对折（图 5-21），左边一头预留贴边 3 厘米，然后按衣长尺寸加 2 厘米画一条衣长线（即折肩线）为上平线（图 5-22、图 5-23）。

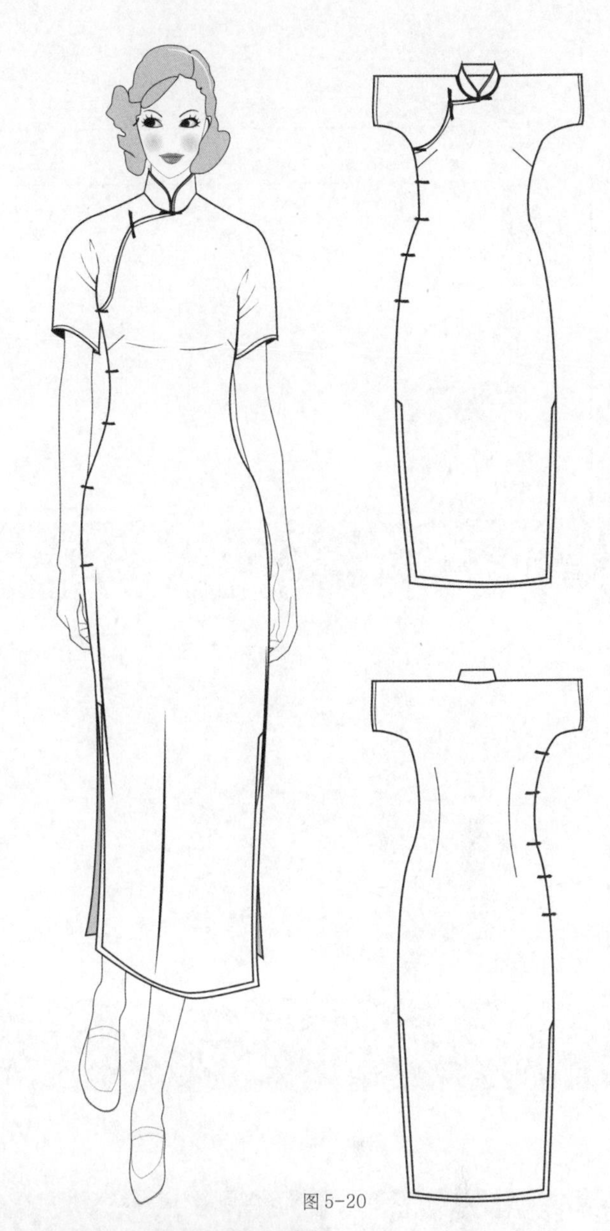

图 5-20

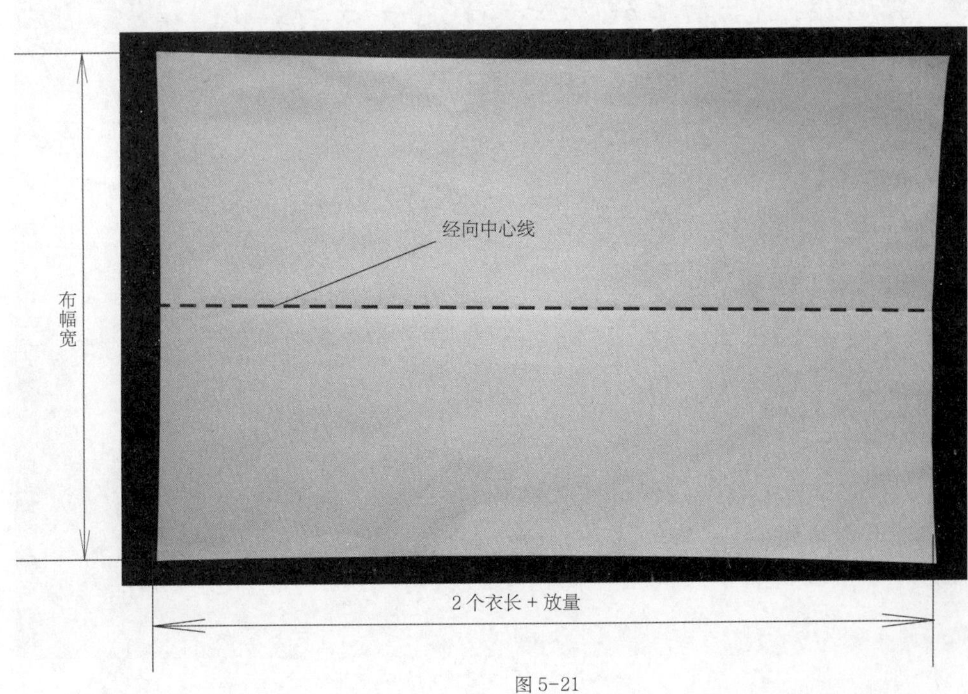


图 5-21

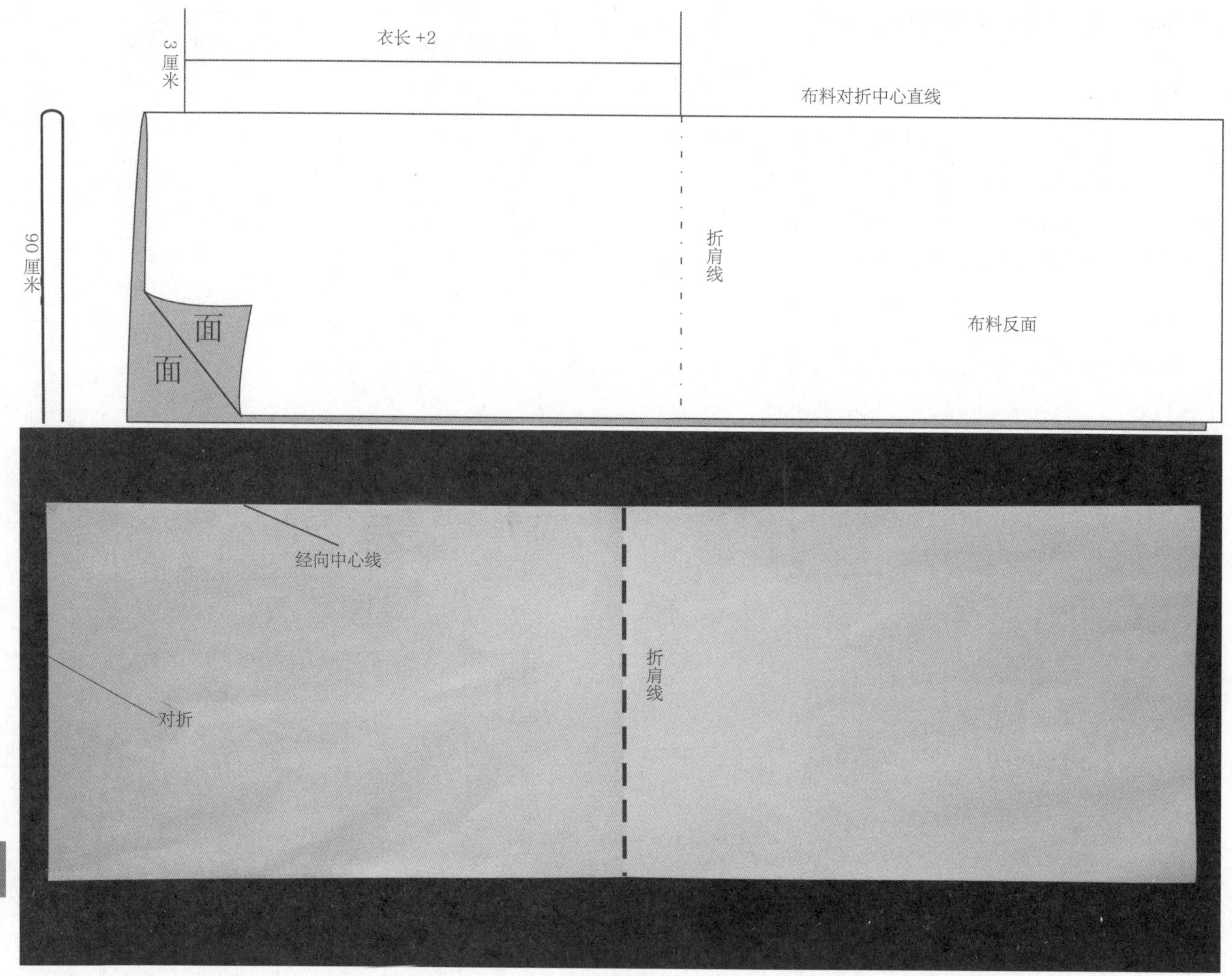


图 5-22

图 5-23

2. 偏襟。

将上面一层布料的左右两端对折中心直线拉向下，使之向下偏出2.5厘米，使上层布料往下移动。这样，上层布料在底边两端比下层布料多出了5厘米左右，上层布在折肩线处会凸起产生多余的量，比下层布料多出约2厘米。

3. 折肩。

按下层折肩线将右边布料向下层折好，即变为四层，上两层为前身，下两层为后身，此时在折肩线处，外层比内层多出2厘米，这个量即为偏襟处里襟（小襟）与门襟（大襟）的重叠量（搭进量），通过拔襟工艺处理后，这个量会折进（图5-24、图5-25）。

4. 作前衣片结构线。

在最上层的布上作前衣身的结构线，自折肩线向下24厘米为胸围线，自折肩线向下40厘米为腰围线，自腰围线向下18厘米为臀围线。自折肩线中心处向下8.6厘米为前领深线，侧缝胸围线向2厘米与前领深点之间按大襟线设计画出大襟线。抬肩线深度自折肩向下20厘米（图5-26）。

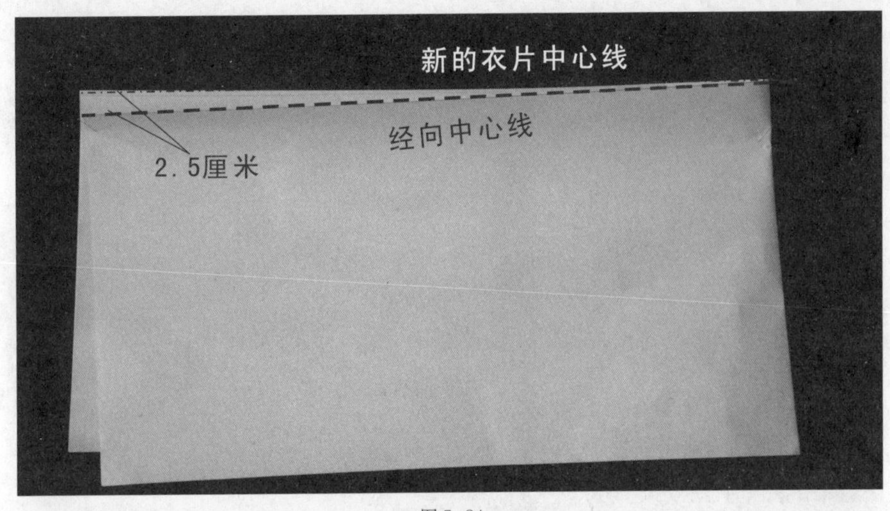

图5-24

图5-25

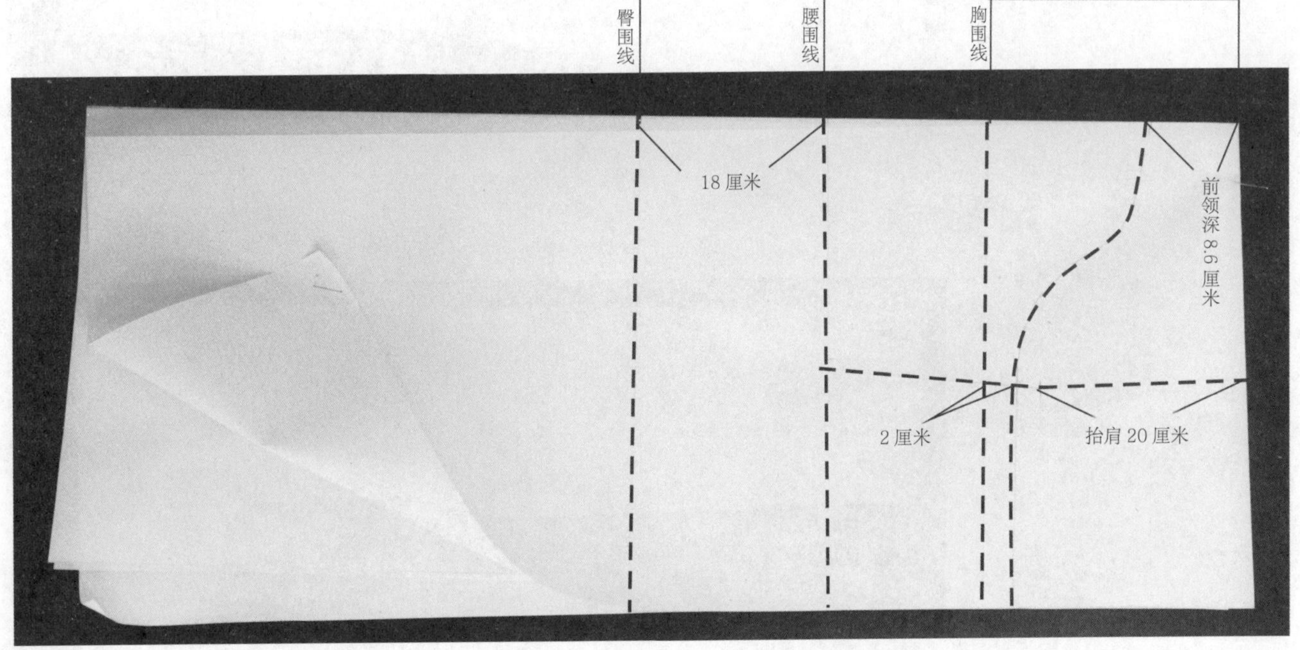

图5-26

5. 剪开大襟线，作掩襟量操作。

参考前一节无省中式旗袍剪开大襟线，作掩襟量操作。当胸凸量较大时，宜在前片胸围处折叠一定的量，作为胸凸量及前后片的长度差。折叠一定的量后，重新按前图的尺寸画线，并在胸围线以下 5 ~ 6 厘米侧缝处，对准前胸点作约 2.5 厘米的胸省，同时前后差折叠量在操作时也放入胸量中（图 5-27）。

6. 四片叠加一起按侧缝画线（布上为毛缝裁剪，要留出约 2 厘米缝纷），修剪至胸省位置，待折叠胸省后再向上裁剪（图 5-28）。

7. 折叠胸省时要将前后片在侧缝产生的量放入胸省中，大襟掩襟处用大头针别住，并重新调整折肩线，平服后再向上裁剪（图 5-29）。

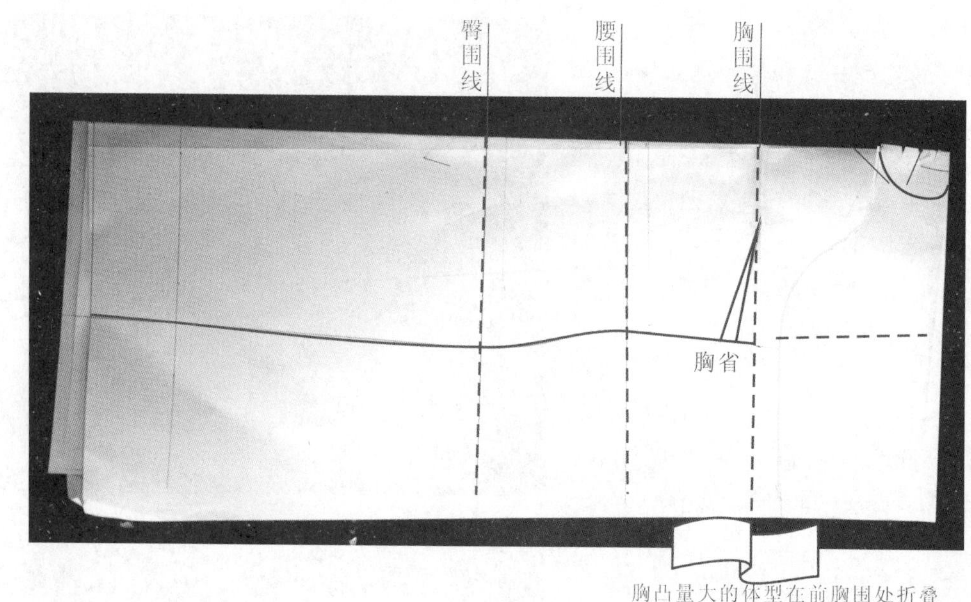


图 5-27

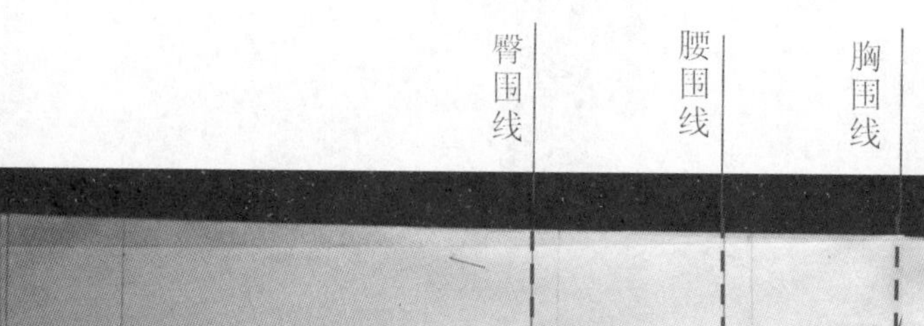
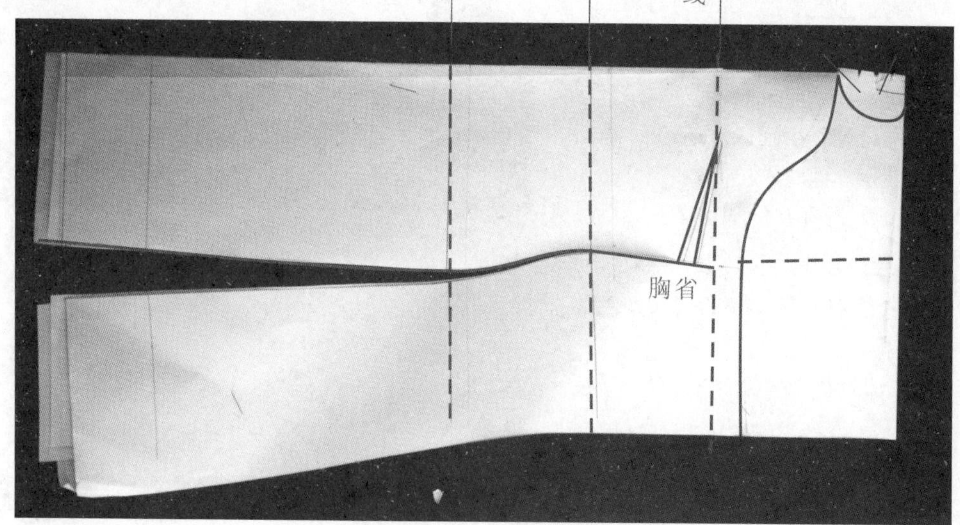


图 5-28

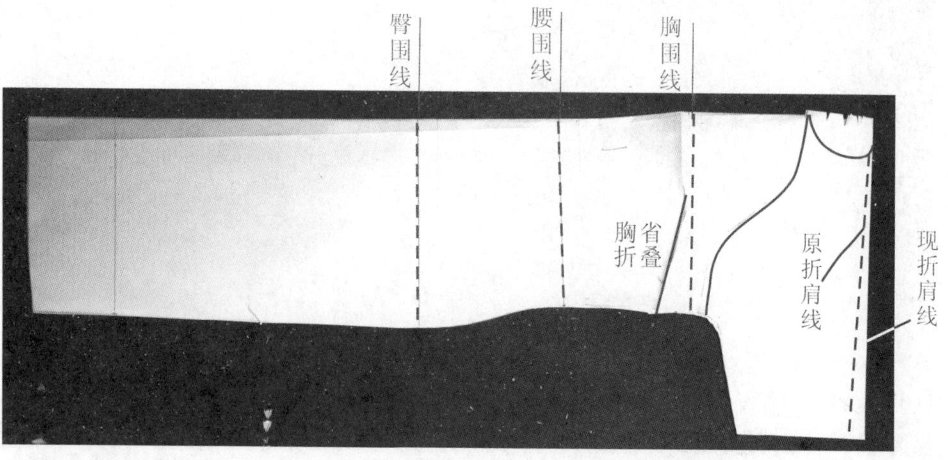


图 5-29

8. 修剪后衣身侧缝处，使后衣身合体性增加，同时，绘制后腰省（图 5-30）。

9. 将衣片平面展开，在右衽开襟处有一定的掩襟量，衣片的中心线与面料的布纹中心线产生了一定的偏移量（图 5-31）。

10. 将纸样用大头针别合，衣片结构呈现立体状态，有一定的肩斜量和胸凸量（图 5-32）。

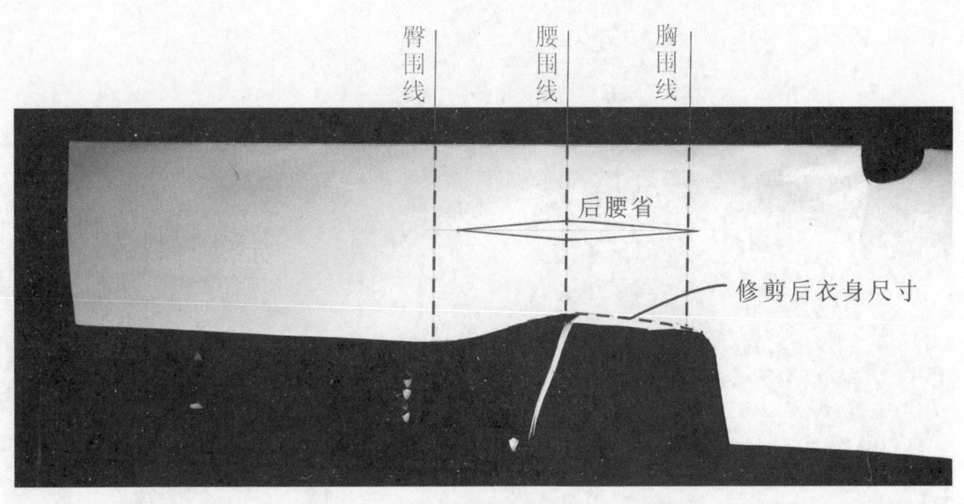

图 5-30

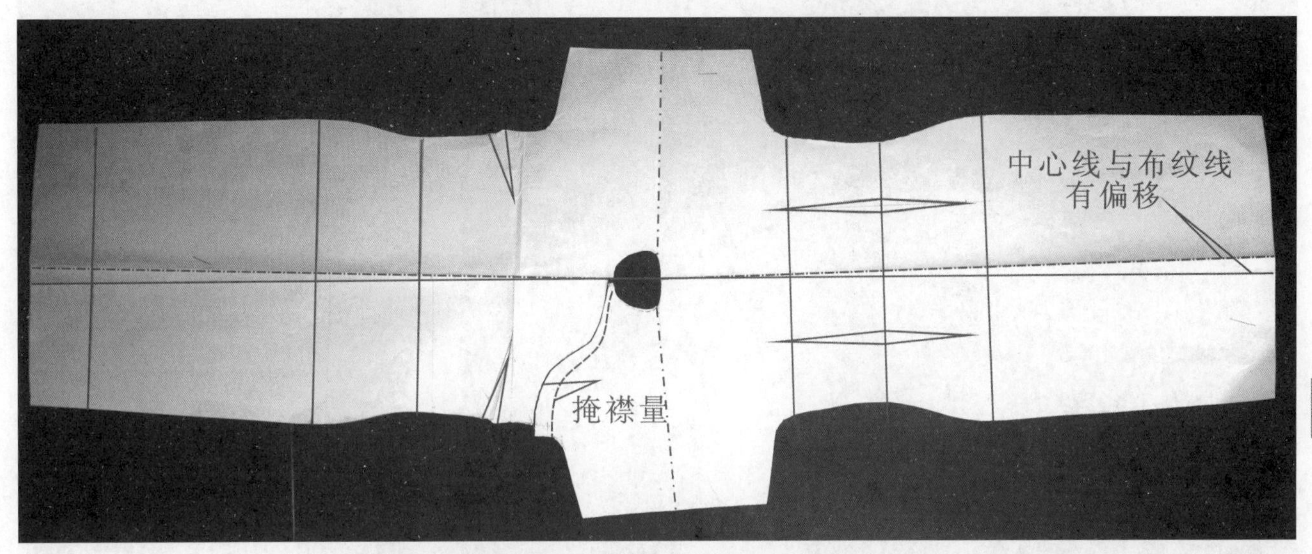

图 5-31

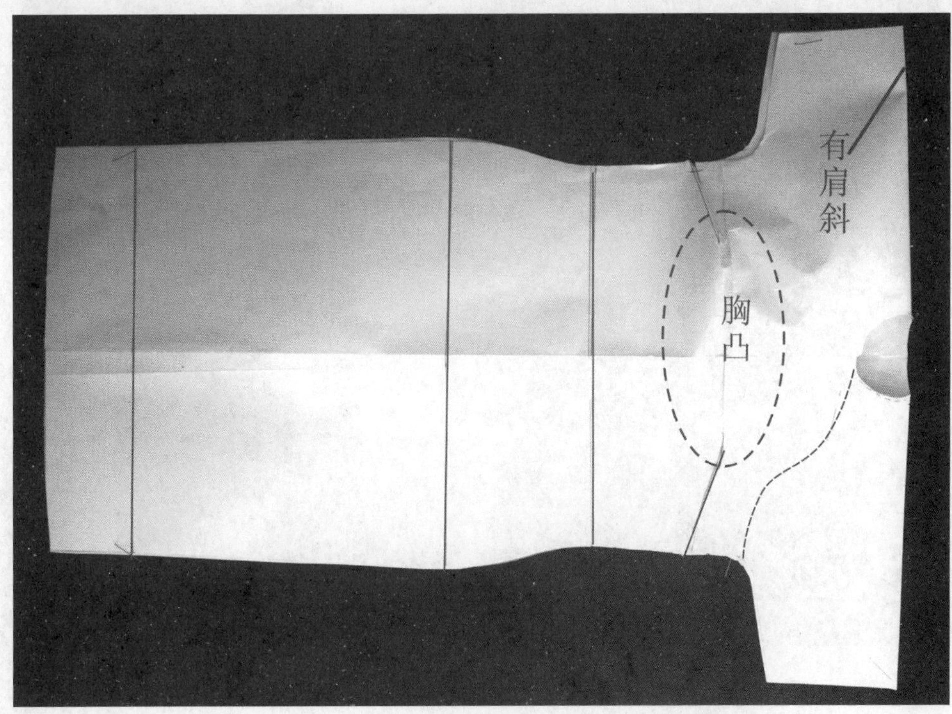

图 5-32

### (四)成衣

图 5-33 为按以上裁剪步骤用面料缝合后的一片式传统旗袍成衣效果。

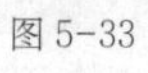
图 5-33

# 第六章

# 现代旗袍纸样

现代旗袍，
又称西式结构旗袍、
现代中式旗袍，
指 20 世纪 40 年代至今，
受西方服装裁剪技术的影响，
采用西式立体结构裁剪的
中式旗袍款式。
现代旗袍的特点：
采用中式旗袍的元素，
利用西式服装结构，
前后片分片裁剪，
斜肩设计，
有省道，
绱袖结构。
这种构成使得现代旗袍
既有中式传统服装的特色，
又有西式服装的合体效果。
现代旗袍受到当代女性
的普遍欢迎！

# 第一节 经典旗袍结构设计

## 一、左侧开襟短袖旗袍

### （一）设计说明

衣长至脚踝附近，前片胸省，收腰设计，设前后腰省，中式立领，右襟斜开至腋下，侧缝装盘扣，两侧缝开衩，短袖。在领、袖、前襟、下摆、开衩口有滚边（图 6-1）。

### （二）面料

面料多为棉布、丝绸、织锦缎等。

### （三）制图要点

1. 按 160 / 84A（净胸围 B*=84，净腰围 W*=68，净臀围 H*=92）贴体风格设计尺寸。

2. 衣长：至脚踝附近取 132 厘米。

3. 背长：按人体原型 37.5 厘米。

4. 胸围：贴体旗袍为体现凸胸效果，女性宜穿调整型文胸，故本款式另加补正文胸 2 厘米，加放松量 4 厘米。因为后腰省穿越后胸围产生省道损失量约 1 厘米，故制图时胸围 B=B*+（补正文胸 2）+4（松量）+2（省损量）=92 厘米，成品胸围为 90 厘米。

5. 腰围：加放 4 厘米，W=W*+4=72 厘米。

6. 臀围：臀围放松量 4 厘米，H=H*+4=96 厘米。

7. 领围：按 38 厘米。

8. 领高：后领高 5 厘米，前领高 4.5 厘米。

9. 袖窿深：按原型前袖窿深 24.5 厘米。

量身定做时经过肩端点、前后腋点，环绕手臂根部测量一周得到臂根围尺寸，加放 6 厘米左右松量后作为旗袍袖窿弧长的尺寸，也可根据胸围尺寸测算袖窿弧长，一般为胸围 B/2 减 2 厘米左右。

平面作图时按袖窿深初步画出袖窿弧，再将袖窿深抬高或降低来调节袖窿弧长。

10. 侧缝开衩：臀围线下 17 厘米左右。

11. 下摆：按人体膝围处相对臀宽线收进 2.5 厘米，画顺侧缝下摆。

12. 袖长：短袖 18 厘米。

13. 肩宽：S=38 厘米。

14. 胸省量：从 BP 点为省尖作 3.5 厘米胸原型省（胸省角度为 15：4）。

表 6-1 对旗袍不同号型各部位尺寸进行了系列设计，后面各款式旗袍的系列规格可对照此表进行，不再列举。

图 6-1

表 6-1　　单位：厘米

| 号型<br>部位 | S<br>（155/80） | M（本例）<br>（160/84） | L<br>（165/88） | XL<br>（170/92） |
|---|---|---|---|---|
| 后衣长 | 128 | 132 | 137 | 141 |
| 肩宽 | 37 | 38 | 39 | 40 |
| 胸围 | 86 | 90 | 94 | 98 |
| 腰围 | 68 | 72 | 76 | 80 |
| 臀围 | 92 | 96 | 100 | 104 |
| 领围 | 37 | 38 | 39 | 40 |
| 背长 | 36．5 | 37．5 | 38．5 | 39．5 |
| 袖长 | 17．5 | 18 | 18．5 | 19 |
| 袖口 | 29 | 30 | 31 | 32 |
| 袖窿弧长 | 40 | 42 | 44 | 46 |
| 领高 | 5 | 5 | 5 | 5 |

### （四）结构制图步骤

按第四章旗袍原型进行结构设计。

前浮余量由于贴体程度高和有文胸补正，有较大量，一部分转入腋下省，一部分为前袖窿归拢量，在工艺制作时敷牵带，在斜襟处滚边时也作归拢处理。

后浮余量分化为两部分，一部分为后肩缩缝，一部分为后袖窿归拢量，在工艺制作时敷牵带（图6-2）。

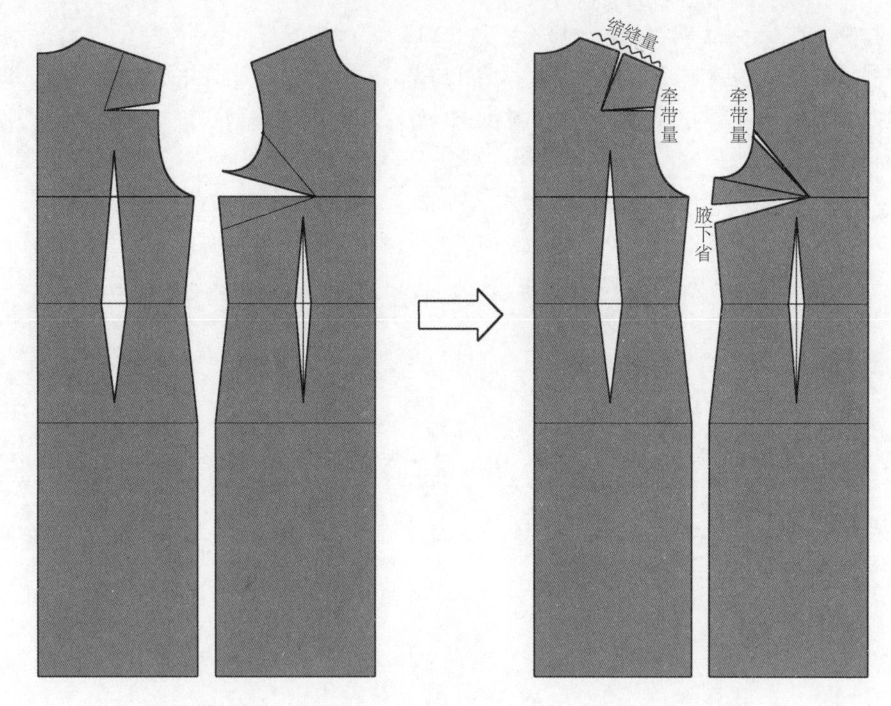

图6-2

本款式将基本旗袍的制图步骤详细陈述，在以后的款式可参照本例执行，不再详述。

1. 先作旗袍的后片结构。

第一步：作上平线，向下2.5厘米后领窝直开领深，向右横开领N/5（7.6厘米），直开领深向下后132厘米为衣长。

第二步：上平线向下23.5厘米为后胸围线，后胸围B/4-0.5=22.5厘米，从后领深线向下引背长37.5厘米平行后胸围作出腰围线。

第三步：腰围线向下平行18厘米作出臀围线，后臀围H/4-0.5=23.5厘米，臀围线向下平行38厘米作出膝围线（图6-3）。

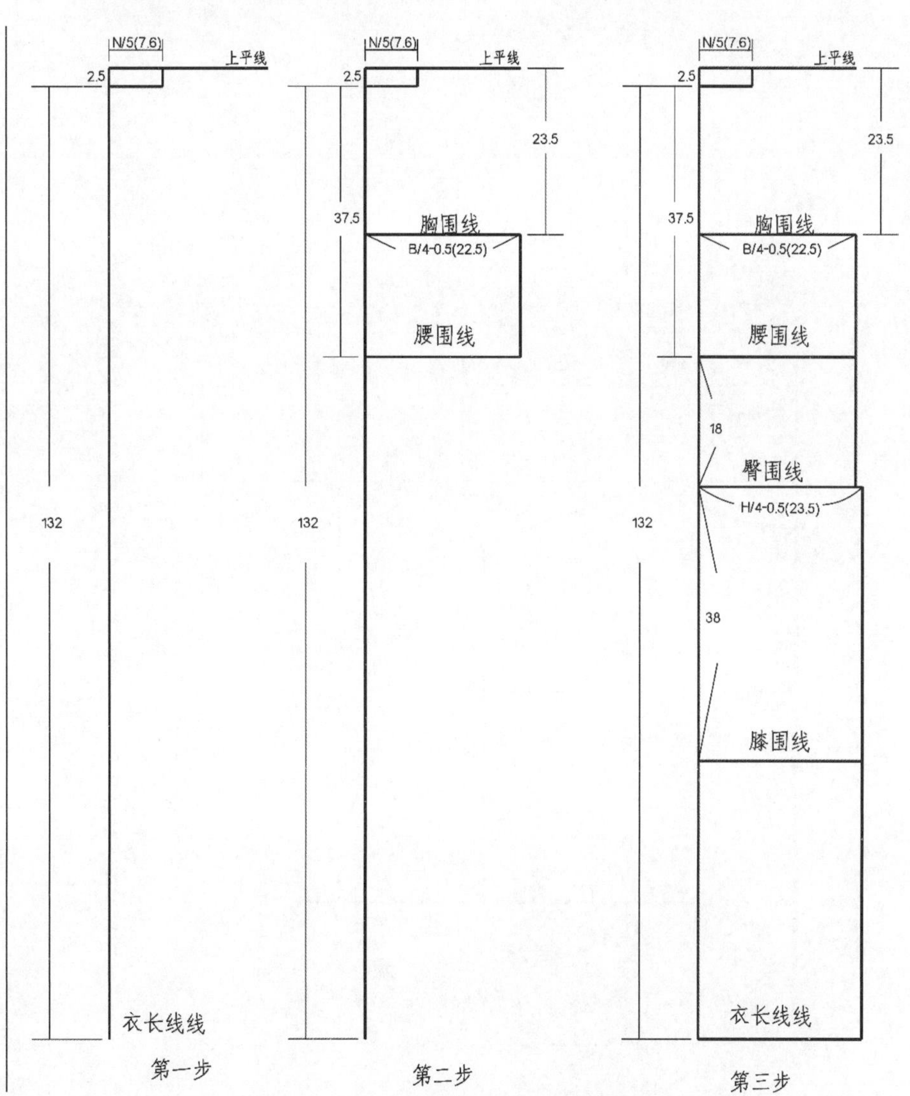

（单位：厘米）

图6-3

第四步：绘制后领窝弧线，从肩颈点开始按 15∶5 绘制肩斜线。

第五步：从后中心线开始向肩斜线水平引出肩宽线 S/2（19 厘米），并在肩斜线上找到肩袖点（图 6-4）。

第六步：从后中心线后领深开始向下引出背宽线 S/2-1.2（17.8 厘米），并在肩斜线下方画出纵向背宽线（肩袖点偏进 1.2 厘米，即冲肩量为 1.2 厘米）。

第七步：按图示尺寸作后袖窿弧线和后背袖窿省作转省备用（图 6-5）。

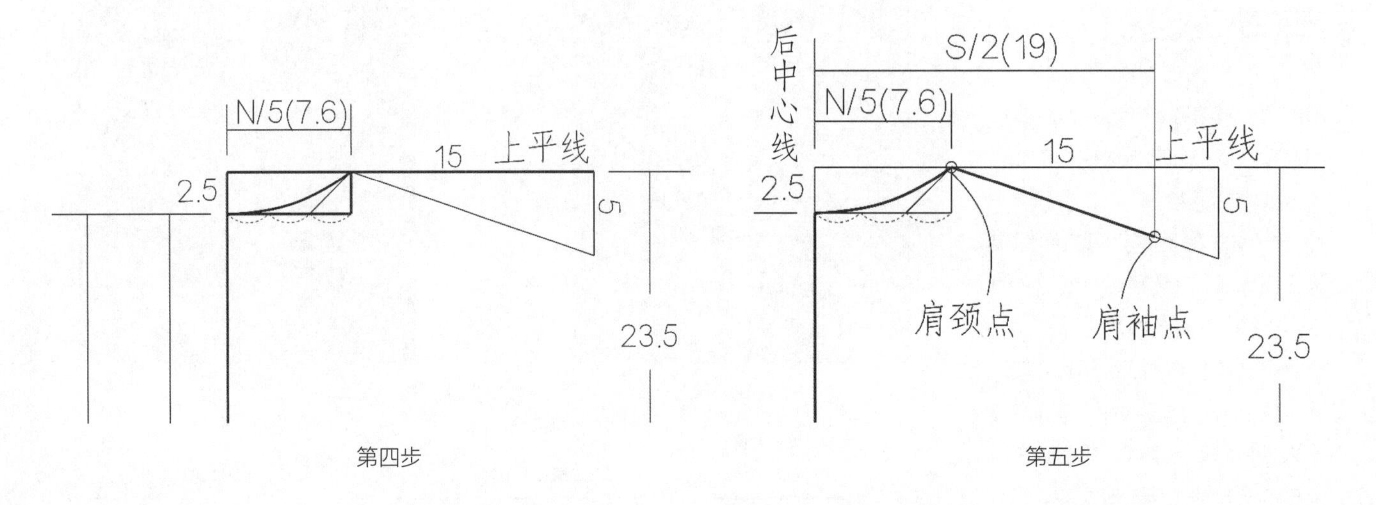


第四步　　第五步

图 6-4

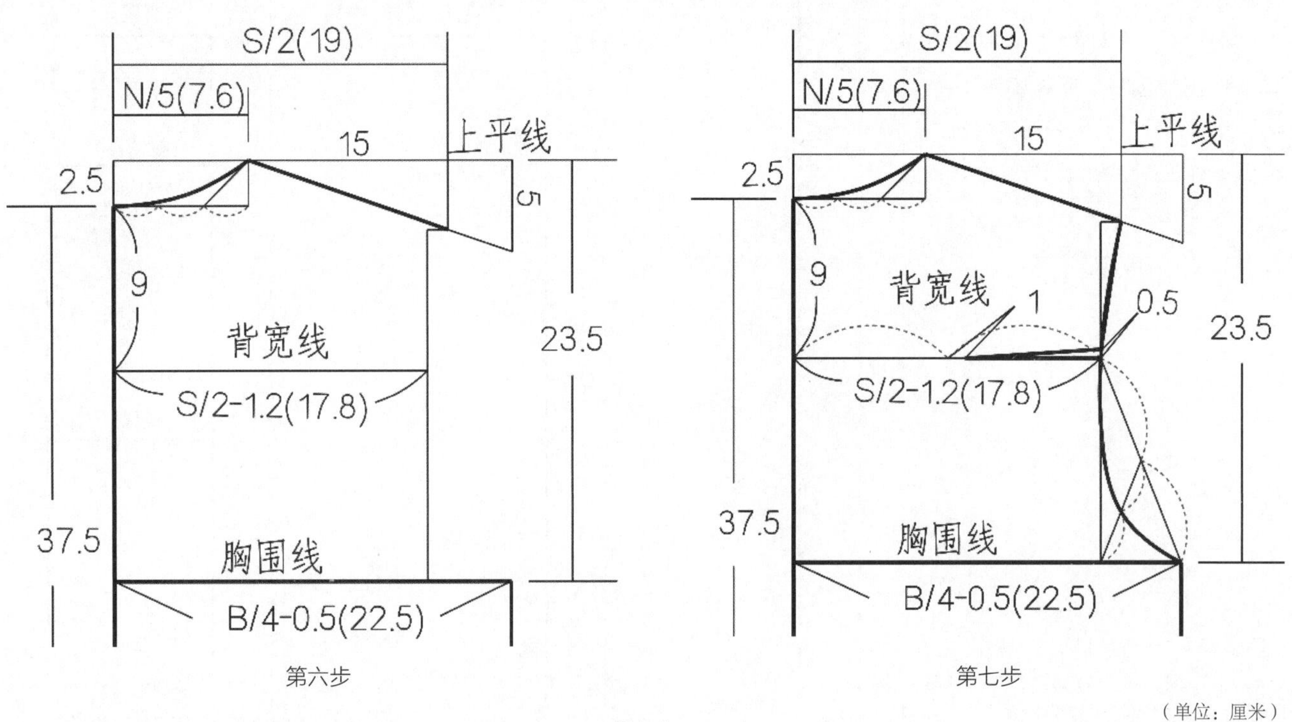


第六步　　第七步

（单位：厘米）

图 6-5

第八步：在后袖窿设置 0.5 厘米背省，作为转作后肩缩缝的量。

第九步：将 0.5 厘米背省转至后肩位置。

第十步：画顺后袖窿弧线和后肩线，用标记符记录缩缝（图 6-6）。

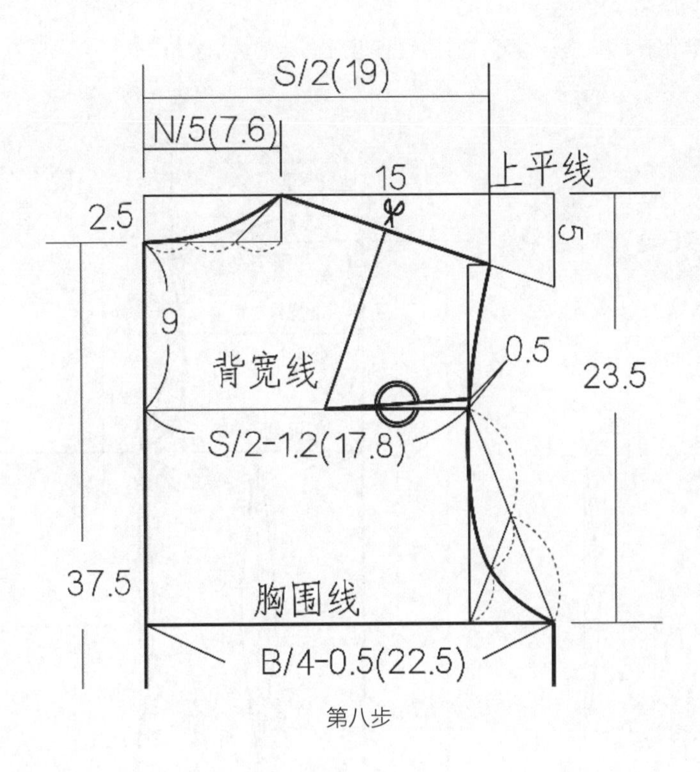


第八步

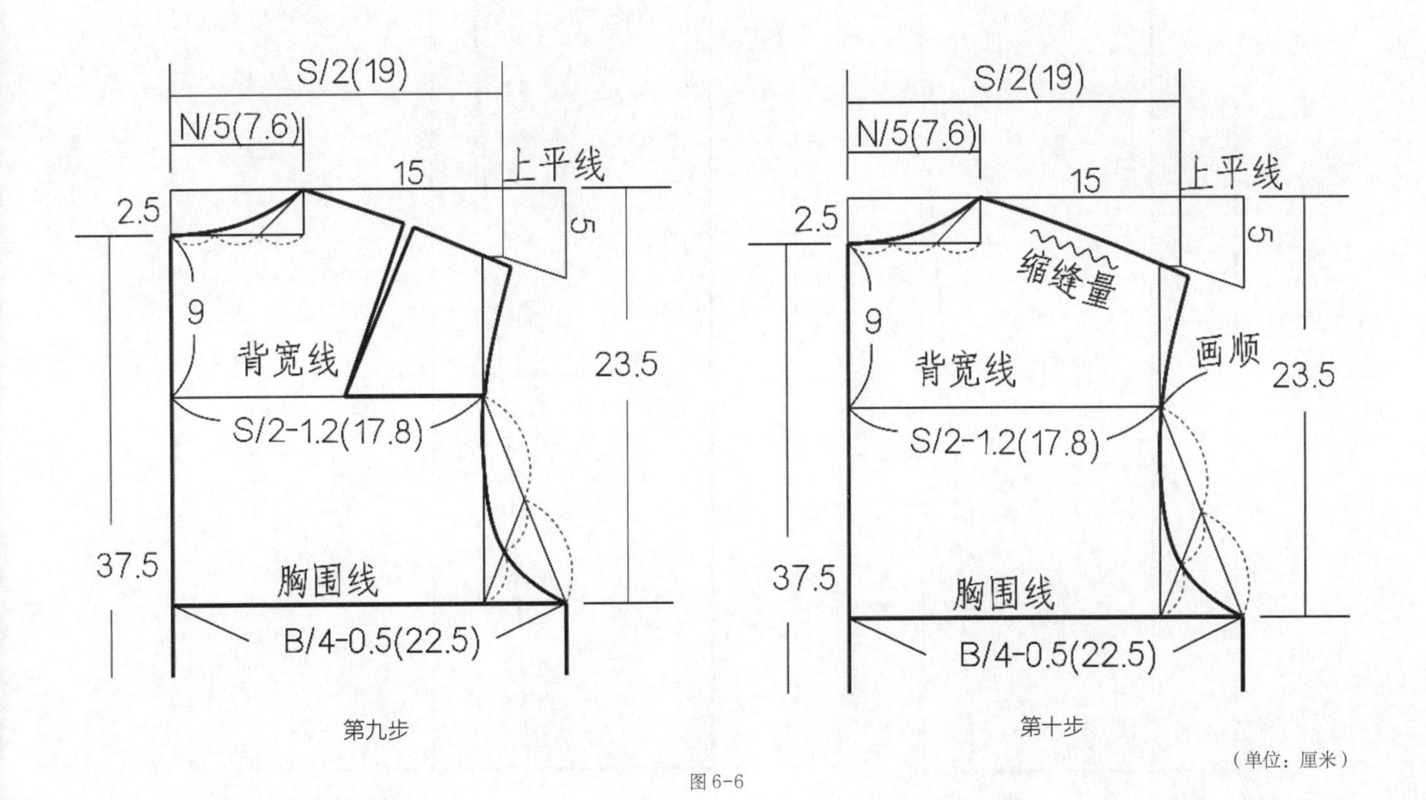


第九步

第十步

（单位：厘米）

图 6-6

第十一步：作后侧缝：在腰围线侧缝凹进 1.5 厘米，摆缝在膝围处偏进 2.5 厘米，画顺侧缝线。

第十二步：作后腰省：在后腰围中心位置作后腰节省，省大 3.5 ~ 4 厘米，大小可参照人体净腰围加放松量后计算卡腰量，后腰省一般大于前腰省 1 厘米左右，至省高在胸围线以上 4 厘米，省底点位于臀围线以上 3 厘米左右。省形状呈弧形，中心略胖，省尖要尖。

第十三步：作前片基础线：将胸围线、腰围线、臀围线、膝围线、衣长线横向延长，前上平线比后上平线依据人体体型，一般会抬高 0.5 ~ 1 厘米。

在水平基础线上取前胸围和臀围宽度，便于作图，前后片之间留出一定的量（图 6-7）。

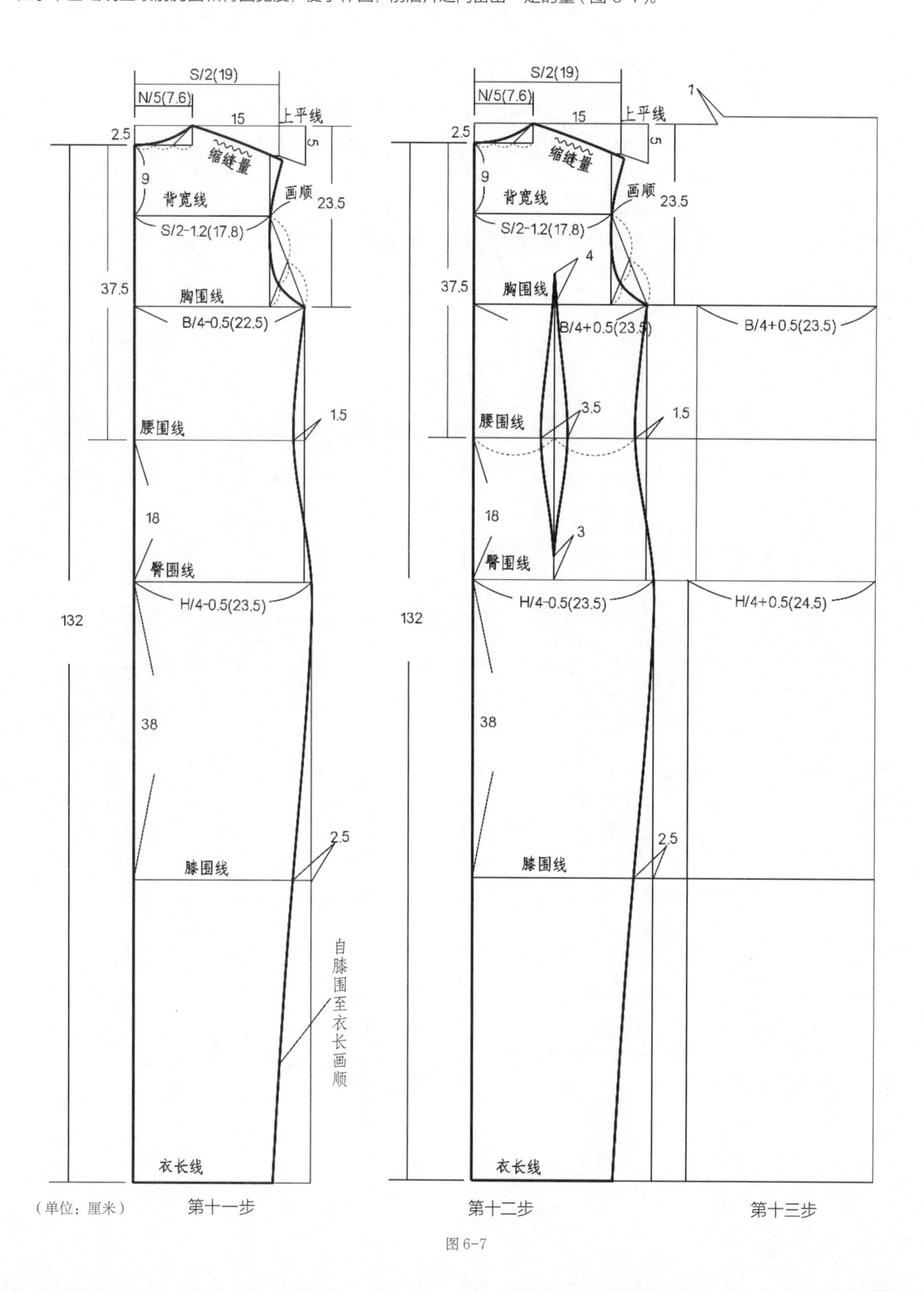


图 6-7

2. 作旗袍的前片结构。

第一步：前领窝结构，作上平线向下 N/5+1（8.6 厘米）为前领窝直开领深，向右横开领 N/5-0.6（7 厘米）。

第二步：在前领基础线上作领口弧线（图 6-8）。

第三步：从肩颈点开始按 15：6 绘制前肩斜线，在前肩斜线量取后小肩长减去缩缝长确定前肩袖点（图 6-9）。

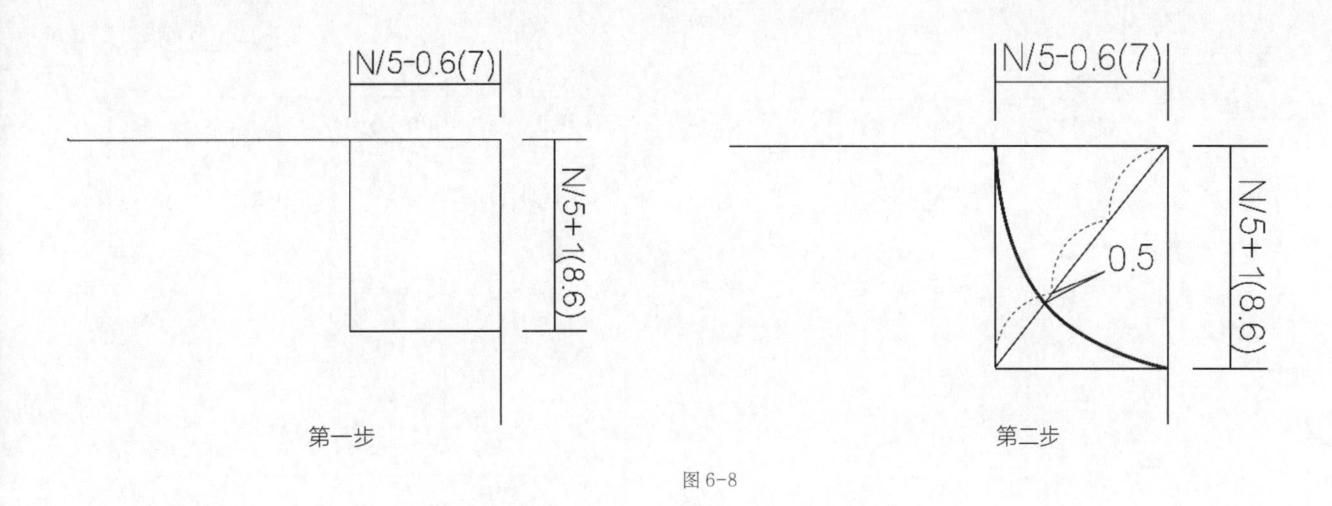


图 6-8



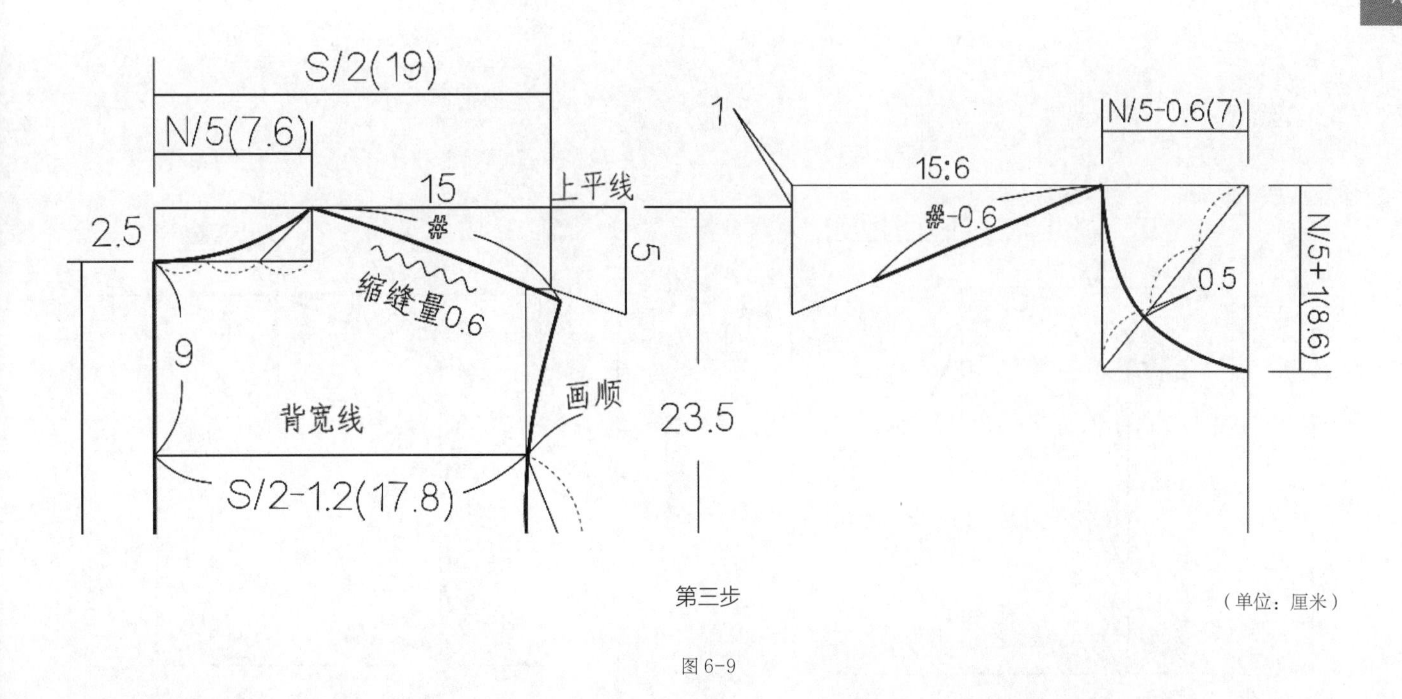


图 6-9

第四步：绘制前胸原型省：胸围线（此时胸围线与袖窿深线一致）取半乳距 8.5 厘米为 BP 点，从 BP 点为省尖作 3.5 厘米胸原型省（胸省角度为 15：4），注意两省边相等。

第五步：作前胸宽线，前胸宽按背宽减 1.5 厘米左右，依体型不同略有差异，后背宽为 S/2-1.2 厘米（可画顺袖窿后按实测数据确定），故前胸宽为 S/2-2.7（16.3）厘米（图 6-10）。

第六步：画前袖窿弧线，以肩袖点、胸宽线 1/3 点、胸省底点按图上作辅助线。

第七步：参照辅助线画顺袖窿弧线（图 6-11）。

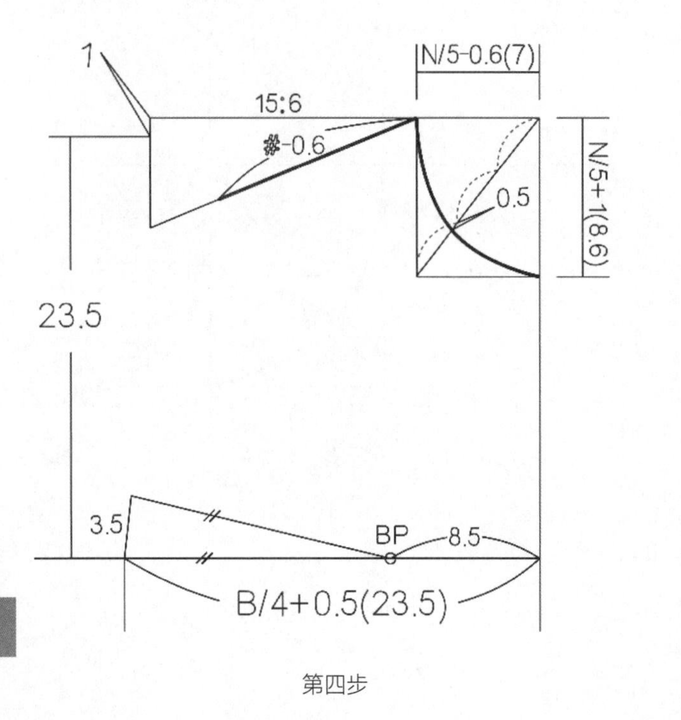


第四步

第五步

图 6-10

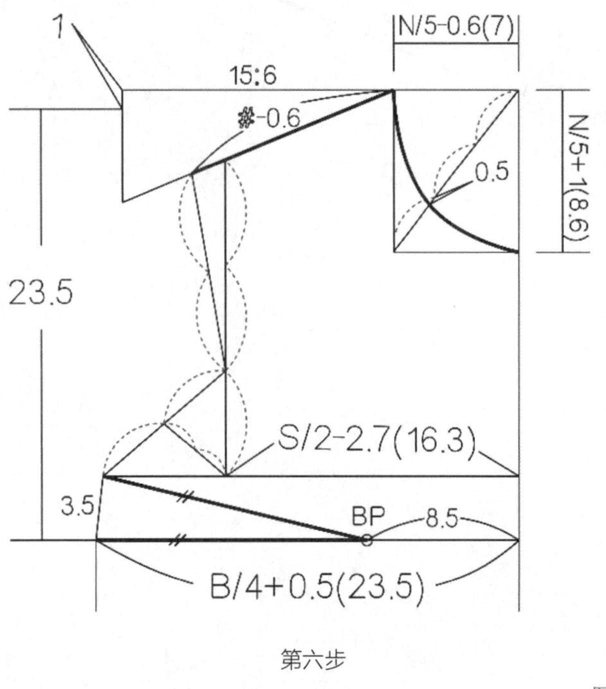


第六步

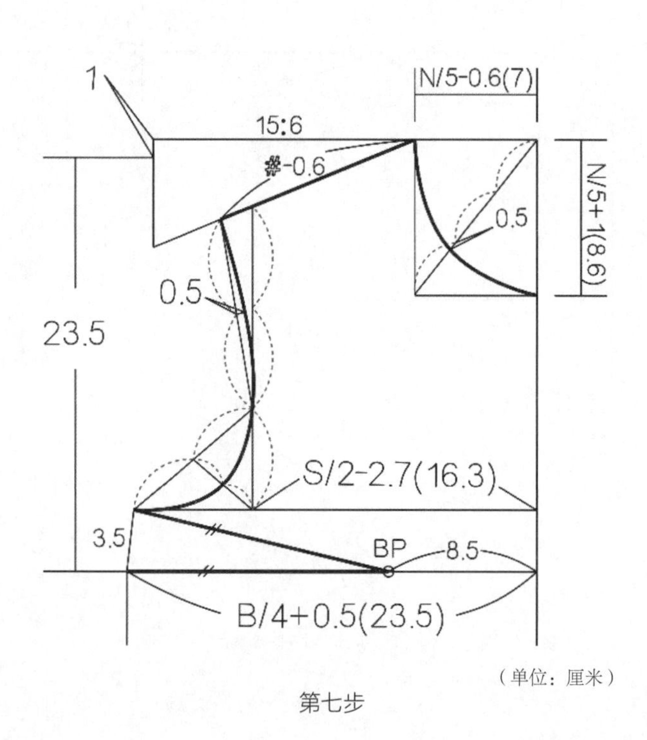


（单位：厘米）

第七步

图 6-11

第八步：画前侧缝线和前腰省。参照后侧缝线画前侧缝线；在前腰围中心位置作前腰节省，省大 2.5 ~ 3 厘米，大小可参照人体净腰围加放松量后计算卡腰量，前腰省一般小于后腰省 1 厘米左右，省高点在胸围线以下 3 厘米，左右位置位于 BP 点偏外侧 2 厘米，省底点位于臀围线以上 3 厘米左右；省形状呈弧形，中心要胖，省尖要尖。

第九步：作腋下省，在腋下 5 厘米与 BP 点连线，省尖点离 BP 点 3.5 ~ 4 厘米。

第十步：胸省转移，闭合原型胸省，在作腋下省位置剪开产生新的省道，调整新省尖点离 BP 点 3.5 ~ 4 厘米（图 6-12）。

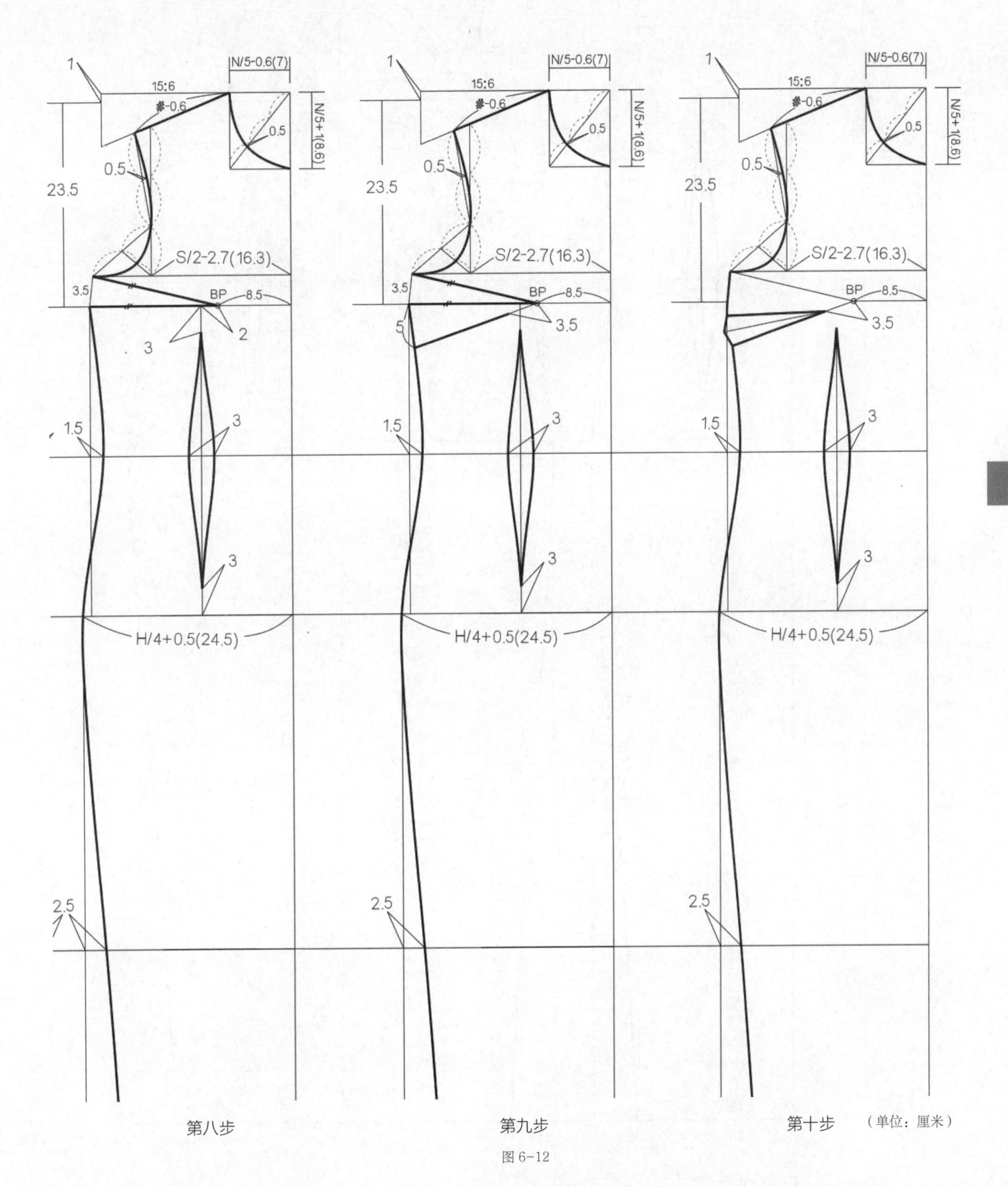


图 6-12

第十一步：作右衽门襟线：袖窿线下 2.5 厘米至前领窝点作门襟弧线，小襟与大襟重叠为掩襟部分（图 6-13）。

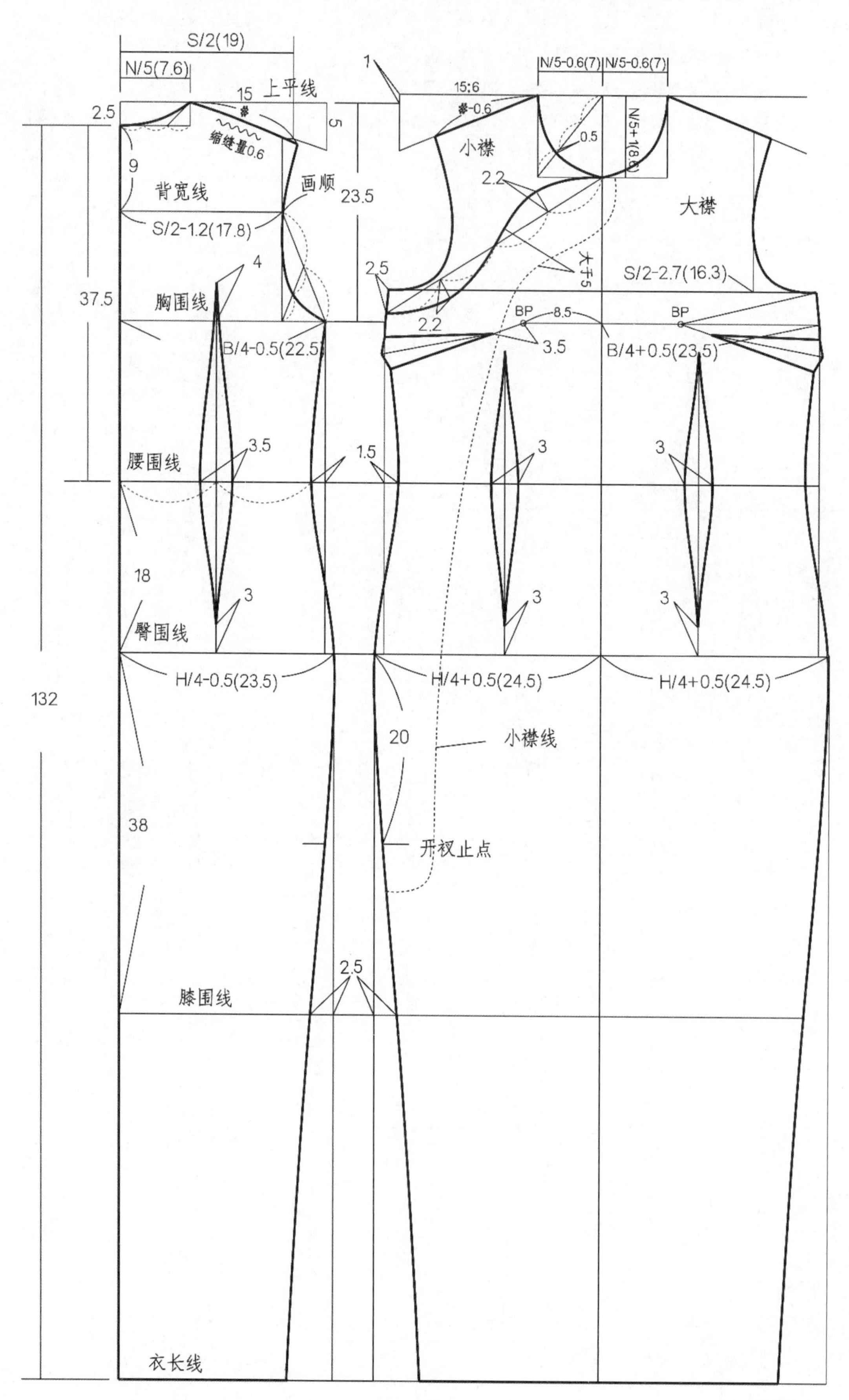


（单位：厘米）

图 6-13

3. 旗袍立领的制板。

（1）依据立领的领侧角和前倾角可将立领分为三类：外倾型立领、垂直型立领、内倾型立领。

外倾型立领：领侧角和前倾角小于 90°，领身与人体脖颈分离；外倾型立领款式特征和纸样变化原理如图 6-14 所示。

垂直型立领：领侧角和前倾角等于 90°，领身与人体脖颈稍分离（图 6-15）。

内倾型立领：领侧角和前倾角大于 90°，一般旗袍以此类立领为主；内倾型立领前立领与人体脖子结构相吻合，上细下粗，领型前倾角与脖颈一致（图 6-16）。

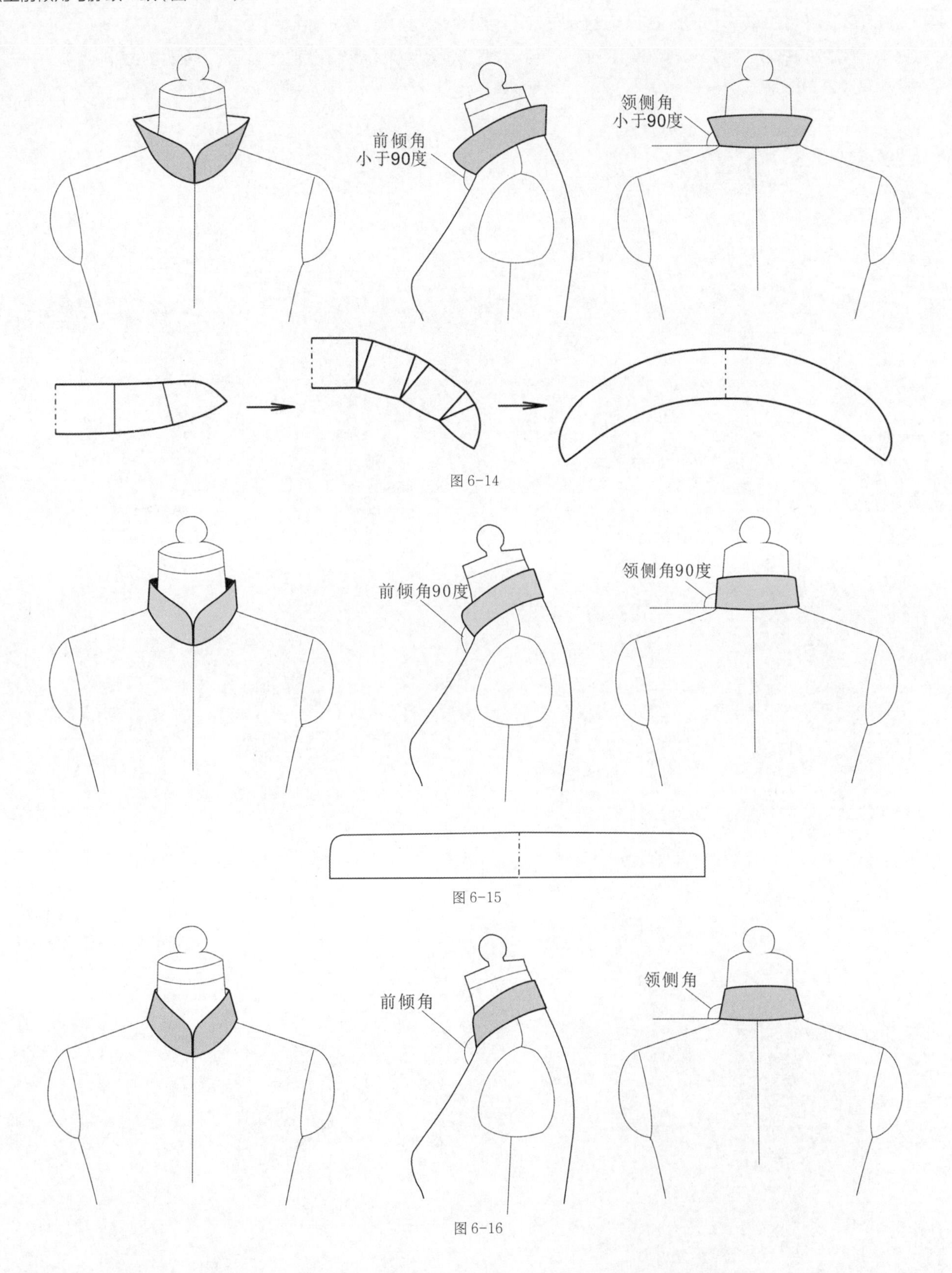

图 6-14


图 6-15


图 6-16

（2）普通旗袍立领制板方法。

这种制图是在绘制好前后片领窝上进行，依据领窝结构的不同而绘制不同的立领结构。

第一步：作领切线，在前领窝弧线上取一点作弧线的切线，切点越靠前 A1 点，前领越远离脖子，靠近 A 点合体型（必须有一定松量）切点距前中 5 厘米左右，可通过前横开领中点向前领窝弧线的交点取得（图（6-17）。

第二步：作肩颈同位点 B，在领切线上找与前领窝长度相等的点（图 6-18）。

第三步：作领弯线，以肩颈同位点 B 为基础，作 15：1-3 的斜线，以此确定后领的弯度，靠近 C1，远离后颈，靠近 C，弯度越大，后领越贴近后颈部，旗袍立领取 15：3，在 BC 线上取线段，与后领窝长度相等（图 6-19）。

第四步：取领下口线与前后领窝长度相等点为后中心点，作垂线，按后领高度和前领造型画顺为立领结构（图 6-20）。

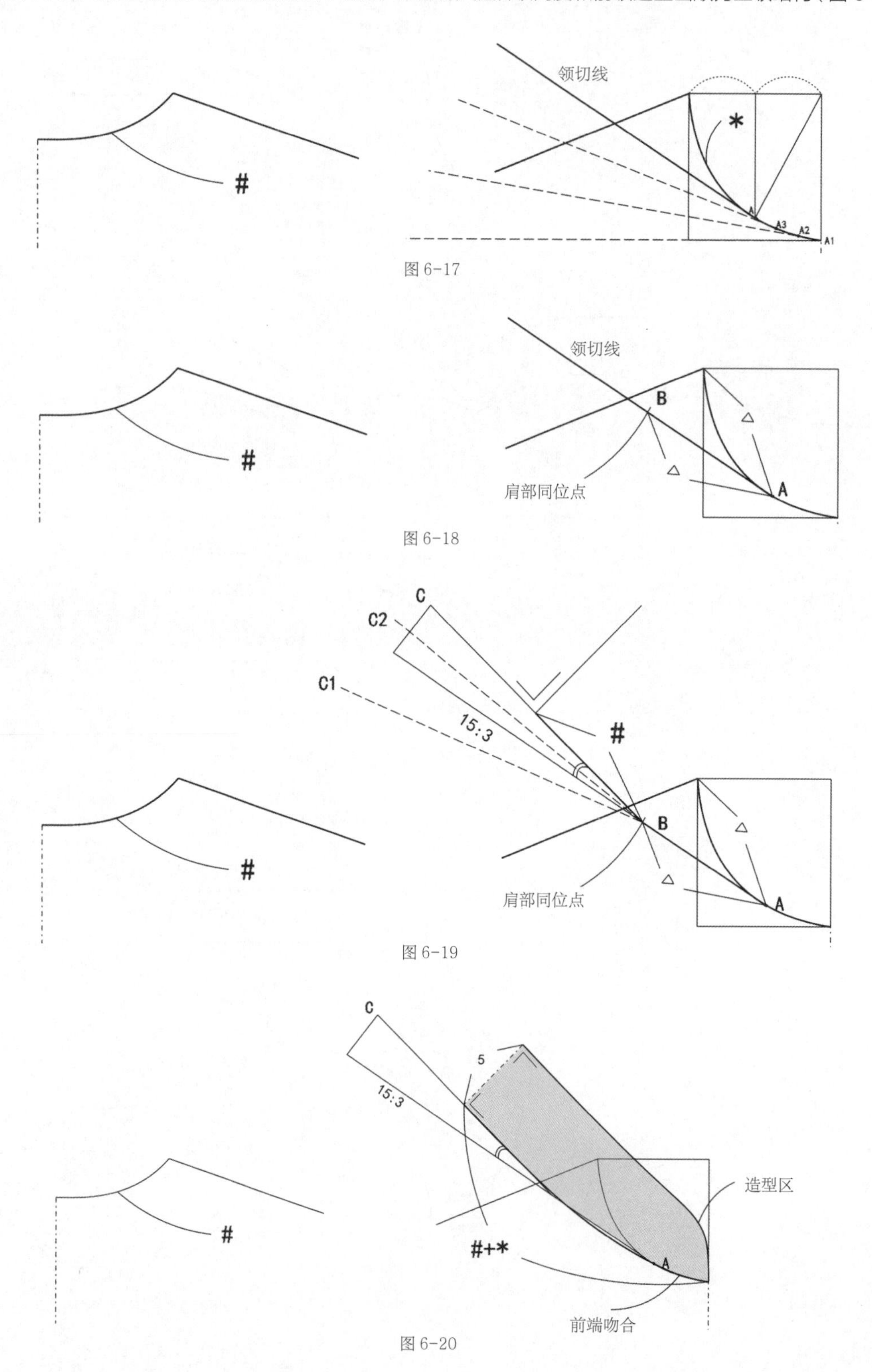

（3）定寸法旗袍立领制板方法。

这种制图是依据前后片领窝的长度绘制立领结构。

以下为旗袍立领的结构模型（图6-21）：

A为后领座高，一般4.5～5.5厘米，B为领嘴起翘量，一般1.5～2.5厘米。

领嘴起翘量B越大，前立领与人体脖子吻合度越高，另外，如果领座与衣身领口缝合时前中心下落较大，则前领座起翘量也随之增大。

定寸法立领作图步骤（括号内数字为本例中的数据）：

第一步：量取后领窝的长度O和前领窝的长度Δ，以后领座高A（5厘米）和前后领窝的长O+Δ（20厘米）作一个矩形（图6-22）。

第二步：将前后领窝长O+Δ三等分，领嘴起翘量取B1.5厘米，连辅助线（图6-23）。

第三步：在领嘴起翘处作垂线，长度一般比后领座高A减1厘米（5-1=4厘米）；取4厘米连辅助线（图6-24）。

第四步：按辅助线作立领造型，画顺各线条（图6-25）。

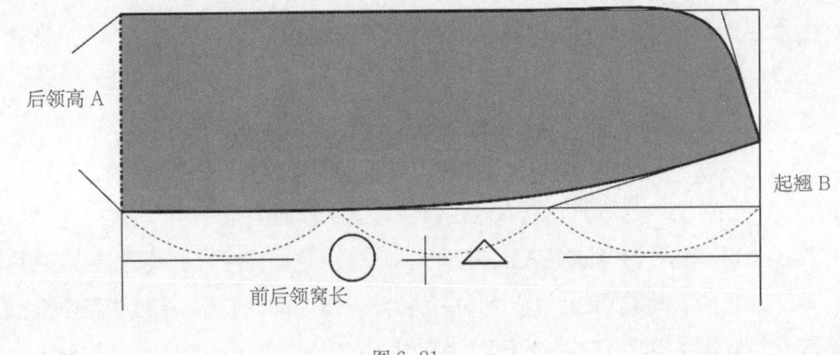

图6-21

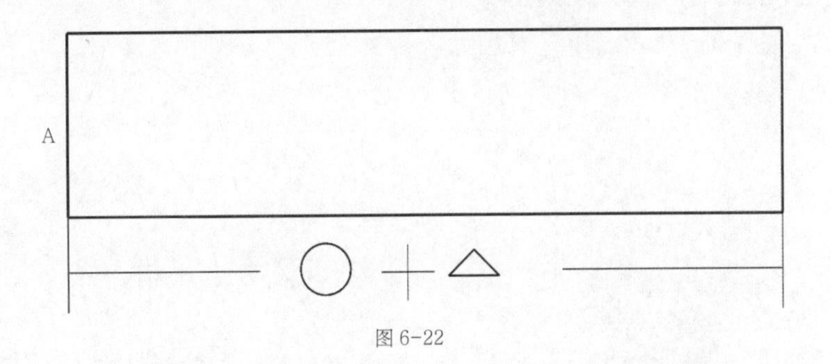

图6-22

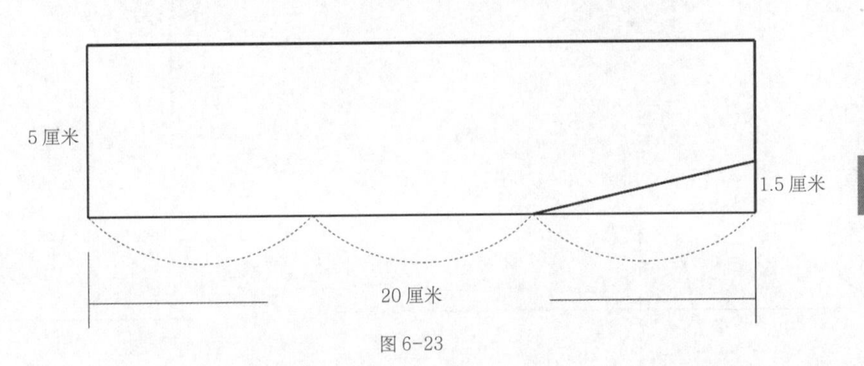

图6-23

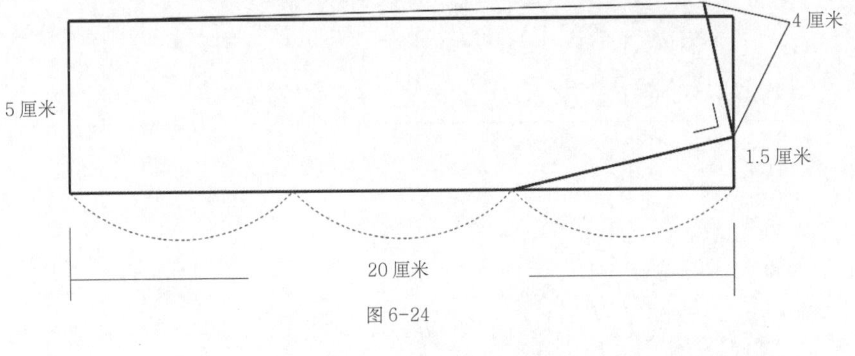

图6-24

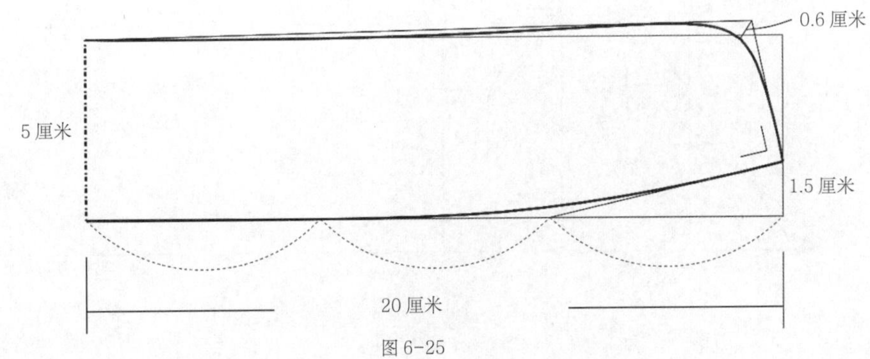

图6-25

4. 袖子制板。

贴体一片袖制板要点：与手臂的前倾有关，有向前的弯势，袖型贴体，袖山较高(图 6-26)。

(1) 制板方法一。

第一步：拷贝前后袖窿弧线，注意要合并胸省，在侧缝点偏后 1 厘米向上取平均袖窿深的 75% ~ 85% 为袖山高。

第二步：贴体型袖子，绱袖角度偏小，有较大的吃势量，依据面料和工艺特点，本例中取 2 厘米为吃势量，前袖山吃势量约 40%，后袖山吃势量约 60%，按前袖山斜线 FAH+ 前吃势量 -1.2，后袖山斜线 BAH+ 前吃势量 -1，得出袖肥，调整袖肥与袖山高的配伍关系，贴体一片袖袖肥控制在 31 厘米左右，袖山高控制在 13.5 厘米左右(图 6-27)。

第三步：袖山弧线画法：对称拷贝前后袖窿弧线，如图在后袖肥线中点外偏 1 厘米向复制的后袖窿弧线作公切线，在前袖肥线中点外偏 0.5 厘米向复制的前袖窿弧线作公切线，以复制的前后袖窿弧线，袖山公切线和袖山顶点绘制袖山弧线，画顺并测量前后袖山弧长是否与现袖窿弧长配套，画顺调整(图 6-28)。

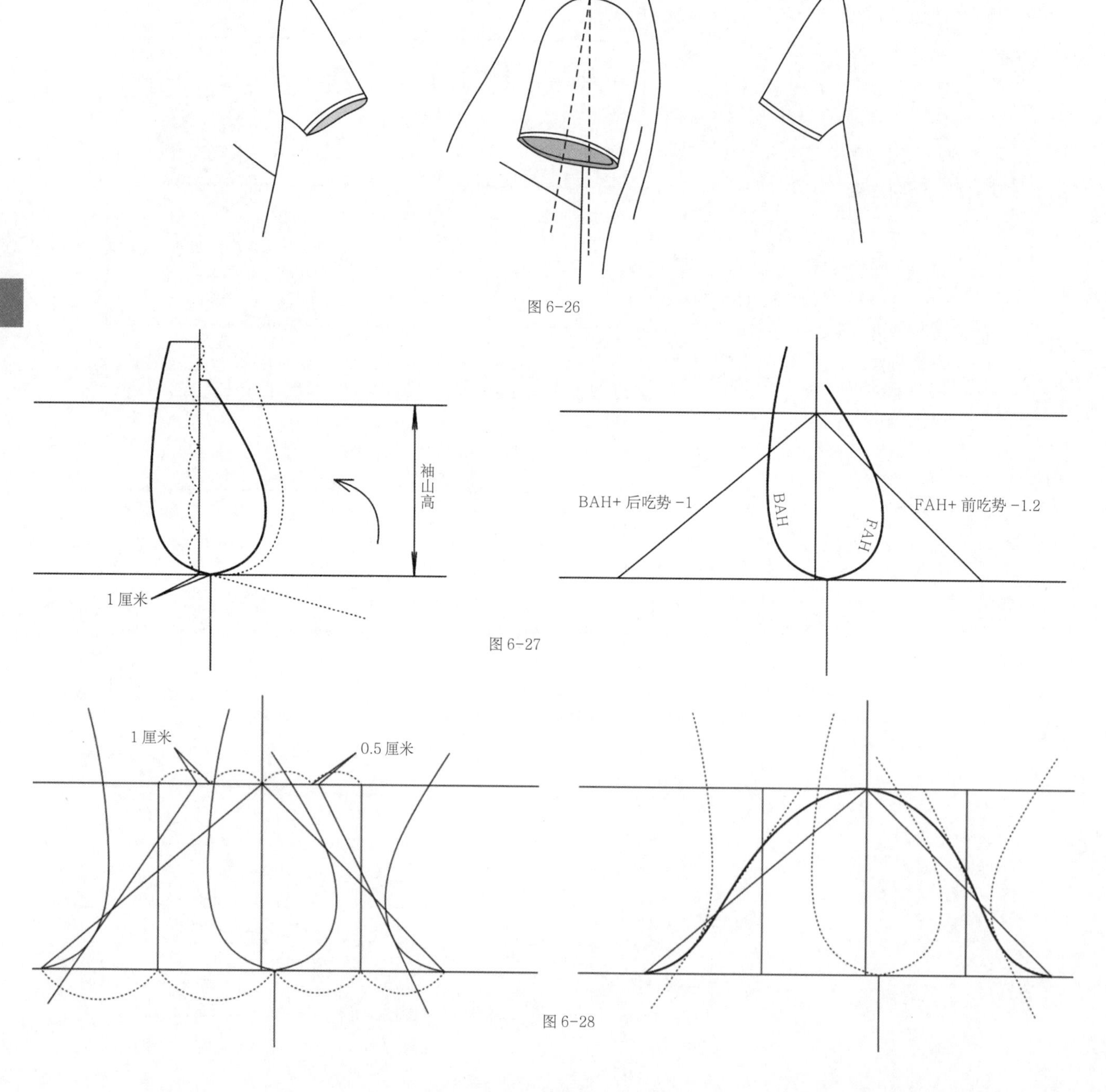

图 6-28

第四步：袖身画法，袖中心线向前偏移，按前袖口宽为 CW-2，后袖口宽为 CW-2，袖长 18 厘米画袖口，注意袖口与袖底缝呈直角，反向起翘，后袖山底部下落一定的量保证前后袖底缝相等（图 6-29）。

（2）制板方法二。

第一步：拷贝前后袖窿弧线，在侧缝点向上取平均袖窿深的 75% ~ 85%（此处取 4/5）为袖山高（图 6-30）。

第二步：取 2 厘米为吃势量，按前袖山斜线 FAH、后袖山斜线 BAH 得出袖肥，调整袖肥与袖山高的配伍关系，贴体一片袖袖肥控制在 31 厘米左右，袖山高控制在 13.5 厘米左右（图 6-31）。

第三步：袖山弧线画法，后袖肥线作三等分，再作如图辅助点，前袖肥线作四等分，再作如图辅助点，通过袖山顶点和各辅助点绘制袖山弧线，画顺并测量前后袖山弧长是否与现袖窿弧长配套，画顺调整（图 6-32）。

第四步：袖身画法，袖口自袖底下落 3 厘米画袖口，注意袖口与袖底缝呈直角，反向起翘，后袖山底部下落一定的量保证前后袖底缝相等（图 6-33）。

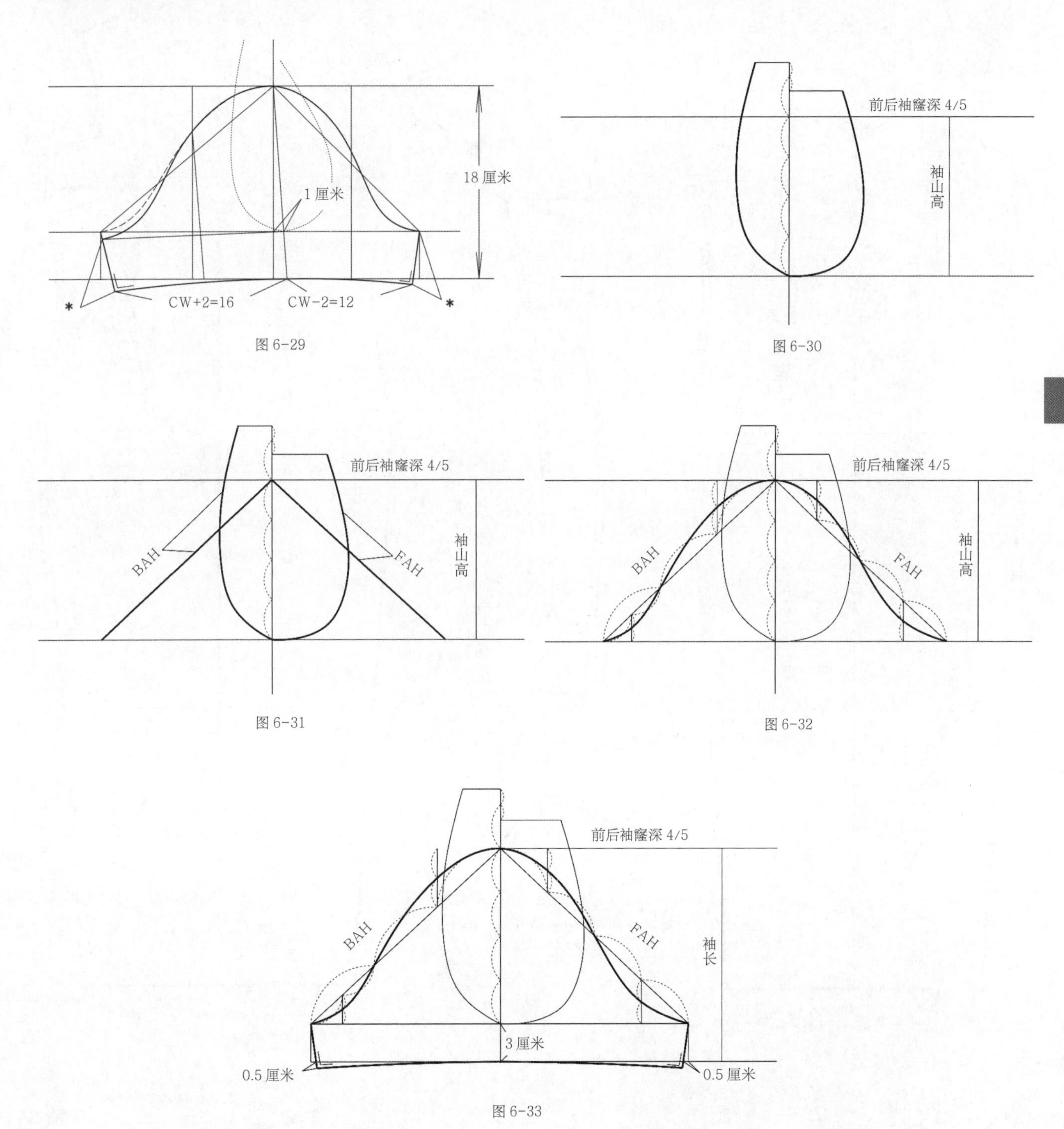

### （五）纸样制作

制作工业纸样时，将结构图上的相关线条拓在制作纸样的白纸上。

在制作纸样后要做拼合检查，检查对应部位是否等长或有预留的缝缩位，对合肩位，检查袖窿、领窝、分割缝等是否圆顺。

放缝：缝份是在净样线上平行放出的 1 厘米，对于易脱散面料，可适当多放一些，对于需调整部位或其他需要，也可多放一些，滚边工艺位置不放缝份。对于某些不成直角部位的放缝，为了缝合方便，需要作直角处理。

画上纸样技术标记如纱向、名称、剪口等符号。

旗袍面布纸样如图 6-34 所示。

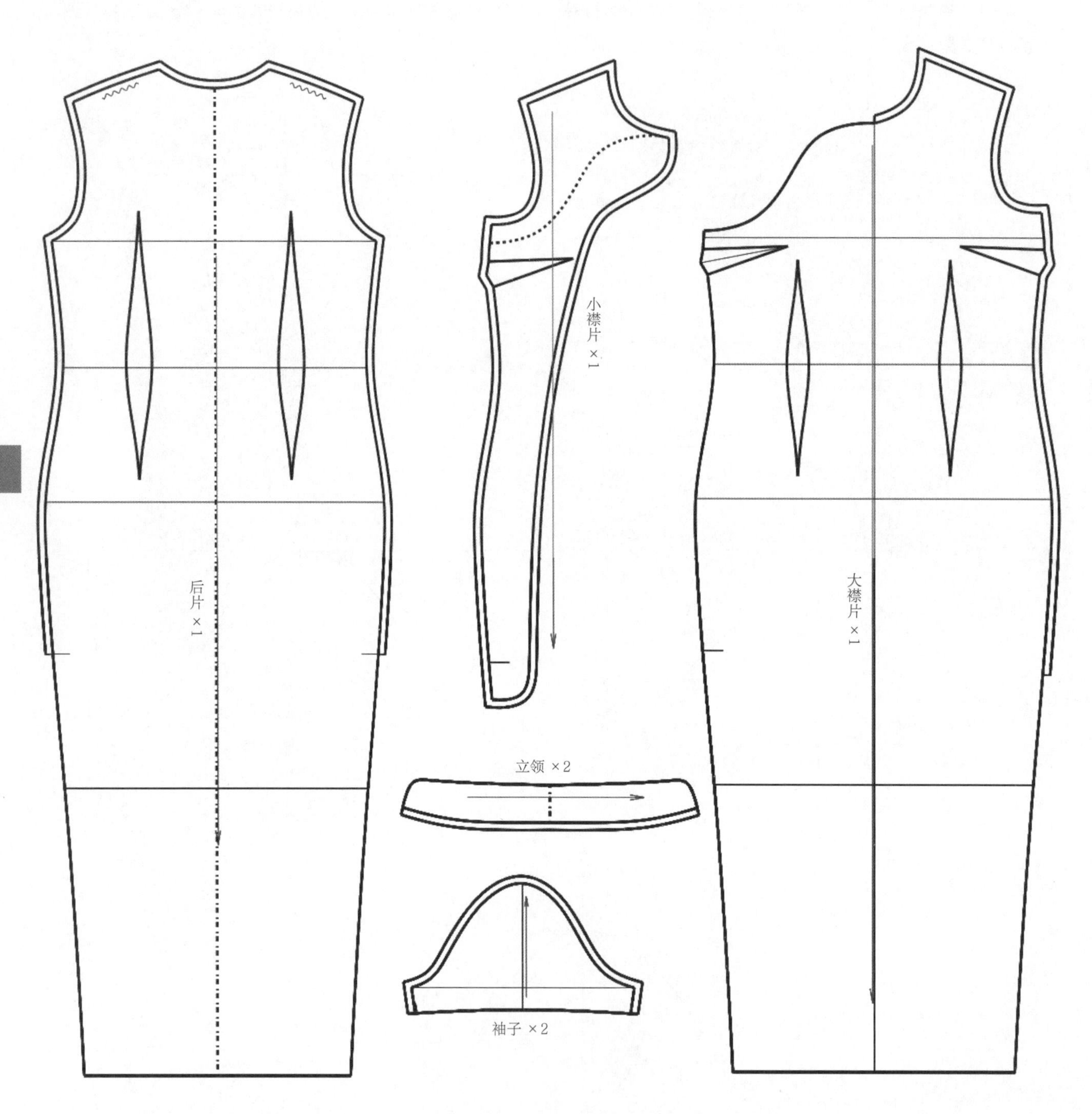


图 6-34

旗袍里布纸样与面布纸样放缝相同，后肩的缩缝制作时可用小褶裥处理。领子没有里布（图 6-35）。

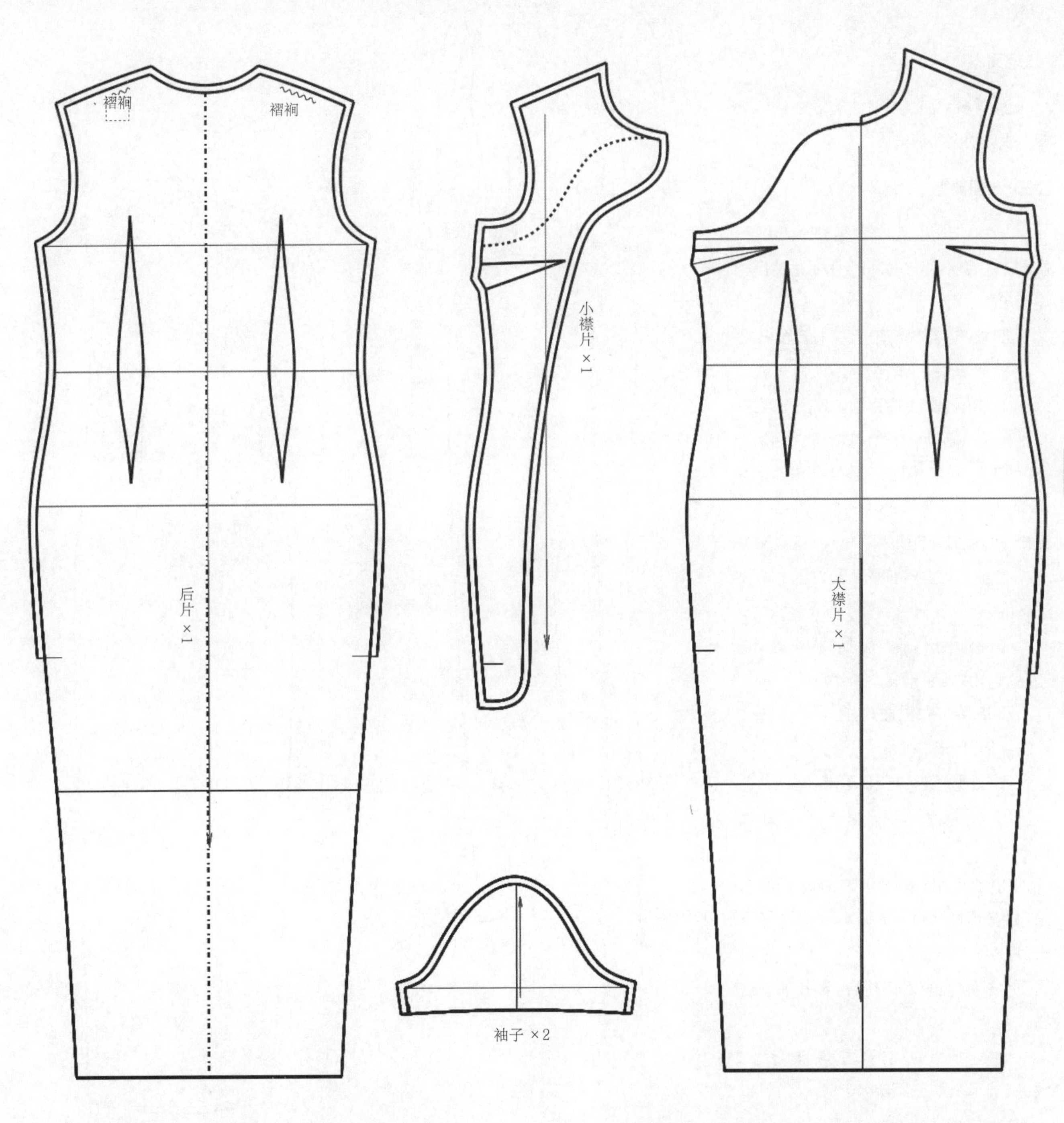


图 6-35

## 二、偏门襟中袖旗袍

### （一）设计说明

衣长至脚踝附近，前片胸省，收腰设计，设前后腰省，中式立领，右直襟斜开至前右中侧襟，装盘扣，至臀围线下约20厘米开衩，中袖，袖口滚边开衩。在领、袖、偏门襟、下摆、开衩口有滚边（图6-36）。

### （二）面料

面料多为高贵华丽的丝绸、织锦缎等，里料为聚酯纤维。

### （三）制图要点

1. 按160/84A（净胸围B*=84，净腰围W*=70，净臀围H*=92）贴体风格设计尺寸。

2. 衣长：至脚踝附近取132厘米。

3. 背长：按人体原型37.5厘米。

4. 胸围：贴体旗袍为体现凸胸效果，女性宜穿调整型文胸，故本款式另加补正文胸2厘米，加放松量4厘米。因为后腰省穿越后胸围产生省道损失量约1厘米,故制图时胸围B=B*+（补正文胸2）+4（松量）+2（省损量）=92厘米，成品胸围为90厘米。

5. 腰围：腰围加放4厘米，W=W*+4=74厘米。

6. 臀围：臀围放松量4厘米H=H*+4=96厘米。

7. 领围：领围按38厘米。

8. 领高：后领高5厘米，前领高4.5厘米。

9. 袖窿深：按原型前袖窿深24厘米[袖窿弧长一般为半胸围（45）减2厘米，即43厘米左右]。

10. 侧襟开衩：臀围线下20厘米左右。

11. 下摆：按人体膝围处相对臀宽线收进2.5厘米，画顺侧缝下摆。

12. 袖长：五分袖，袖长32厘米。

13. 肩宽：S=38厘米。

图6-36

**（四）结构制图步骤**

参照本章第一节旗袍结构作图方法和步骤绘制旗袍结构，如图 6-37 所示。

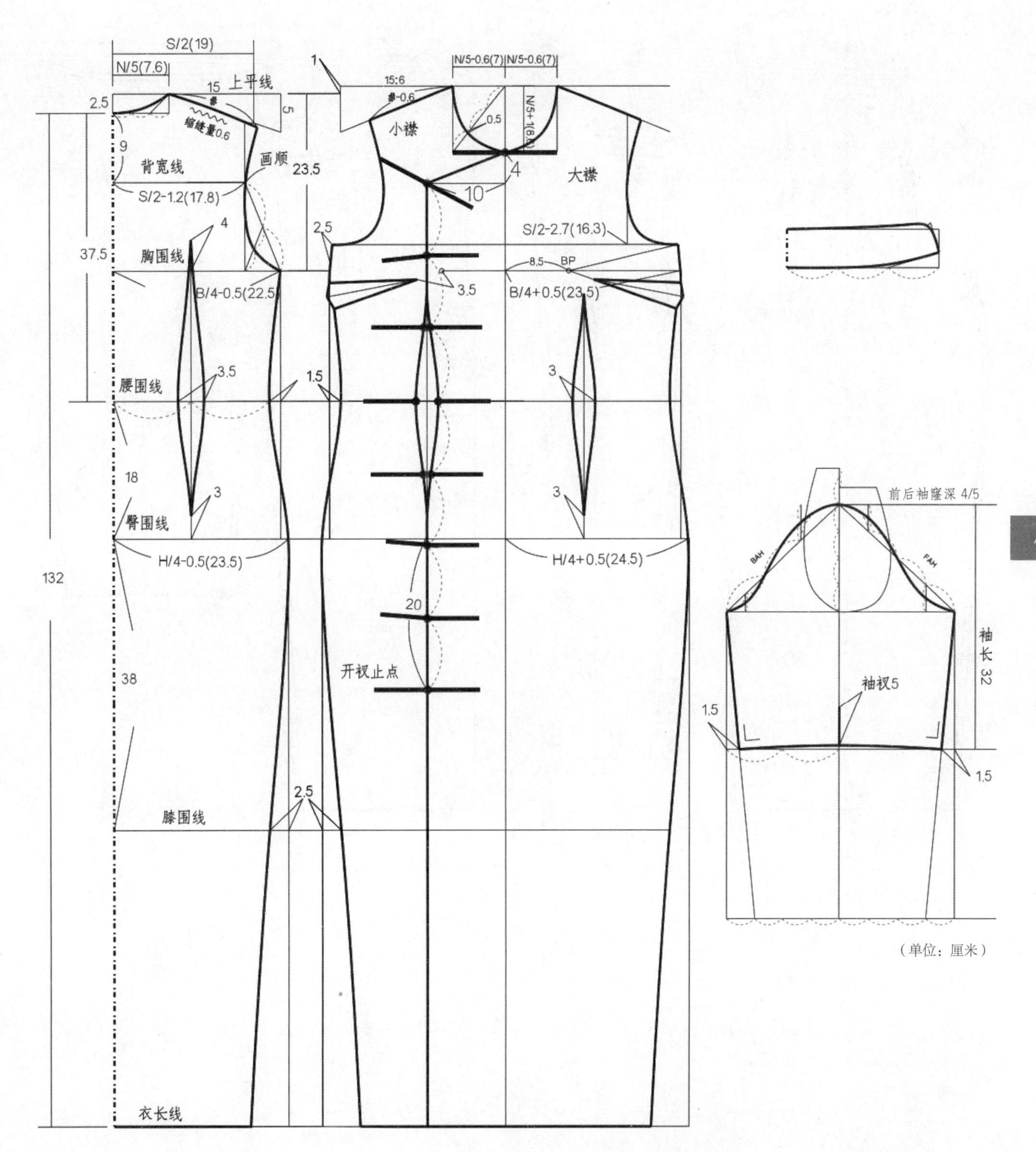


图 6-37

**（五）纸样制作**

面布放缝 1 厘米，对于需调整部位，也可多放一些，滚边工艺位置不放缝份，并作技术标记，如图 6-38 所示。

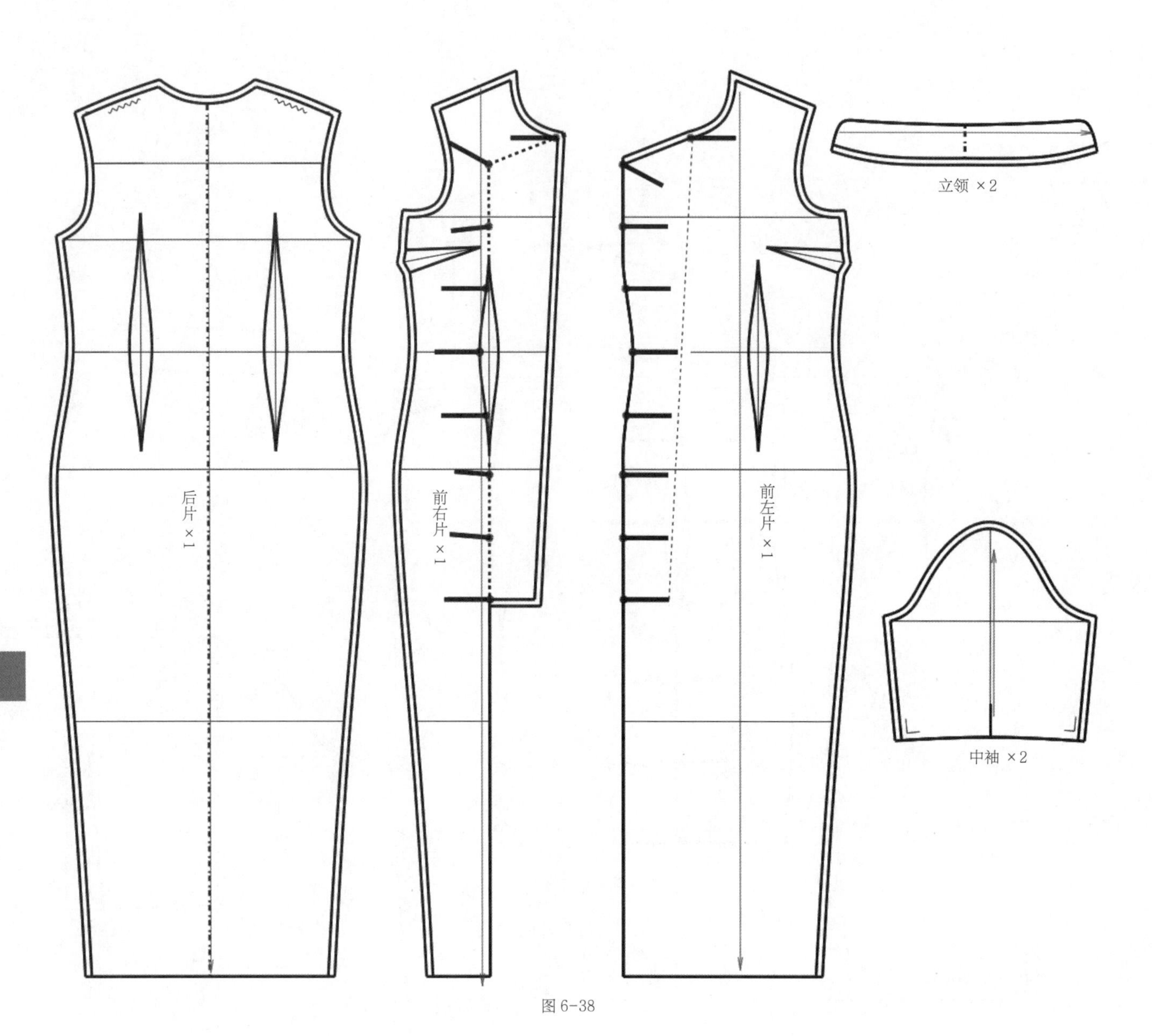


图 6-38

## 三、后中拉链超短袖旗袍

### （一）款式说明

衣身：连腰型 X 型造型，旗袍长度至脚背，前片右襟、右侧缝假开门设计，钉装饰性直盘扣，左右开侧衩，前片有侧胸省，前后胸腰腹省，后中装隐形拉链至后领窝中；

衣领：两片合体型基本立领，后领中心设双挂钩；

衣袖：合体超短袖；

工艺特点：领口、领窝、右门襟、袖口、开衩、下摆为滚边工艺（图 6-39）。

### （二）面料

面料多为中国风丝绸面料、提花面料、麻棉面料。

### （三）制图要点

1. 按 160/84A（净胸围 B*=84，净腰围 W*=70，净臀围 H*=92）贴体风格设计尺寸。

2. 衣长：至脚踝附近取 135 厘米。

3. 背长：按人体原型 37.5 厘米。

4. 胸围：贴体旗袍为体现凸胸效果，女性宜穿调整型文胸，故本款式另加补正文胸 2 厘米，加放松量 4 厘米，因为后腰省穿越后胸围产生省道损失量约 1 厘米，故制图时胸围 B=B*+（补正文胸 2）+4（松量）+2（省损量）=92 厘米，成品胸围为 90 厘米。

5. 腰围：腰围加放 4 厘米，W=W*+4=74 厘米。

6. 臀围：臀围放松量 4 厘米，H=H*+4=96 厘米。

7. 领围：按 38 厘米。

8. 领高：后领高 4 厘米，前领高 3.5 厘米。

9. 袖窿深：按原型前袖窿深 24 厘米。

10. 侧襟开衩：臀围线下 20 厘米左右。

11. 下摆：按人体膝围处相对臀宽线收进 2.5 厘米，画顺侧缝下摆。

12. 袖长：超短袖长 10 厘米。

13. 肩宽：S=38 厘米。

图 6-39

## （四）结构制图步骤

1. 衣身结构。

背缝线：以后中心线为基础，自背部至臀围线在后腰中心劈进 1 厘米左右，后中隐形拉链止点至臀围处；

胸省：在袖窿底取 15 : 3.5 左右（按测量数据），待底稿完成后，转移省道，修正相关部位线条。

2. 立领结构。

参考本章第一节作图（图 6-40）。

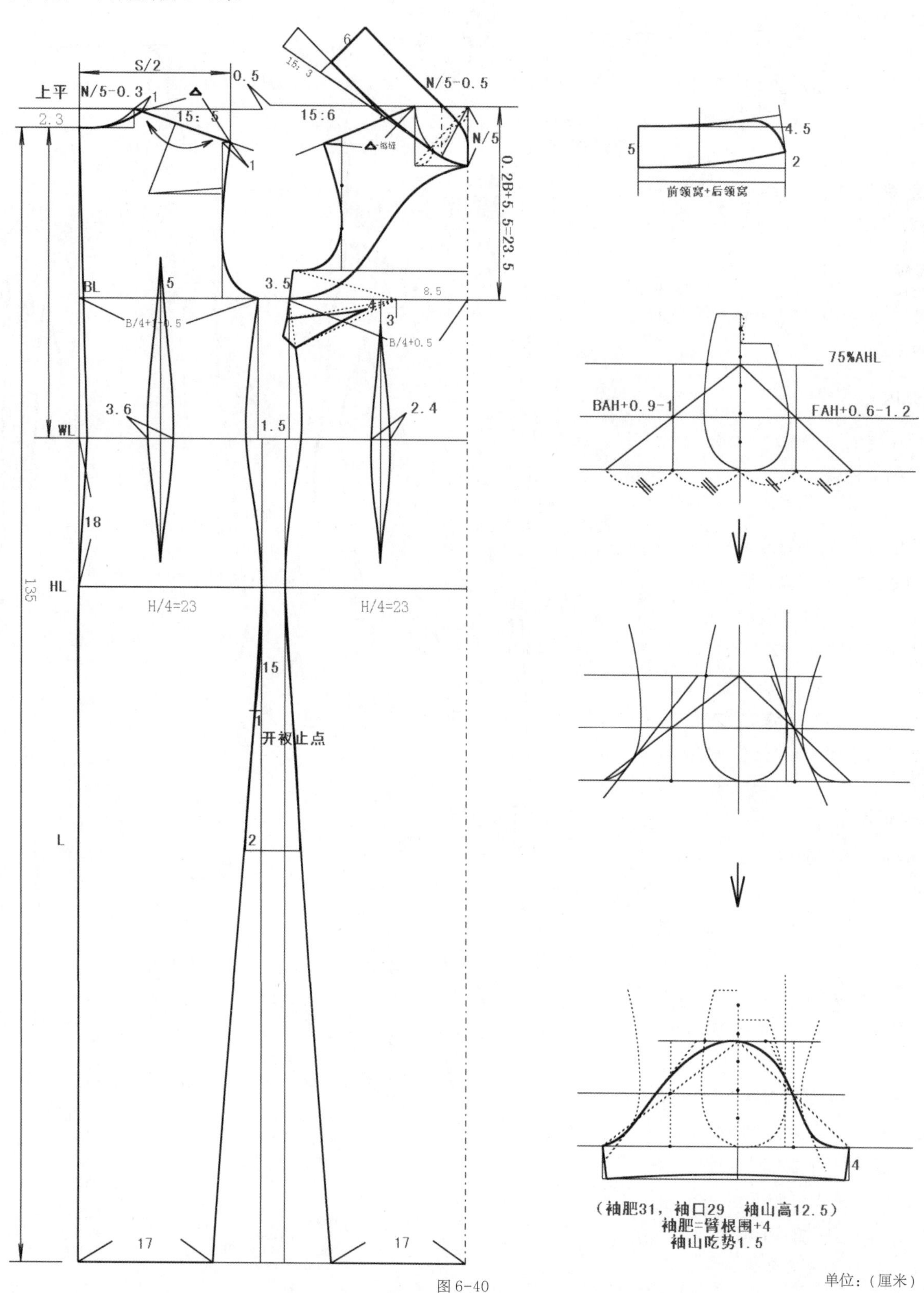


图 6-40

3. 超短袖结构作图。

第一步：参考本章第一节完成袖山弧线的作图（图 6- 41）。

第二步：定前后装袖止点，定袖长，并在袖纵向作展开放入松量辅助线（图 6- 42）。

第三步：袖长切展开放入松量，完成超短袖作图（图 6- 43）。

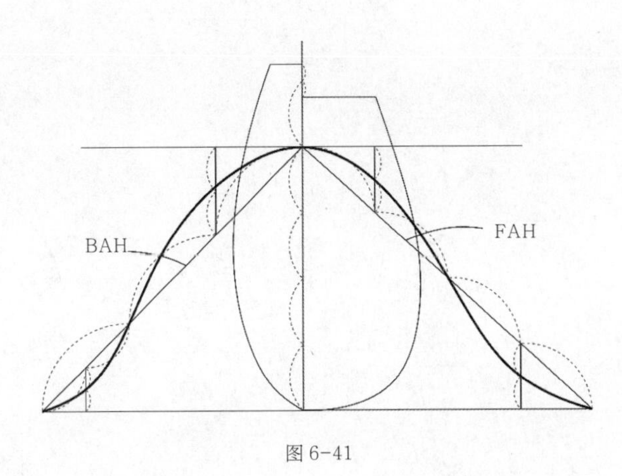


图 6-41

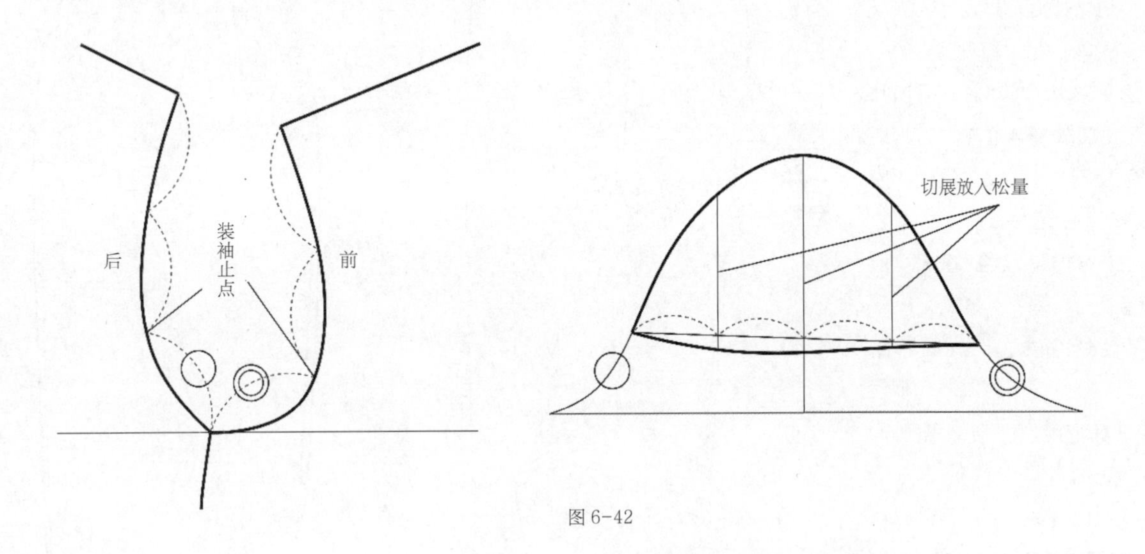


图 6-42

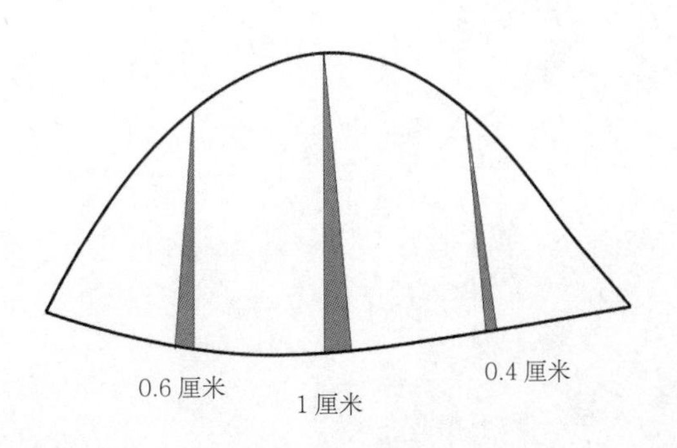


图 6-43

## 四、超短袖侧开拉链旗袍

### （一）设计说明

衣长至小腿中部，前片腋下省，腰省，后肩缝省，收腰设计，中式立领，右襟斜开至腋下，便于套头和装饰性设计，侧缝装拉链，两侧缝开衩，袖子做袖口为曲线形的超短袖。在领、袖、前襟、下摆、开衩口有滚边（图 6-44）。

### （二）面料

面料多为棉布、丝绸、织锦缎等。

### （三）制图要点

1. 按 160/84A（净胸围 B*=84，净腰围 W*=68，净臀围 H*=92）贴体风格设计尺寸。

2. 衣长：按 120 厘米。

3. 背长：按人体原型 37.5 厘米。

4. 胸围：贴体旗袍为体现凸胸效果，女性宜穿调整型文胸，故本款式另加补正文胸 2 厘米，加放量 4 厘米，因为后腰省穿越后胸围产生省道损失量约 1 厘米，故制图时胸围 B=B*+（补正文胸 2）+4（松量）+2（省损量）=92 厘米，成品胸围为 90 厘米。

5. 腰围：加放 4 厘米，W=W*+4=72 厘米。

6. 臀围：臀围放松量 4 厘米，H=H*+4=96 厘米。

7. 领围：按 38 厘米。

8. 领高：后领高 5 厘米，前领高 4.5 厘米。

9. 袖窿深：按原型前袖窿深 24 厘米。

10. 侧缝开衩：臀围线下 17 厘米左右。

11. 下摆：按人体膝围处相对臀宽线收进 2.5 厘米，画顺侧缝下摆。

12. 肩宽：S=38 厘米。

图 6-44

（四）结构制图（图 6-45）

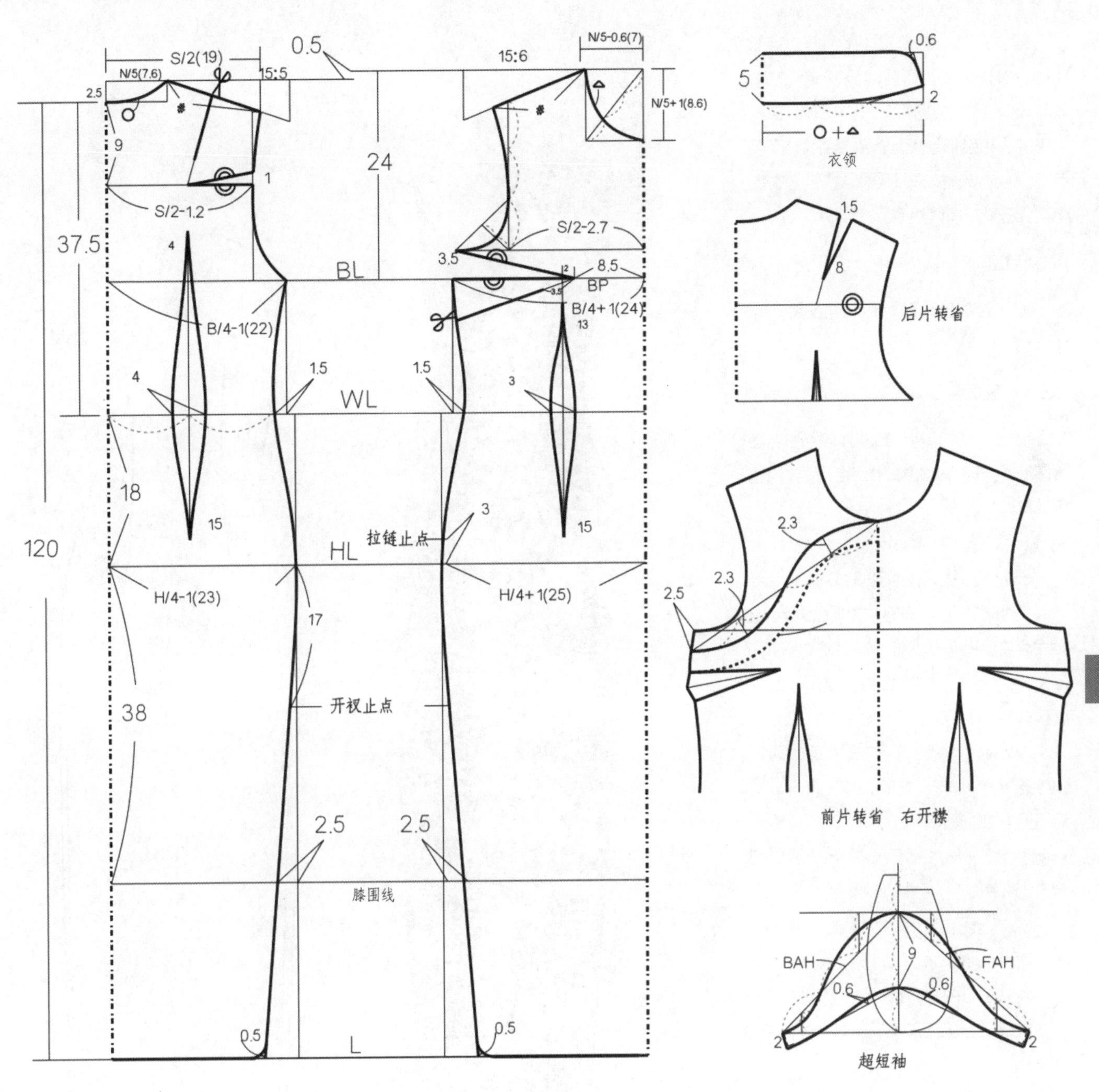


单位：（厘米）

图 6-45

## 五、无袖青花瓷长旗袍

### （一）设计说明

贴体的无袖青花瓷图案侧开拉链长旗袍，衣长至脚面，前片腋下省，腰省，收腰设计，中式立领，右襟斜开至腋下，便于套头和装饰性设计，侧缝装拉链，两侧缝开衩，无袖。在领、袖窿口、前襟、下摆、开衩口有滚边（图6-46）。

### （二）面料

面料为高贵华丽的青花瓷图案印花丝绸。

### （三）制图要点

1. 按160/84A（净胸围B*=84，净腰围W*=68，净臀围H*=92）贴体风格设计尺寸。

2. 衣长：按130厘米。

3. 背长：按人体原型37.5厘米。

4. 胸围：贴体旗袍为体现凸胸效果，女性宜穿调整型文胸，故本款式另加补正文胸2厘米，加放松量4厘米。因为后腰省穿越后胸围产生省道损失量约1厘米，故制图时胸围B=B*+（补正文胸2）+4（松量）+2（省损量）=92厘米，成品胸围为90厘米。

5. 腰围：加放4厘米，W=W*+4=72厘米。

6. 臀围：臀围放松量4厘米，H=H*+4=96厘米。

7. 领围：按36厘米。

8. 领高：后领高5厘米，前领高4.5厘米。

9. 袖窿深：无袖袖窿为避免露腋窝适当抬高，前袖窿深取23厘米。

10. 侧缝开衩：臀围线下17厘米左右。

11. 下摆：按人体膝围处相对臀宽线收进2.5厘米，画顺侧缝下摆。

12. 肩宽：S=36厘米。

图6-46

（四）结构制图（图 6-47）

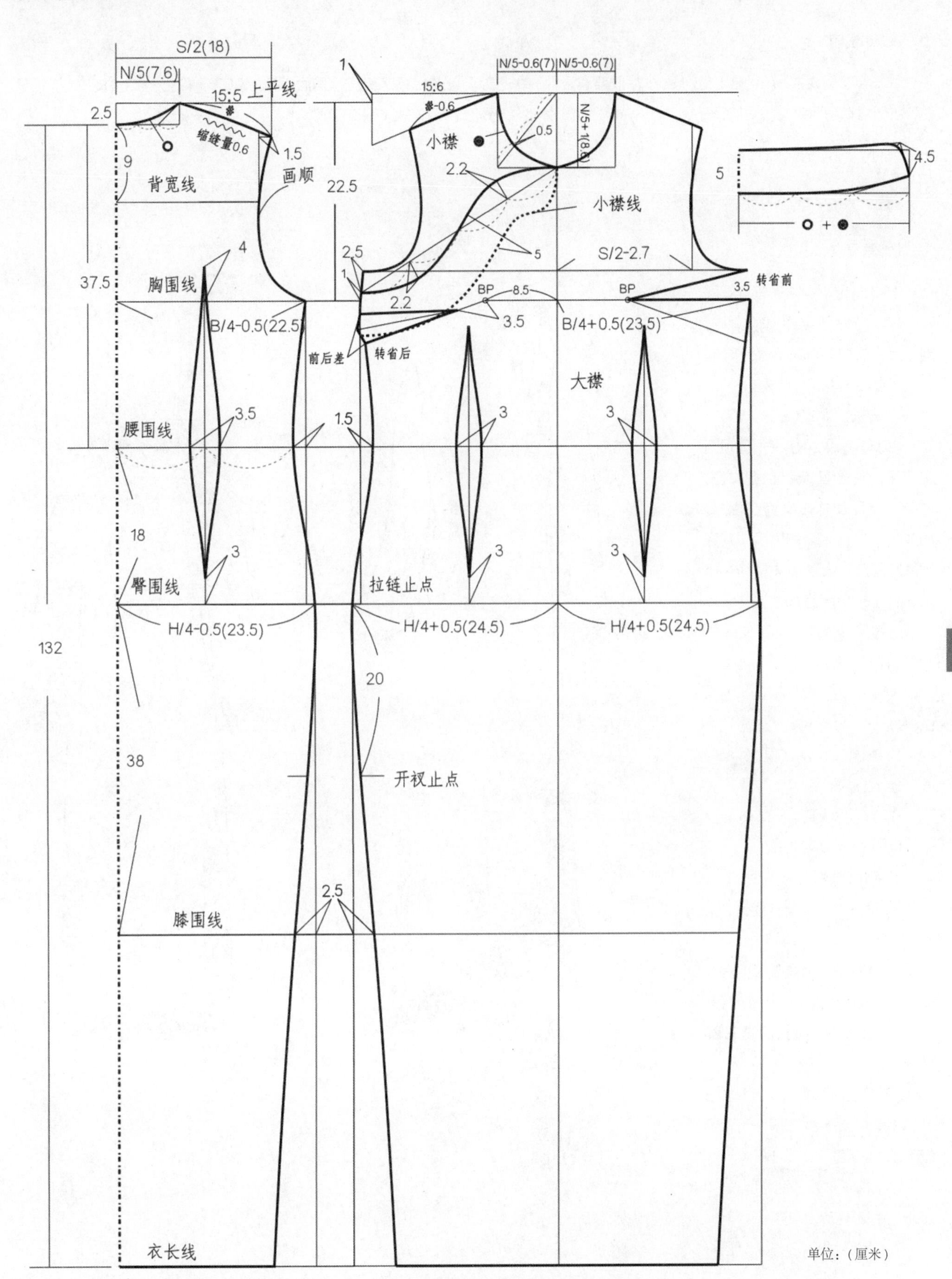


图 6-47

## 六、羊毛呢秋冬长袖旗袍

### （一）设计说明

衣长至小腿中部，前片腋下省，腰省，后收腰省设计，中式立领，右襟斜开至腋下，侧面开扣，领口、袖口右襟口拼接皮毛，领部、袖口和下摆有精致绣花，两侧缝开衩，长袖，下摆呈小 A 型，行动方便又有型（图 6-48）。

### （二）面料

面料多为手感柔软的羊毛呢面料。

### （三）制图要点

1. 按 160/84A（净胸围 B*=84，净腰围 W*=68，净臀围 H*=92）较贴体风格设计尺寸。

2. 衣长：按 90 厘米。

3. 背长：按 38 厘米。

4. 胸围：贴体旗袍为体现凸胸效果，女性宜穿调整型文胸，故本款式另加补正文胸 2 厘米，加放松量 6 厘米。因为后腰省穿越后胸围产生省道损失量约 2 厘米，因面料厚度追加 1 厘米，故制图时胸围 B=B*+（补正文胸 2）+6（松量）+2（省损量）+1 厘米（面料）=97 厘米，成品胸围为 94 厘米。

5. 腰围：加放 8 厘米，W=W*+8=76 厘米。

6. 臀围：臀围放松量 8 厘米，H=H*+8=100 厘米。

7. 领围：按 39 厘米。

8. 领高：后领高 5 厘米，前领高 4.5 厘米。

9. 袖窿深：袖窿弧长取胸围一半，前袖窿深取 25 厘米。

10. 侧缝开衩：臀围线下 20 厘米左右。

11. 下摆：相对臀宽线放出 15：1 呈小 A 字型下摆，画顺侧缝下摆。

12. 袖长：九分袖，取长 50 厘米，袖口较宽松。

13. 肩宽：成品 S=39.5厘米，制图时 S=40 厘米。

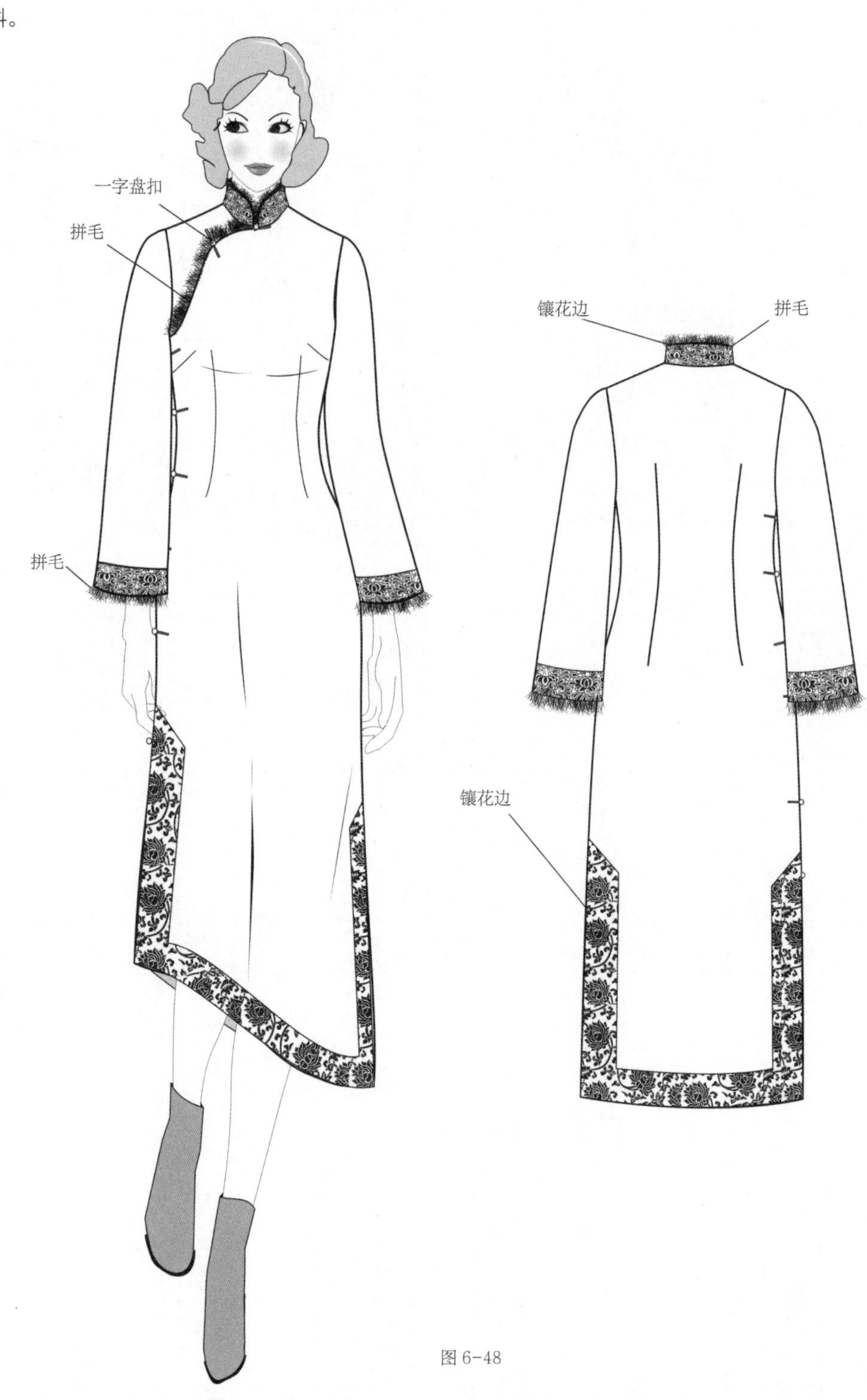


图 6-48

（四）结构制图（图 6-49）

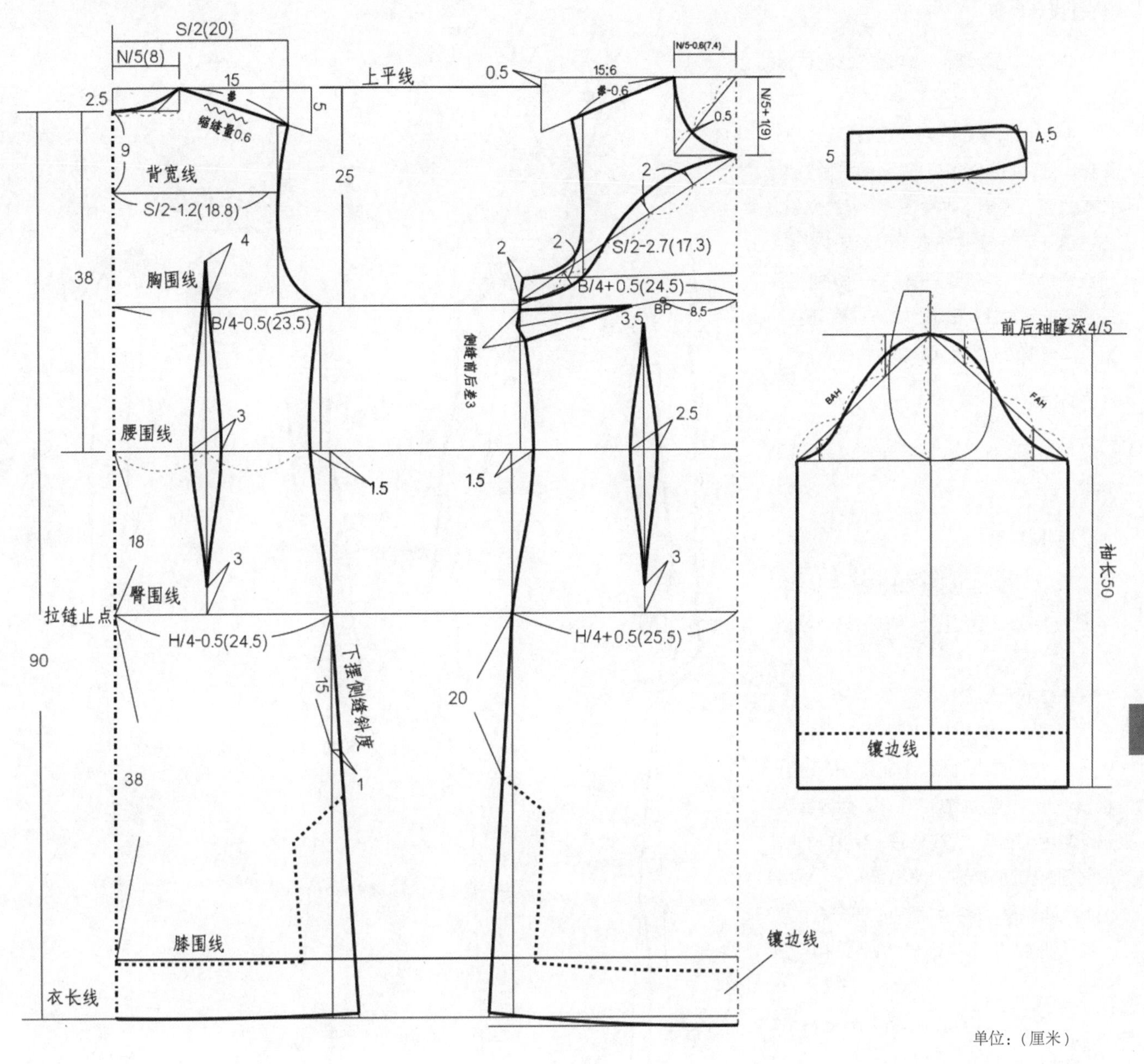


图 6-49

## 七、凸胸体侧开拉链旗袍

### （一）设计说明

本款式是体现前胸丰满的凸胸体旗袍。

衣长至脚背部，对于胸凸量较大的贴体旗袍，前片胸省设置两个，分散较大的胸省量，腰省，收腰设计，中式立领，右襟斜开至腋下，便于套头和装饰性设计，侧缝装拉链，两侧缝开衩，袖子做袖口为曲线形的超短袖。在领、袖、前襟、下摆、开衩口有滚边（图 6-50）。

### （二）面料

面料多为棉布、高贵华丽的丝绸、织锦缎等。

### （三）制图要点

1. 按 160/90（净胸围 B*=90，净腰围 W*=68，净臀围 H*=92）贴体风格设计尺寸。

2. 衣长：按衣长 135 厘米。

3. 背长：按人体原型 37.5 厘米。

4. 胸围：丰满体型，不加文胸补正量，松量适当少放，加放 2 厘米，因为后腰省穿越后胸围产生省道损失量约 1 厘米，故制图时胸围 B=B*+2（松量）+2（省损量）=94 厘米，成品胸围为 92 厘米。

5. 腰围：加放 4 厘米，W=W*+4=72 厘米。

6. 臀围：臀围放松量 4 厘米 H=H*+4=96 厘米。

7. 领围：按 38 厘米。

8. 领高：后领高 5 厘米，前领高 4.5 厘米。

9. 袖窿深：按原型前袖窿深 25 厘米，此时前袖窿深比后袖窿深高出 1.5 厘米。

10. 侧缝开衩：臀围线下 17 厘米左右。

11. 下摆：按人体膝围处相对臀宽线收进 2.5 厘米，画顺侧缝下摆。

12. 肩宽：S=38 厘米。

13. 胸省量：15：T（T= 前腰节长 - 背长 +0.5）（本案例 T=2.5+2+0.5=5，取 15：5）。

图 6-50

（四）结构制图（图 6-51）

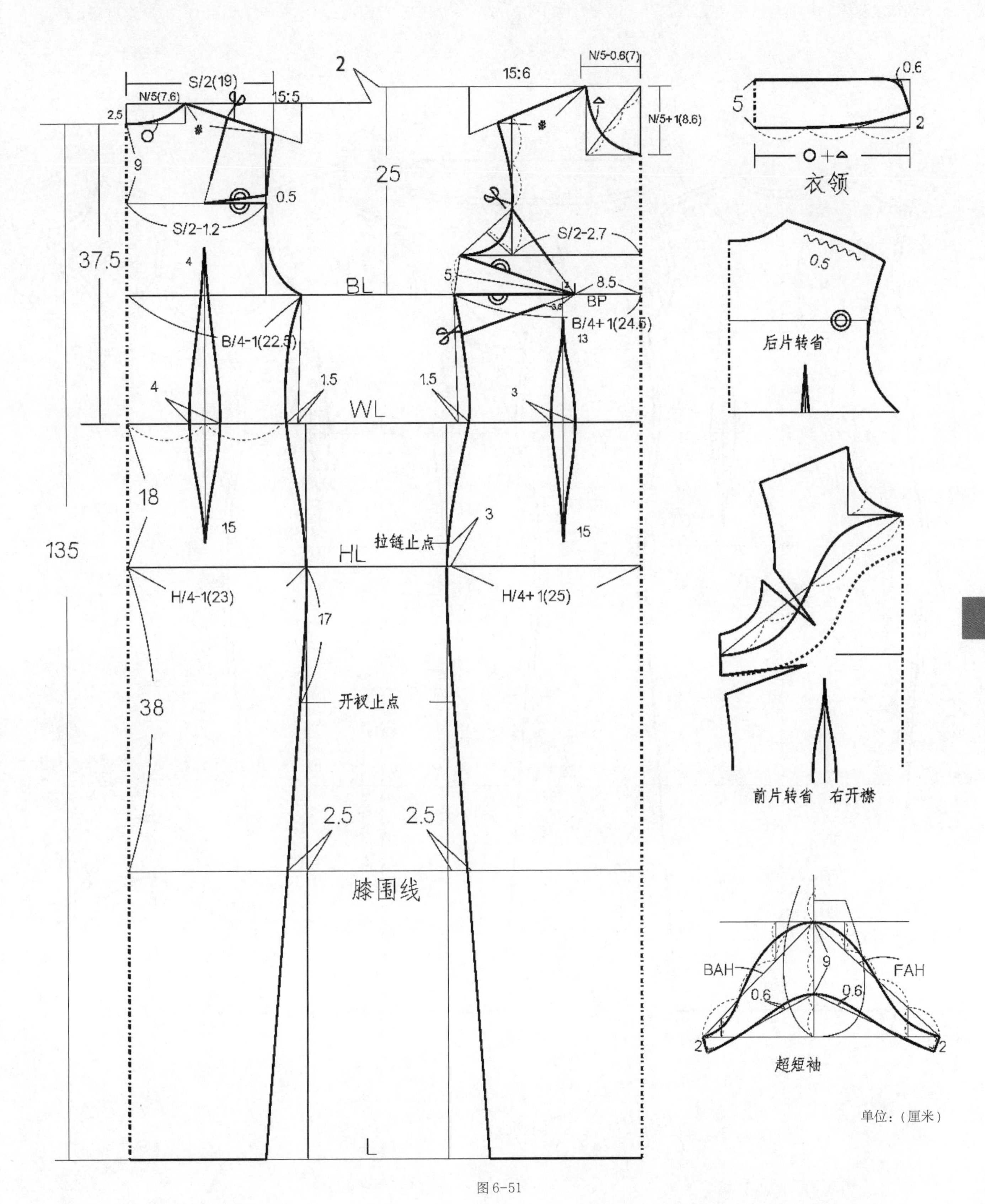


单位：（厘米）

图 6-51

## （五）纸样制作

面布放缝份 1 厘米，对于需调整部位或其他需要，也可多放一些，滚边工艺位置不放缝份，并作技术标记（图 6-52），里布略。

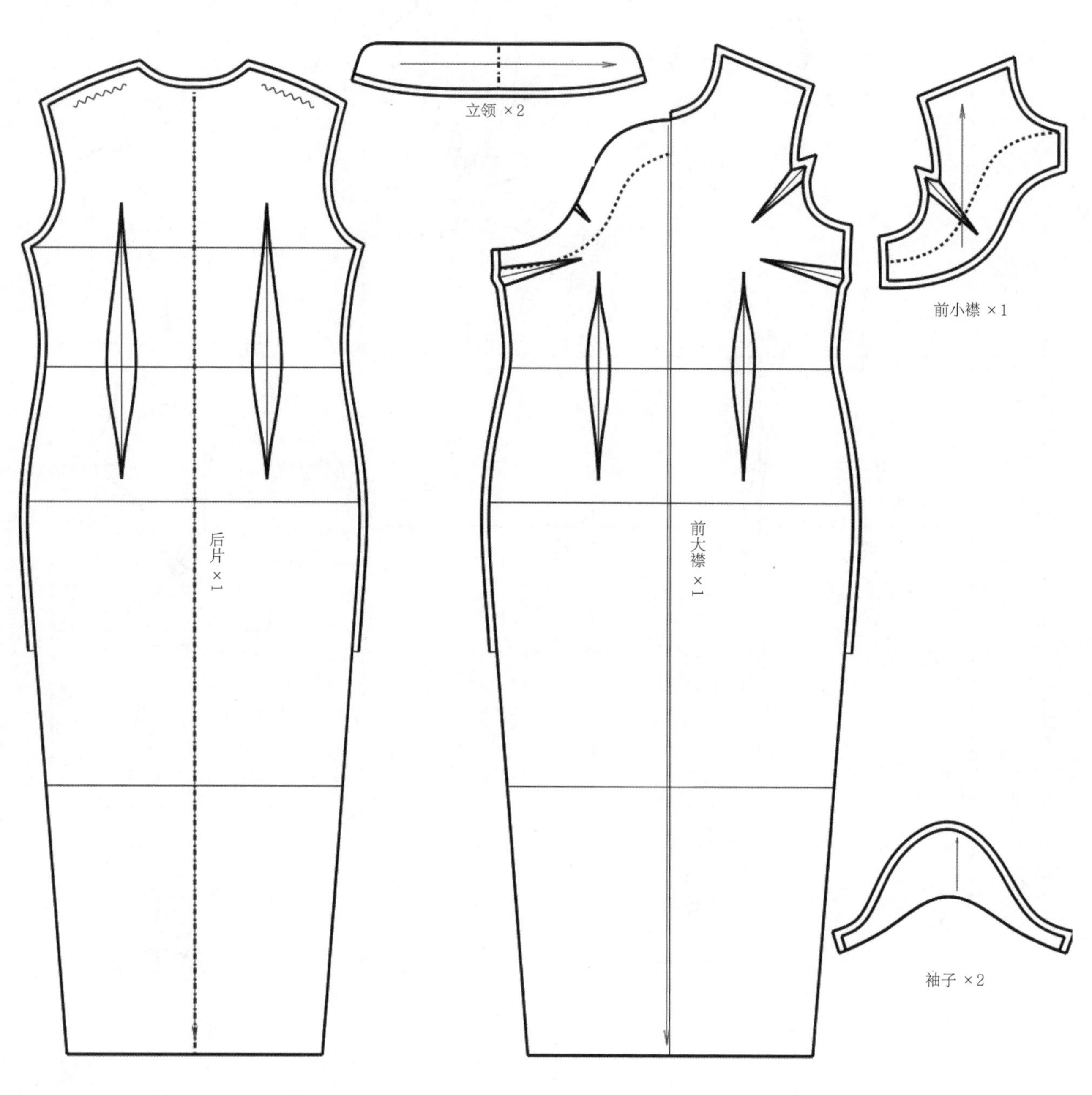


图 6-52

## 八、双襟凤仙领长袖旗袍

### （一）设计说明

衣长至膝下，前片双襟设计，胸腰省，腰省，后收腰省设计，凤仙领，右襟斜开至腋下，左襟为装饰性设计，左右对称，右侧面开扣，两侧缝开衩，七分袖，袖肘收省（图 6-53）。

### （二）面料

面料多为棉布、印花丝绸、织锦缎、香云纱等。

### （三）制图要点

1. 按 160/84A（净胸围 B*=84，净腰围 W*=68，净臀围 H*=92）较贴体风格设计尺寸。

2. 衣长：按衣长 107 厘米。

3. 背长：按 38 厘米。

4. 胸围：贴体旗袍为体现凸胸效果，女性宜穿调整型文胸，故本款式另加补正文胸 2 厘米，加放松量 3 厘米，因为后腰省穿越后胸围产生省道损失量约 2 厘米，因面料厚度追加 1 厘米，故制图时胸围 B=B*+（补正文胸 2）+3（松量）+2（省损量）+1 厘米（面料）=92 厘米，成品胸围为 90 厘米。

5. 腰围：加放 4 厘米，W=W*+4=72 厘米。

6. 臀围：臀围放松量 4 厘米 H=H*92+4=96 厘米。

7. 领围：按 39 厘米。

8. 凤仙领：后领高 6.5 厘米，前领高 11.5 厘米。

9. 袖窿深：袖窿弧长取胸围一半减 2 厘米左右，前袖窿深取 24 厘米。

10. 侧缝开衩：臀围线下 20 厘米左右。

11. 下摆：膝围相对臀宽线减 2.5 厘米，向下画顺侧缝下摆。

12. 袖长：七分袖，取 45 厘米，袖肘收省。

13. 肩宽：成品 S=38 厘米。

图 6-53

**（四）结构制图**

1. 衣身结构。

双襟结构：以前中心线为基础，左右对称绘制，左襟为装饰性，右襟至右侧缝为开襟设计；

胸省：在袖窿底取 15：3.5 左右（按测量数据），待底稿完成后，转移省道，修正相关部位线条（图 6-54）。

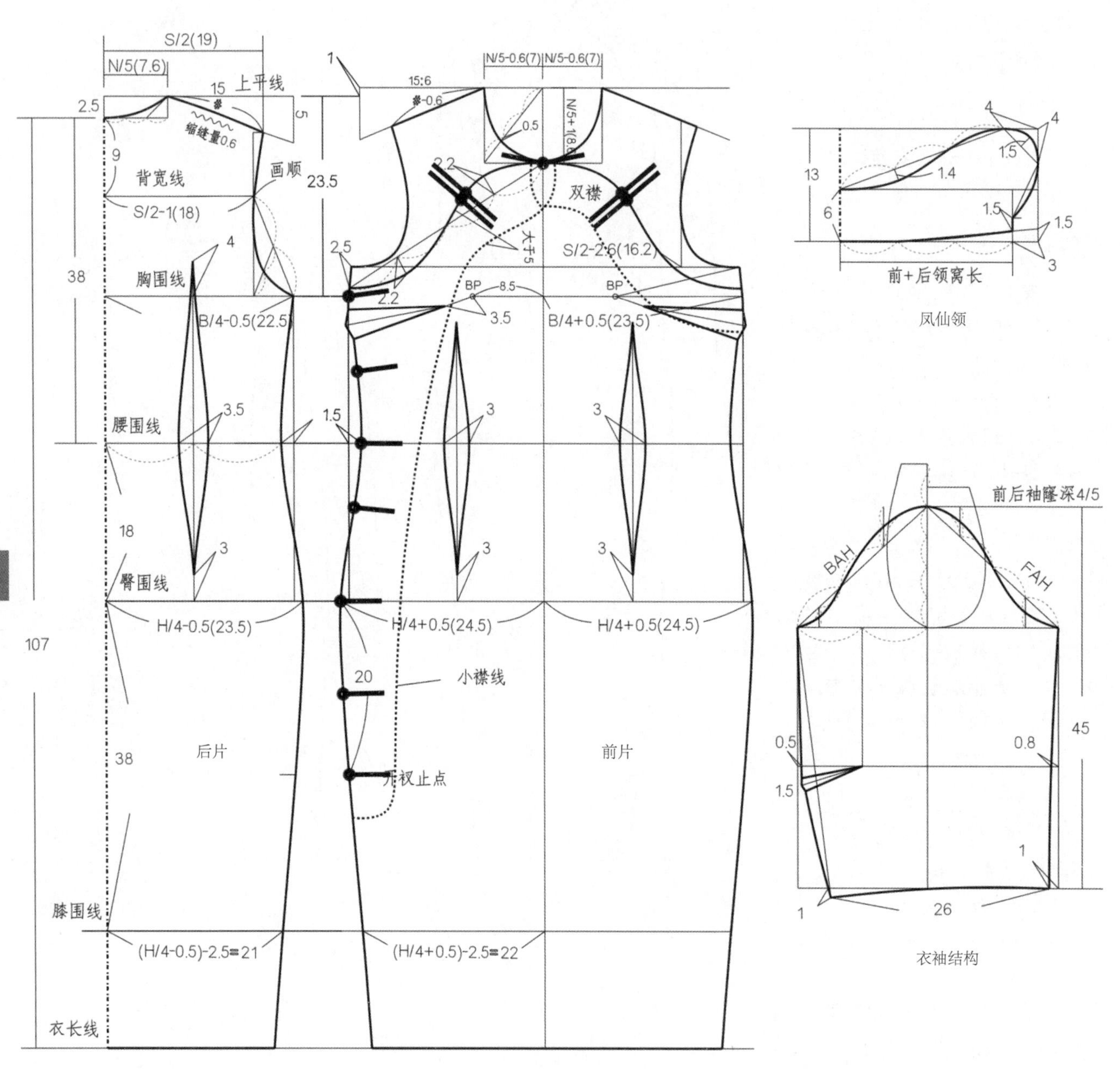


图 6-54

单位：（厘米）

2. 凤仙领结构。

在立领基础上绘制出翻领头造型部分。

3. 中袖结构。

在袖后片袖肘位置收袖肘省，袖身呈符合手臂造型的弯身结构。

### （五）纸样制作

面布放缝份 1 厘米，对于需调整部位或其他需要，也可多放一些，滚边工艺位置不放缝份，并作技术标记（图 6-55）。里布纸样比面布纸样缝边处放出 0.2 厘米松量即可。

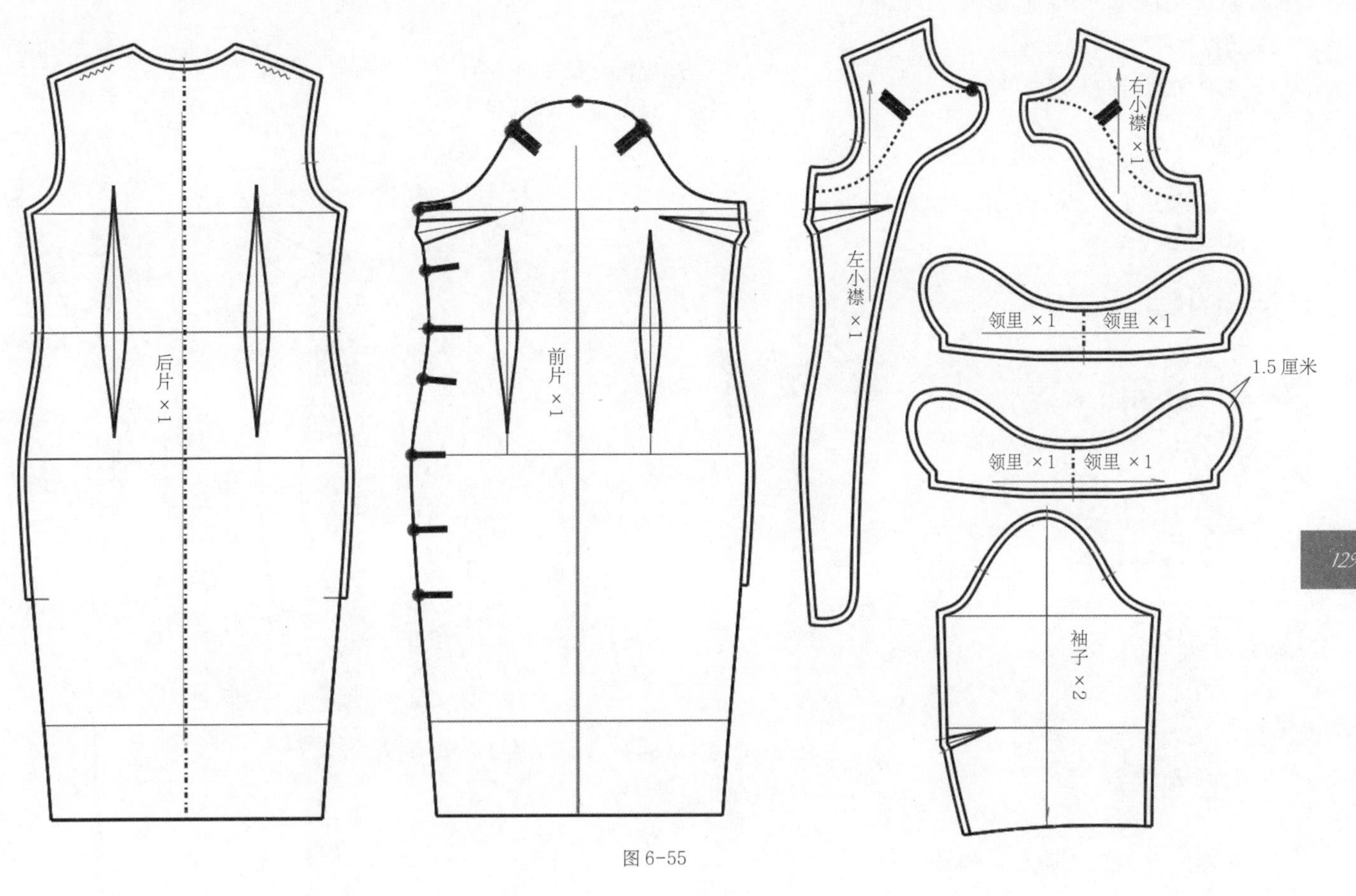


图 6-55

# 第二节 创新旗袍结构设计

## 一、泡泡袖短旗袍

### （一）款式说明

衣身：连腰X形造型，长度至膝上，前片斜襟假开门设计，钉装饰性直盘扣，左右开侧衩，前片有腋下省，前后胸腰腹省，后中装隐形拉链；

衣领：两片合体型基本立领，后领中心设双挂钩；

衣袖：三层泡泡超短袖（图6-56）。

### （二）面料

面料多为中国风印花丝绸面料、提花面料、麻棉印花面料。

### （三）制图要点

1. 按160/84A（净胸围B*=84，净腰围W*=70，净臀围H*=92）贴体风格设计尺寸。

2. 衣长：至膝上长度取89厘米。

3. 背长：按人体原型37.5厘米。

4. 胸围：贴体旗袍为体现凸胸效果，女性宜穿调整型文胸，故本款式另加补正文胸2厘米，加放松量4厘米，因为后腰省穿越后胸围产生省道损失量约1厘米，故制图时胸围B=B*+（补正文胸2）+4（松量）+2（省损量）=92厘米，成品胸围为90厘米。



5. 腰围：加放4厘米，W=W*+4=74厘米。

6. 臀围：臀围放松量4厘米，H=H*+4=96厘米。

7. 领围：按38厘米。

8. 领高：后领高4厘米，前领高3.5厘米。

9. 袖窿深：按原型前袖窿深24厘米。

10. 侧襟开衩：臀围线下20厘米左右。

11. 下摆：按人体膝围处相对臀宽线收进2.5厘米，画顺侧缝下摆。

12. 袖长：三层波浪袖长分别为5厘米、10厘米、15厘米。

13. 肩宽：在正常袖肩宽S=38厘米基础上减小2厘米，取S=36厘米。

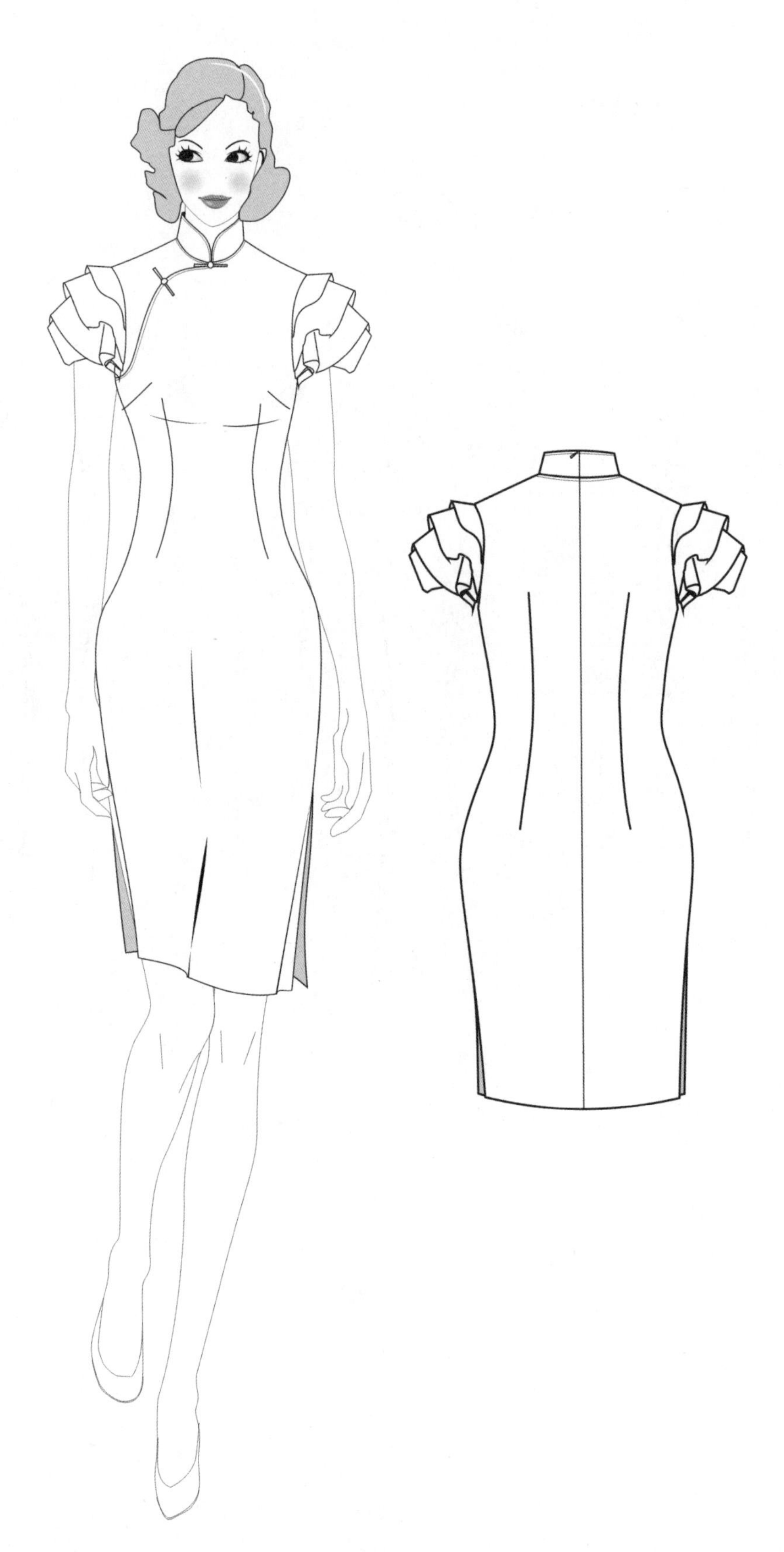

图6-56

### （四）结构制图步骤

1. 衣身结构。

背缝线：以后中心线为基础，自背部至臀围线在后腰中心劈进 1 厘米左右，后中隐形拉链止点至臀围处；

胸省：在袖窿底取 15：3.5 左右（按测量数据），待底稿完成后，转移省道，修正相关部位线条（图 6-57）。

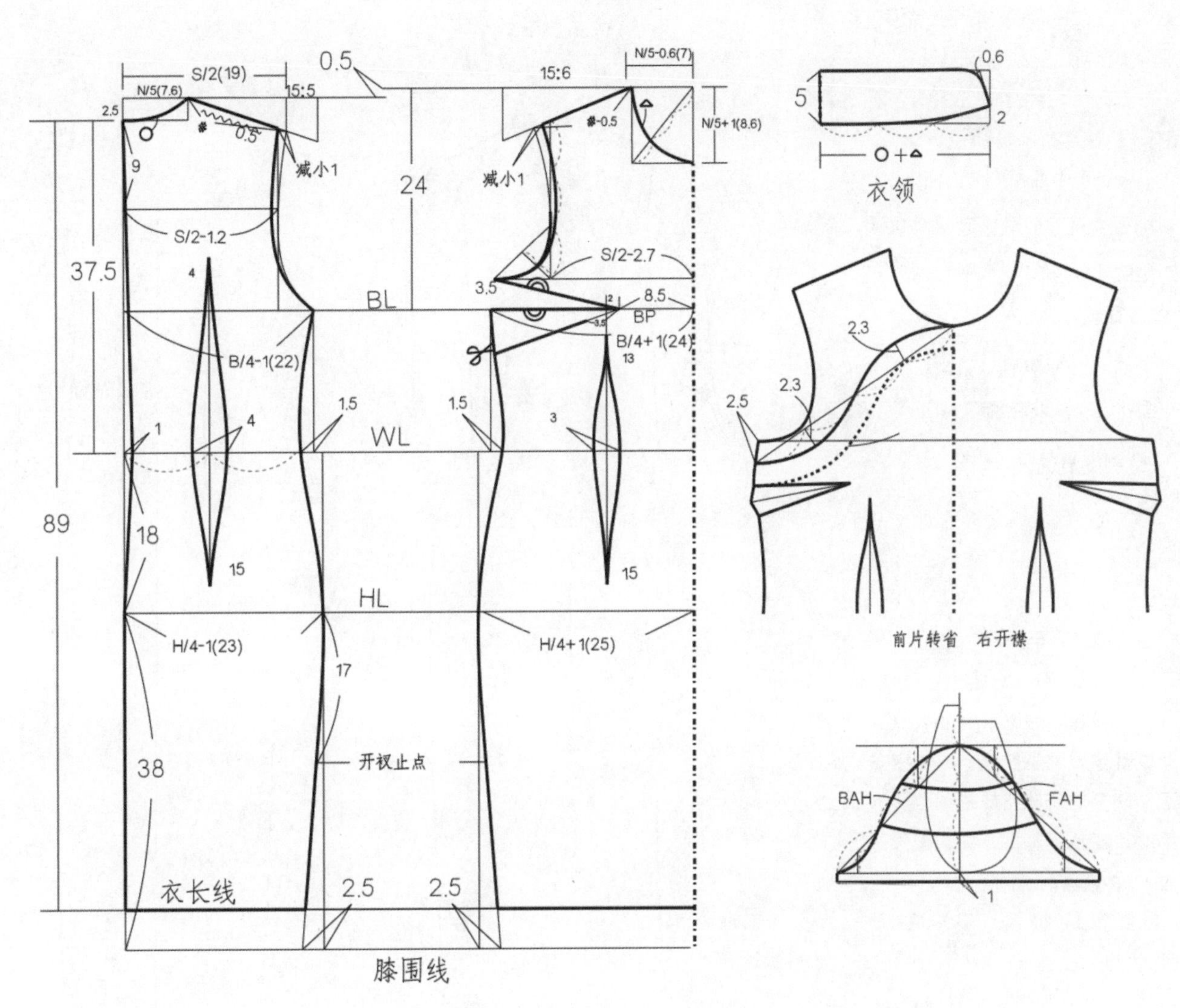


图 6-57

2. 衣袖结构变化。

将袖子三层结构分别展开，形成三层结构的泡泡袖（图 6-58）。

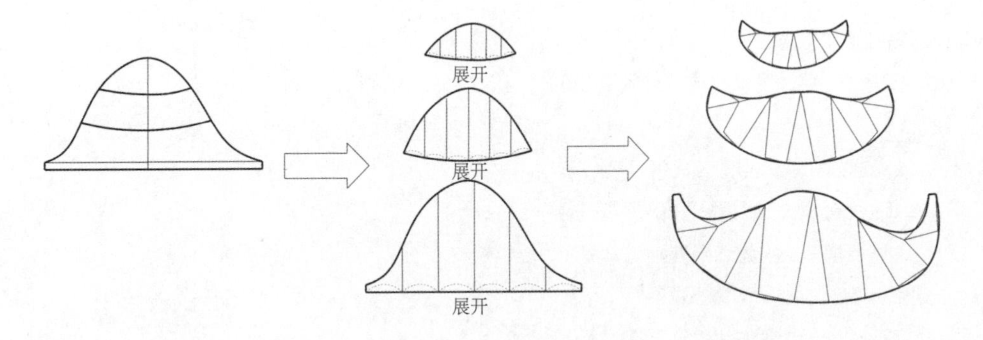


图 6-58

## 二、斜襟连身立领中袖旗袍

### （一）款式说明

衣身：连腰 X 形造型长度至脚背，前片斜襟假开门设计，钉装饰性琵琶盘扣三对，左右开侧衩，前后片有领口省，前后胸腰腹省，后中装隐形拉链；

衣领：两片合体型基本立领，后领中心设双挂钩；

衣袖：中袖弧形装饰袖口；

工艺特点：前片斜襟假开门，撞色镶边设计（图 6-59）。

### （二）面料

面料多为中国风印花丝绸面料、提花面料、麻棉印花面料。

### （三）制图要点

1. 按 160/84A（净胸围 B*=84，净腰围 W*=70，净臀围 H*=92）贴体风格设计尺寸。

2. 衣长：至脚踝附近取 132 厘米。



3. 背长：按人体原型 37.5 厘米。

4. 胸围：贴体旗袍为体现凸胸效果，女性宜穿调整型文胸，故本款式另加补正文胸 2 厘米，加放松量 4 厘米，因为后腰省穿越后胸围产生省道损失量约 1 厘米，故制图时胸围 B=B*+（补正文胸 2）+4（松量）+2（省损量）=92 厘米，成品胸围为 90 厘米。

5. 腰围：加放 4 厘米，W=W*+4=74 厘米。

6. 臀围：臀围放松量 4 厘米，H=H*+4=96 厘米。

7. 立领：连身立领设计，在领窝 43 厘米基础上作连身立领。

8. 领高：后领高 4 厘米，前领高 3.5 厘米。

9. 袖窿深：按原型前袖窿深 24 厘米。

10. 侧襟开衩：臀围线下 20 厘米左右。

11. 下摆：按人体膝围处相对臀宽线收进 2.5 厘米，画顺侧缝下摆。

12. 袖长：中袖长 38 厘米基础上作袖口弧形造型设计。

13. 肩宽：S=38 厘米。

图 6-59

**（四）结构制图步骤**

1. 衣身结构。

背缝线：以后中心线为基础，后中隐形拉链止点至臀围处；

胸省：在袖窿底取 15 : 3.5 左右（按测量数据），将胸省转移至前领口，为下一步作连身立领作准备；

背省：在后袖窿底取 1 厘米左右，将背省转移至后领口，为下一步作连身立领作准备（图 6-60）。

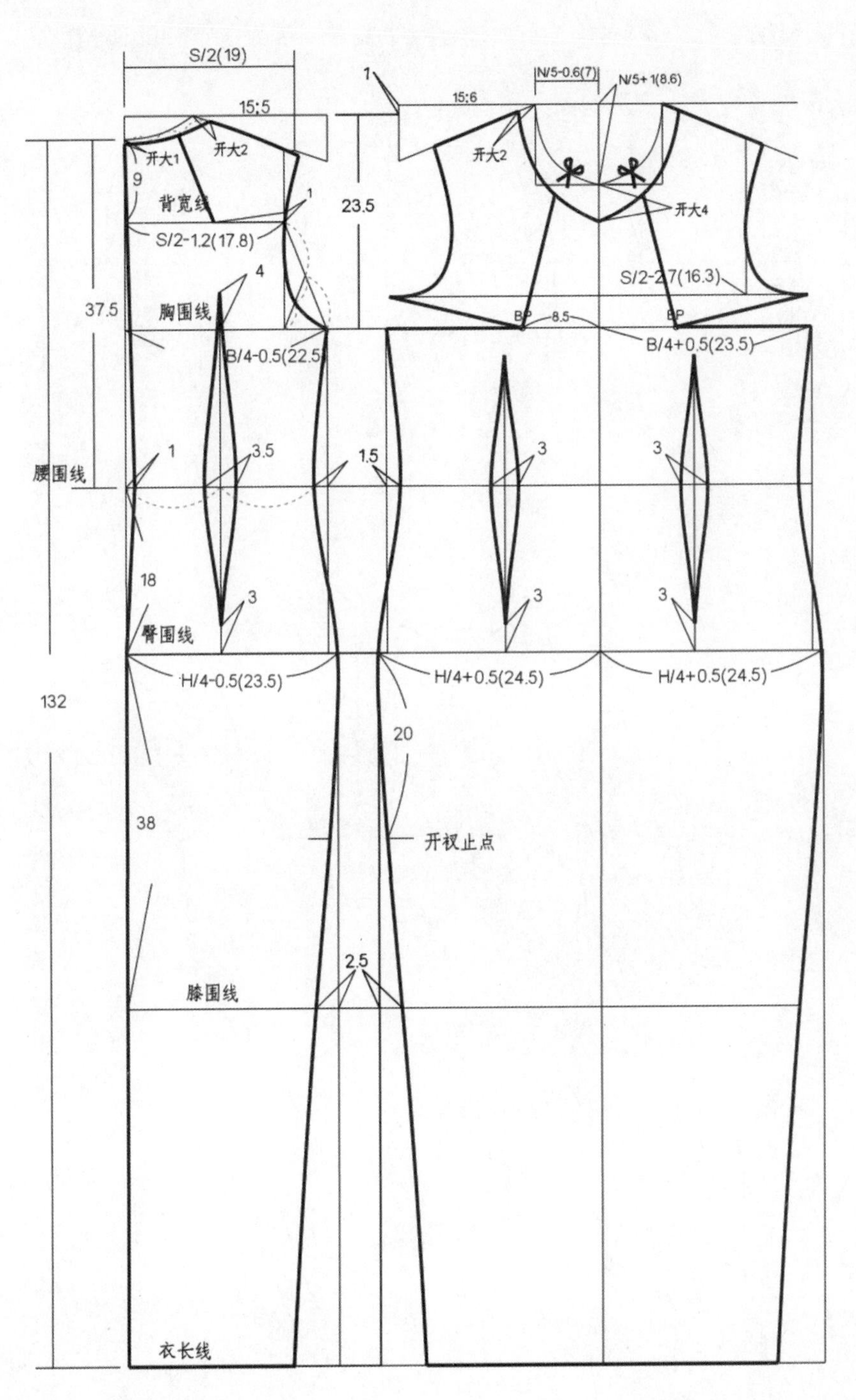


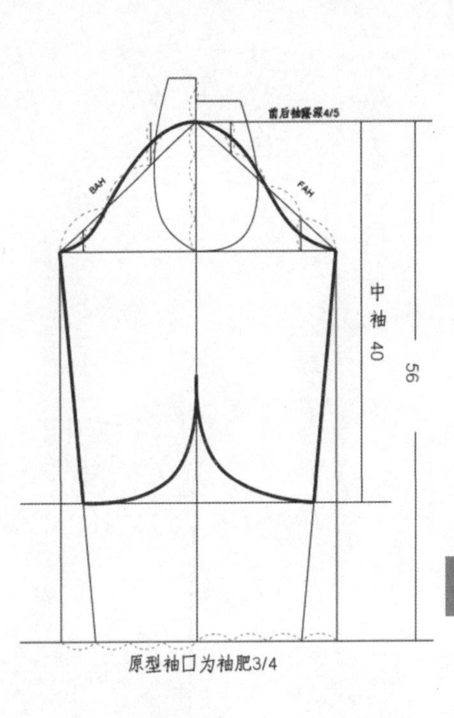


单位：（厘米）

图 6-60

2. 连身立领的结构。

第一步：将胸省转移至前领口，背省转移至后领口（图 6-61）；

第二步：在开大领窝的基础上设计连身立领，前领高 3.5 厘米，后领高 4 厘米，侧领高 3.5 厘米，修正后领省，在后领窝线上将领省各增加 0.2 厘米，上领口线上共减少 0.5 厘米，前领省在领外沿线缩小 1 厘米；

第三步：领侧角画法，后领侧角垂直画侧领高再画顺，前领侧角依领窝开大的量，领侧角在 140° 左右，具体造型可通过坯布效果后进行修正（图 6-62）；

3. 前片斜襟假开门，撞色镶边设计按设计作前片斜襟设计，与连身立领连接画顺，合并相关省缝后，画顺撞色镶边设计结构（图 6-63）。

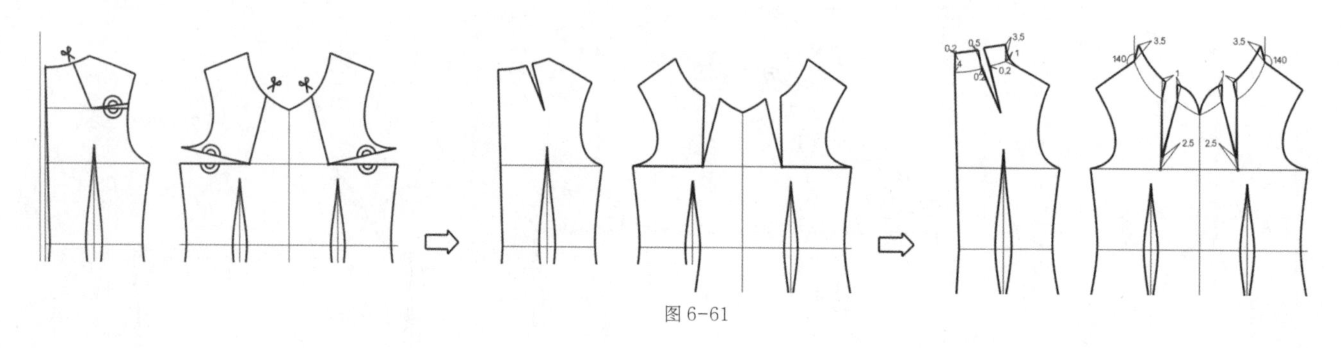

图 6-61

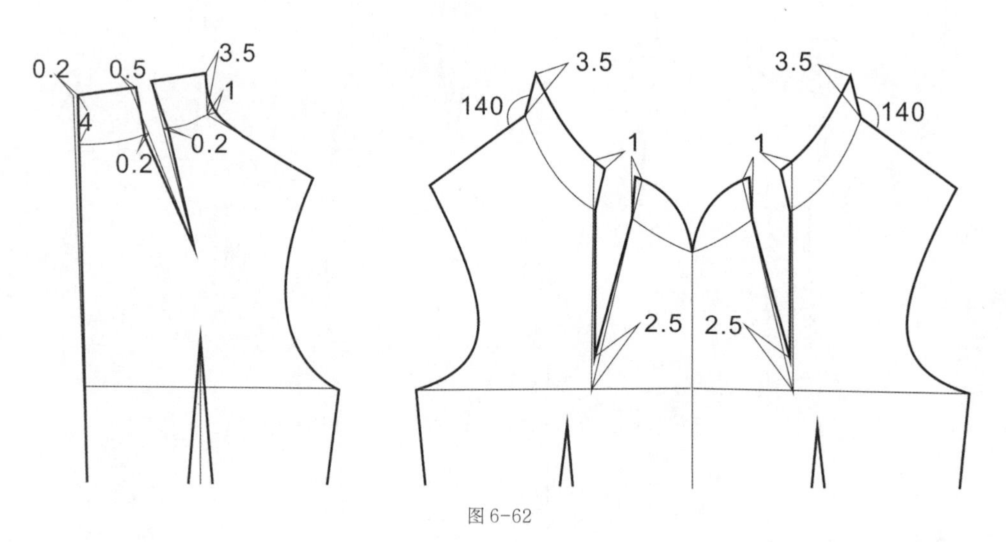


图 6-62

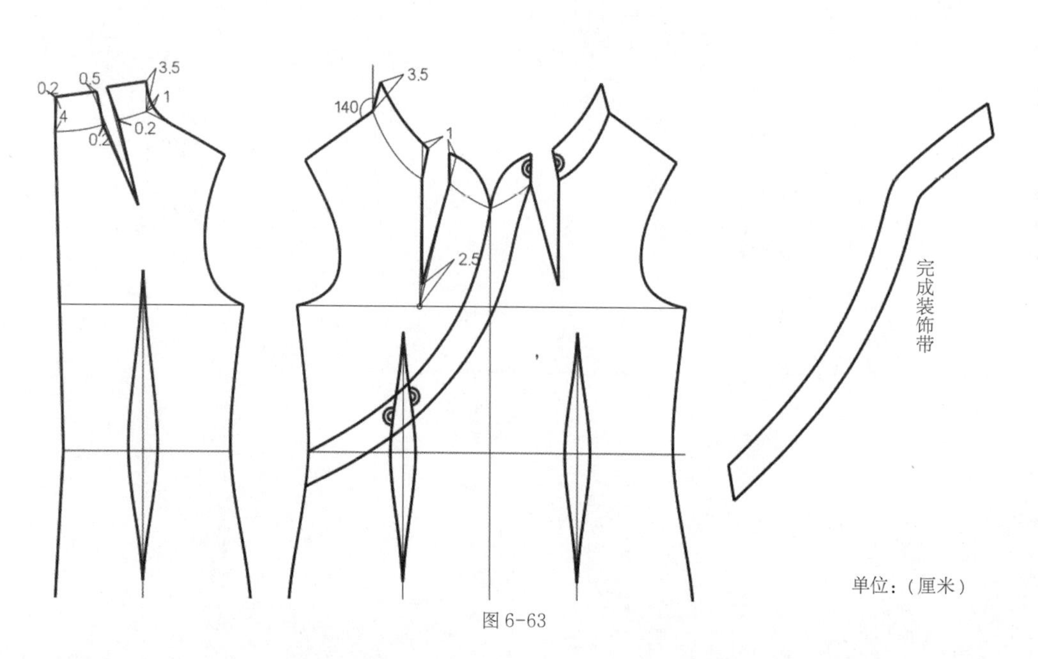


图 6-63

## 三、旗袍式宽松连衣裙

### （一）设计说明

大身为双层设计。里层较贴身，前片胸省，收腰设计，设前后腰省，面料质地稍厚、舒适透气；外层松腰设计，较宽松，面料质地轻薄透明，外层比里层长。中式立领，后中装拉链，外层前中装盘扣，两侧缝开衩（图 6-64）。

### （二）面料

外层材料：涤纶雪纺（乔其纱）面料，质地轻薄透明，手感柔软富有弹性，外观清淡雅洁，具有良好的透气性和悬垂性，穿着飘逸；里层面料：印花蚕丝雪纺，质地稍厚、舒适透气。

### （三）制图要点

1. 衣身内层结构

（1）按 160/84（净胸围 B*=84，净腰围 W*=68，净臀围 H*=92）贴体风格设计尺寸。

（2）衣长：按衣长 105 厘米。

（3）背长：按人体原型 37.5 厘米。

（4）胸围：加放 6 厘米，因为后腰省穿越后胸围产生省道损失量约 1 厘米，故制图时胸围 B=B*+6（松量）+2（省损量）=92 厘米，成品胸围为 90 厘米。

（5）腰围：加放 6 厘米，W=W*+6=74 厘米。

（6）臀围：臀围放松量 8 厘米，臀围 H=H*+8=100 厘米。

（7）领围：按 38 厘米。

（8）领高：后领高 4 厘米，前领高 3.5 厘米。

（9）袖窿深：按原型前袖窿深 25 厘米。

（10）肩宽：S=38 厘米。

（11）下摆：按人体膝围处相对臀宽线放出呈 A 字形，画顺侧缝下摆。

2. 衣身外层结构和袖子结构。

（1）胸围线以上，肩部设计与内层结构相同，下摆扩展式设计。

（2）衣长：比内结构长，衣长 125 厘米。

（3）胸围：按内结构衣片切展后，外层结构胸围比内结构胸围略大。

（4）胸围以下至下摆，为扩展式，呈喇叭形放大。

（5）袖长：中袖，袖长取 38 厘米，袖口克夫长 25 厘米，克夫高 4 厘米。

（6）通过切展变化，内外袖窿等长。

图 6-64

### （四）内层结构制图

内层结构参考本章第一节经典旗袍作图方法，但在作下摆结构时按 A 字裙结构作下摆，如图 6-65 所示。

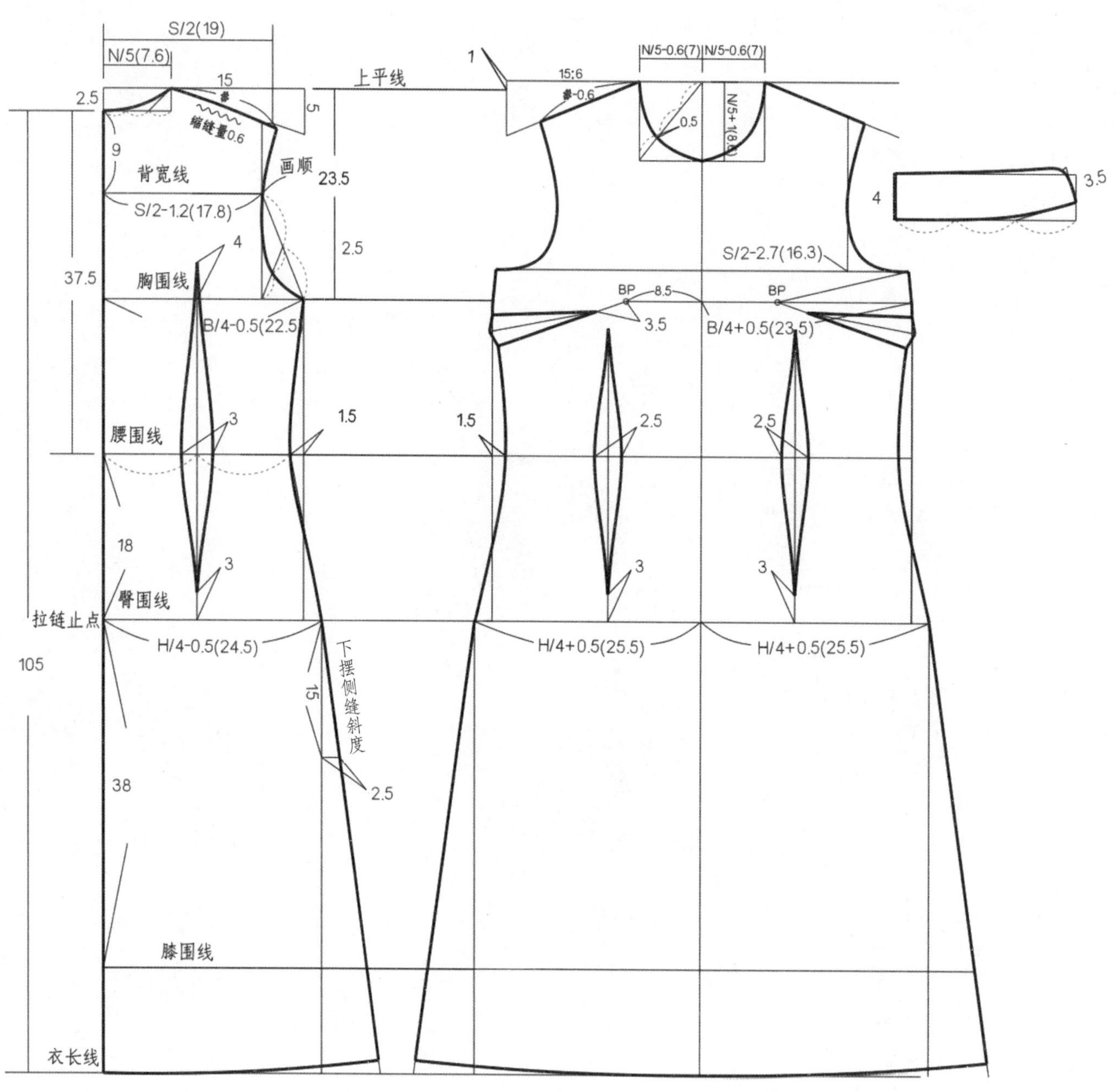


图 6-65

单位：（厘米）

### （五）衣身外层结构

1. 后片外层结构。

衣身外层结构在内层结构的基础上作切展变化，放出服装款式需要的量。后片外层将侧缝放出画顺后，将肩缝缩缝转移切展至下摆，并在侧片位置作切展辅助线，将下摆切展（图6-66）。

2. 前片外层结构。

前片外层将侧缝放出画顺后，将胸省转移切展至下摆，画顺下摆（图6-67）。

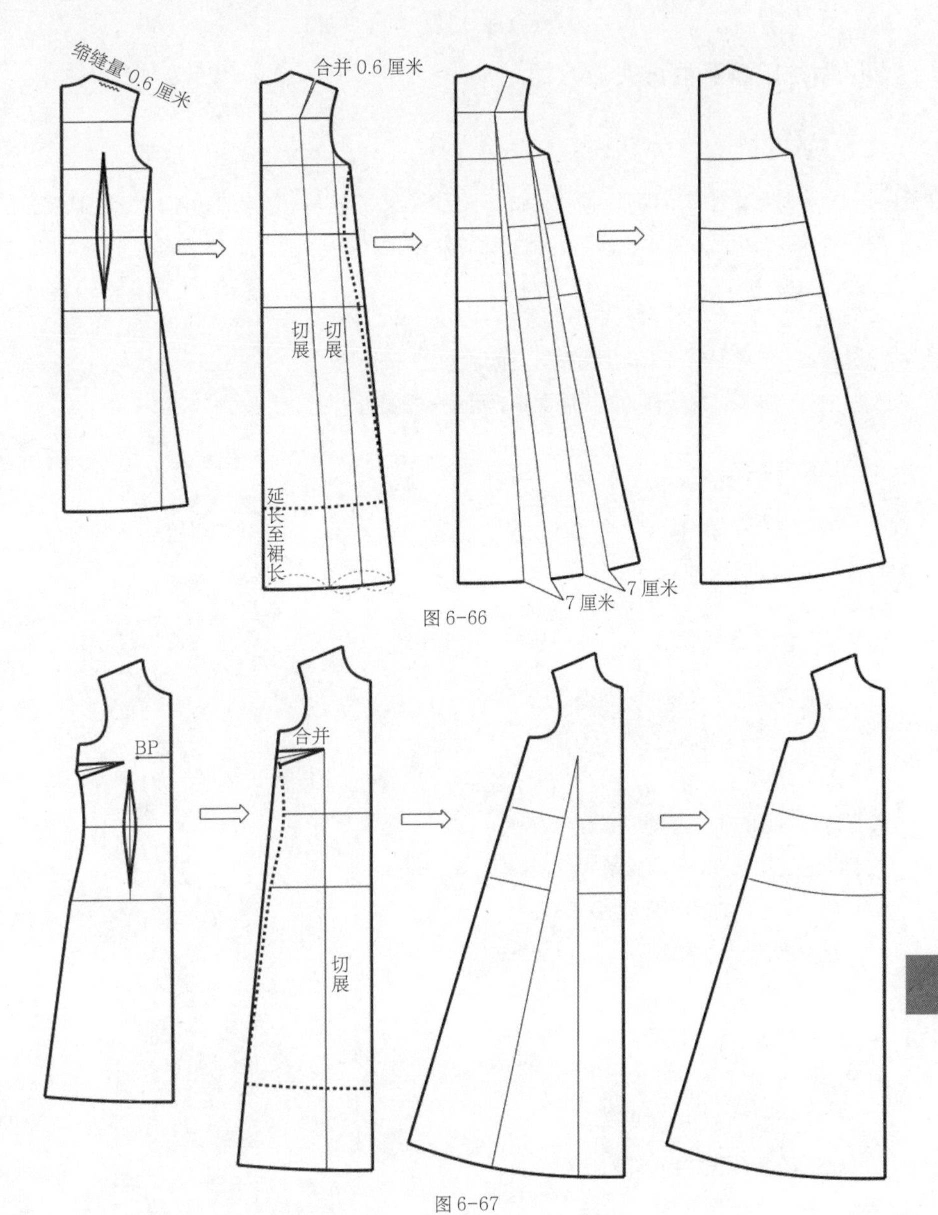

图 6-66

图 6-67

3. 袖子结构。

袖子结构参考本章第一节经典旗袍袖子作图方法，中袖结构（或者七分袖、八分袖）可按长袖结构作图，袖口大按袖肥 3/4，在长袖身廓型的基础上，按设计长度得到中袖衣身，中袖袖克夫高 4 厘米（图 6-68）。

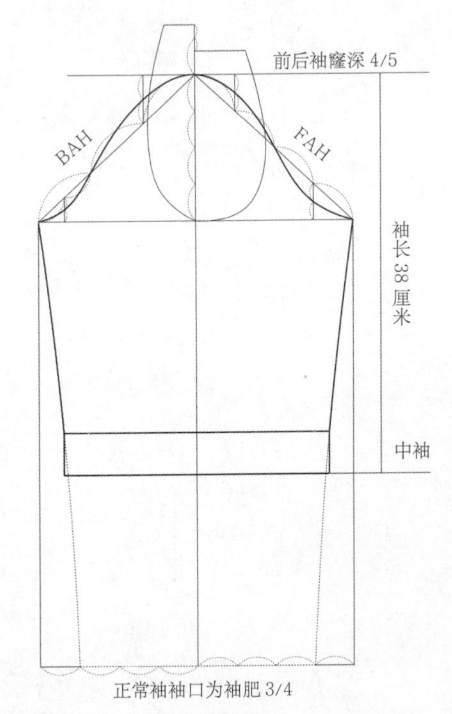

图 6-68

## 四、旗袍式喇叭袖长 A 连衣裙

### （一）设计说明

上半身与旗袍结构相似，廓型自腰以下至下摆呈 A 字形，前片侧胸省，腰省，收腰设计，中式立领，后中装拉链，喇叭中袖，袖中破缝有装饰纽。衣身质地为稍厚不透明面料，衣袖、衣身外层为雪纺透明飘逸面料（图 6-69）。

### （二）面料

衣身、衣领面料：印花丝绸布料，质地稍厚、舒适透气。

衣袖、衣身外层：雪纺类透明面料，具有良好的透气性和悬垂性，穿着飘逸。

### （三）制图要点

1. 衣身内衬结构。

（1）按 160 / 84（净胸围 B*=84，净腰围 W*=68，净臀围 H*=92）贴体风格设计尺寸。

（2）衣长：按衣长 115 厘米。

（3）背长：按人体原型 37.5 厘米。

（4）胸围：加放 6 厘米，因为后腰省穿越后胸围产生省道损失量约 1 厘米，故制图时胸围 B=B*+6（松量）+2（省损量）=92 厘米，成品胸围为 90 厘米。



（5）腰围：加放 6 厘米，W=W*+6 =74 厘米。

（6）臀围：臀围放松量 8 厘米，臀围 H=H*+8=100 厘米。

（7）领围：按 38 厘米。

（8）领高：后领高 4 厘米，前领高 3.5 厘米。

（9）袖窿深：按原型前袖窿深 25 厘米。

（10）肩宽：S=38 厘米。

（11）下摆：按人体膝围处相对臀宽线放出呈 A 字形，画顺侧缝下摆。

2. 衣身外层结构和袖子结构。

（1）胸围线以上，肩部设计与内层结构相同，下摆扩展式设计。

（2）衣长：比内结构长，衣长 125 厘米。

（3）胸围：按内结构衣片切展后，外层结构胸围比内结构胸围略大。

（4）胸围以下至下摆，为扩展式，呈喇叭形放大。

（5）袖长：中袖，袖长（含波浪边）取 50 厘米，喇叭袖，袖中破缝钉装饰纽。

图 6-69

**（四）结构制图**

内层结构参考本章第一节经典旗袍作图方法，但在作下摆结构时按 A 字裙结构作下摆（图 6-70）。

喇叭袖结构设计过程：按常规袖子作图方法作好基本袖结构，在基本形轮廓线基础上将袖身切展形成喇叭袖，注意袖山弧长不变，袖山变得比较平缓（图 6-71）。

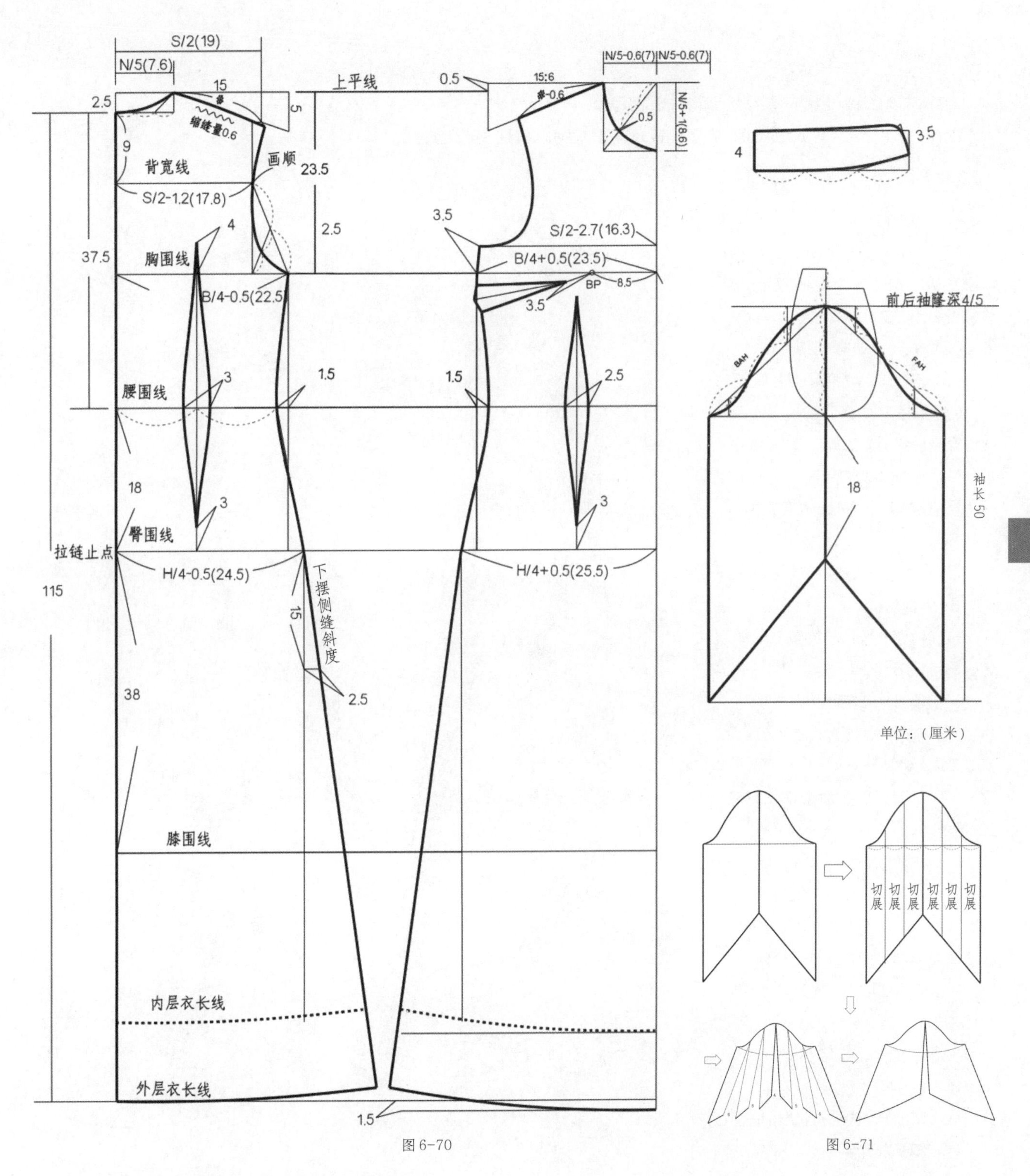

图 6-70

图 6-71

## 五、蕾丝旗袍式长 A 连衣裙

### （一）设计说明

上半身与旗袍结构相似，廓型自腰以下至下摆呈 A 字形，前片侧胸省，腰省，收腰设计，中式立领，后中装拉链，中袖。衣身衣领内衬为质地稍厚不透明面料，外层为雪纺透明飘逸面料，衣身外层自领口经左胸有偏襟分割线，上钉装饰纽，自腰线以下开衩设计（图 6-72）。

### （二）面料

衣身、衣领面料（内衬）：印花丝绸布料，质地稍厚、舒适透气；

衣袖、衣身外层：雪纺类透明面料，具有良好的透气性和悬垂性，穿着飘逸。

### （三）制图要点

1. 衣身内衬结构。

（1）按 160/84（净胸围 B*=84，净腰围 W*=68，净臀围 H*=92）贴体风格设计尺寸。

（2）衣长：按衣长 125 厘米。

（3）背长：按人体原型 37.5 厘米。

（4）胸围：加放 6 厘米，因为后腰省穿越后胸围产生省道损失量约 1 厘米，故制图时胸围 B=B*+6（松量）+2（省损量）=92 厘米，成品胸围为 90 厘米。



（5）腰围：加放 6 厘米，W= W*+6=74 厘米。

（6）臀围：臀围放松量 8 厘米，臀围 H=H*+8=100 厘米。

（7）领围：按 38 厘米。

（8）领高：后领高 4 厘米，前领高 3.5 厘米。

（9）袖窿深：按原型前袖窿深 25 厘米。

（10）肩宽：S=38 厘米

（11）下摆：按人体膝围处相对臀宽线放出呈 A 字形，画顺侧缝下摆。

2. 衣身外层结构和袖子结构。

（1）胸围线以上，肩部设计与内层结构相同，下摆扩展式设计。

（2）衣长：比内结构长，衣长 125 厘米。

（3）胸围：与内结构胸围相同。

（4）胸围以下至下摆，为扩展式，呈 A 字形放大。

（5）袖长：合体中袖。

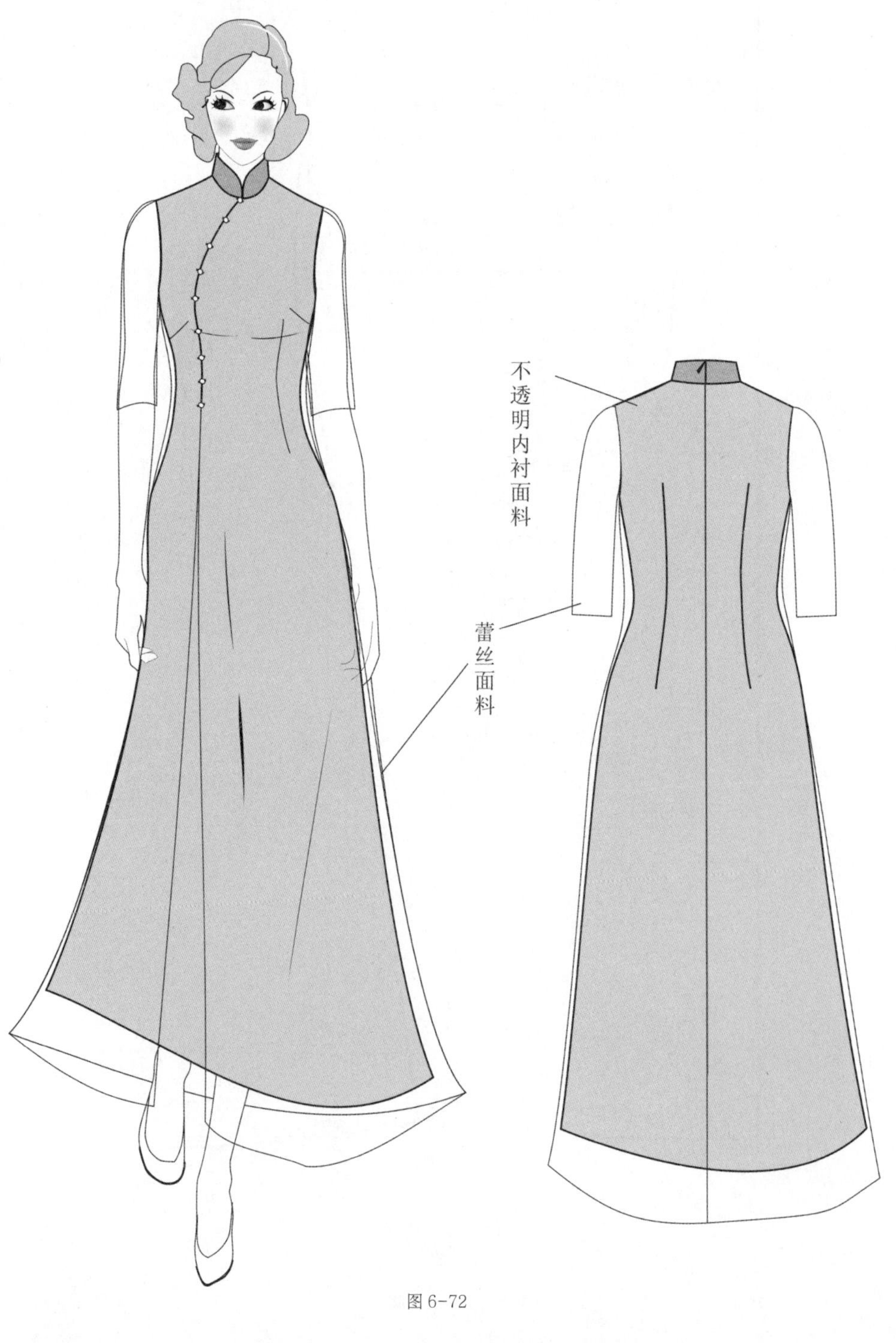


图 6-72

**（四）结构制图**

内层结构参考本章第一节经典旗袍作图方法，但在作下摆结构时按 A 字裙结构作下摆，如图 6-73 所示。

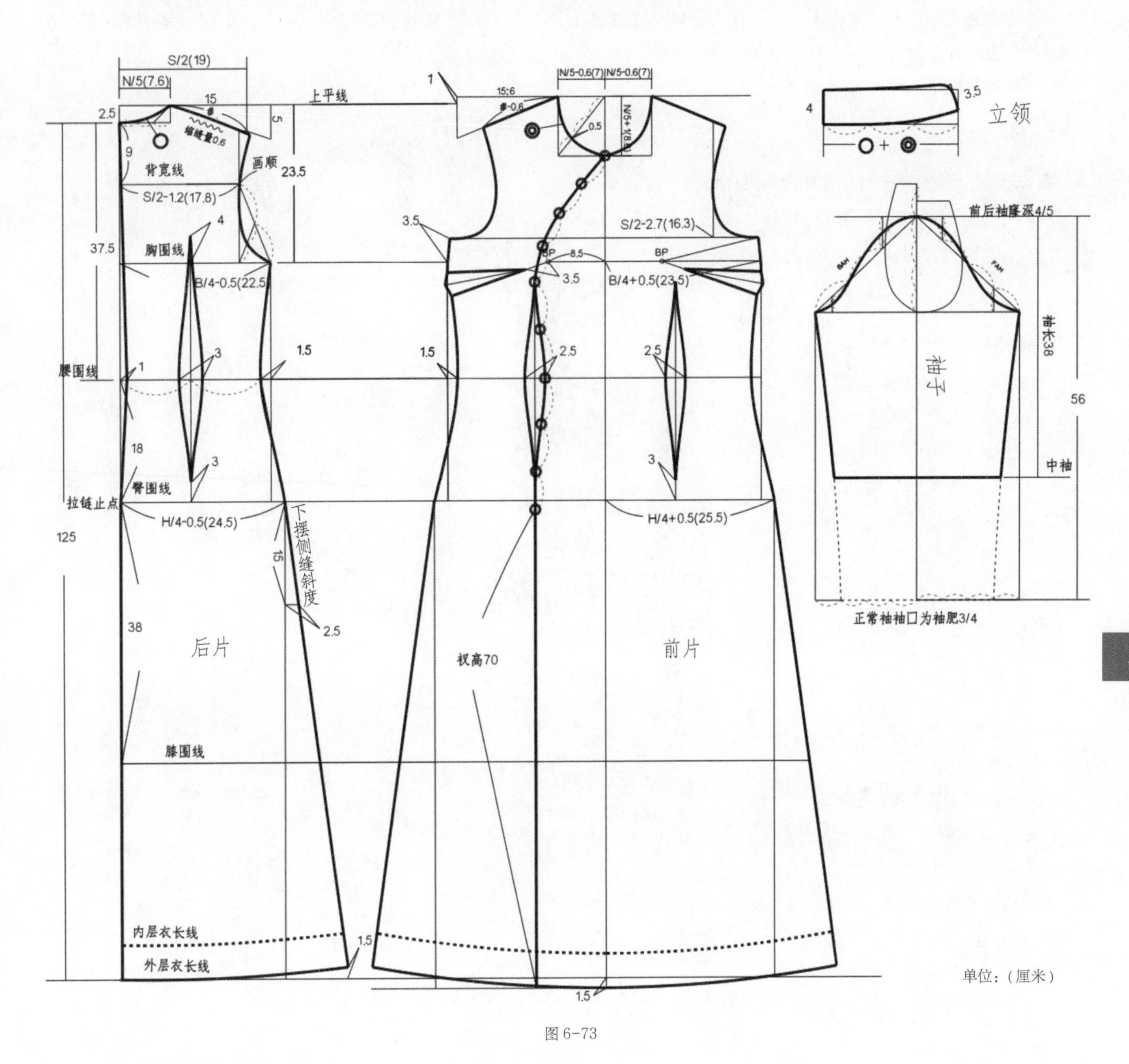


图 6-73

## 六、旗袍式上衣下裙套装

### （一）设计说明

上衣下裙套装，上衣与旗袍结构相似，衣长较短，至臀围线上，前片侧胸省，腰省，收腰设计，中式立领，右襟斜开至腋下，两侧缝开衩，连袖袖口撞色袖克夫。在领、袖、前襟、下摆、开衩口有镶边。

下裙为束腰橡筋大摆裙（图 6-74）。

### （二）面料

上衣面料：印花丝绸布料，质地稍厚、舒适透气；

下裙材料：单色面料，具有良好的透气性和悬垂性，穿着飘逸。

### （三）制图要点

1. 上衣结构。

（1）按 160/84（净胸围 B*=84，净腰围 W*=68，净臀围 H*=92）贴体风格设计尺寸。

（2）衣长：按后中长 58 厘米。

（3）背长：按人体原型 37.5 厘米。

（4）胸围：加放 8 厘米，因为后腰省穿越后胸围产生省道损失量约 1 厘米，故制图时胸围 B=B*+8（松量）+2（省损量）=94 厘米，成品胸围为 92 厘米。

（5）腰围：加放 8 厘米，W=W*+6=76 厘米。

（6）臀围：臀围放松量 8 厘米，H=H*+8=100 厘米。

（7）袖子为连袖结构，袖长自后中心线至袖口取 53 厘米，袖口克夫长 26 厘米，克夫高 3 厘米。

（8）领围：领围按 N=38 厘米。

（9）领高：后领高 4 厘米，前领高 3.5 厘米。

（10）肩宽：S=38 厘米。

（11）袖窿深：前袖窿深 26 厘米。

2. 下裙结构。

（1）按均码尺寸设计制图。

（2）裙长：按后中长 78 厘米。

（3）腰口束橡筋，束橡筋前腰围 108 厘米，束橡筋后腰围 60 厘米。

图 6-74

### （四）上衣结构制图

上衣结构为较合体型连身袖，衣身结构可参考旗袍的结构设计。

连身袖：连身袖是衣片与衣身连为一体的袖型，相对于圆装袖来说，比较宽松。连身袖有多种形式，传统旗袍的连身袖不设肩缝，上平线几乎处于水平状态，也有的连身袖将肩缝线延长作成连身袖。

本例中的连身袖，袖中线呈一定的弯曲状，在人体肩线的延长线上向下倾斜 10：2 作袖中线（图 6-75）。

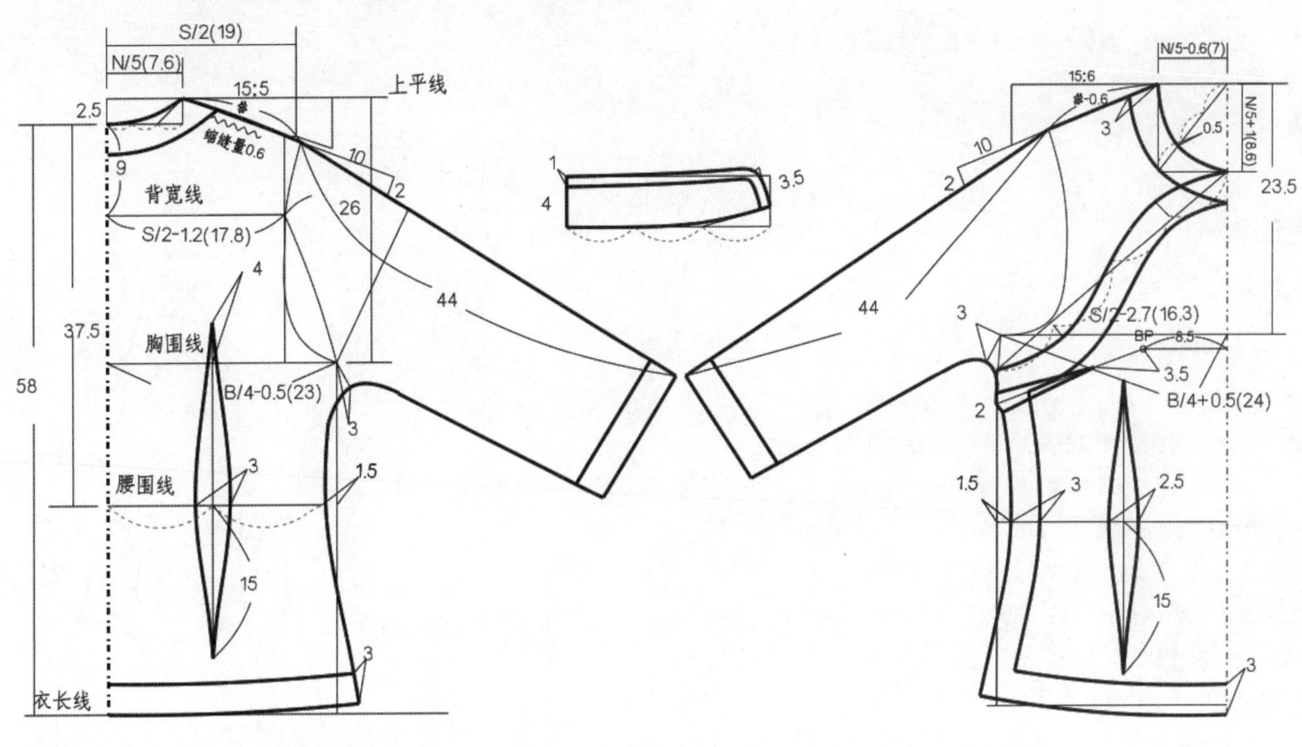


图 6-75

### （五）束腰裙结构制图

扇形面料在腰围处束橡筋可形成有抽褶效果的喇叭裙，多采用轻薄面料构成，裙摆呈弧线型（图 6-76）。

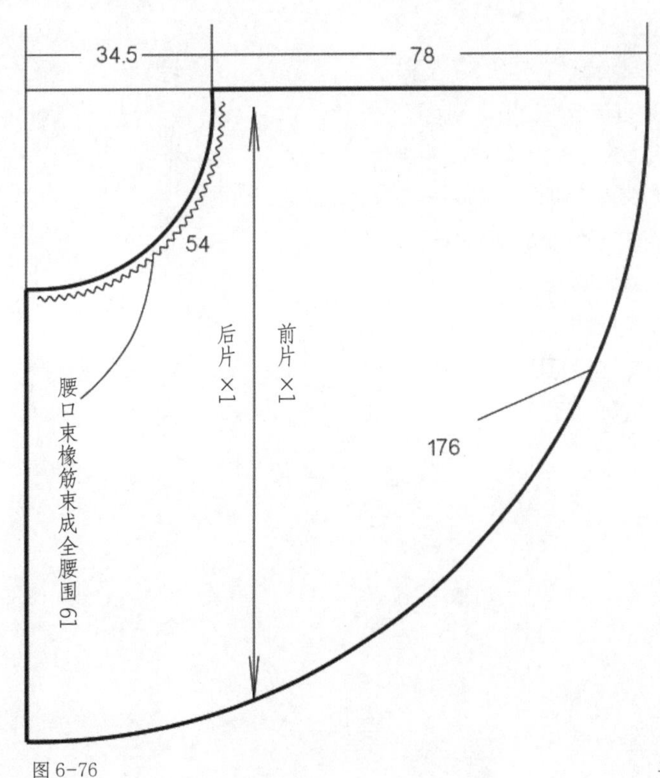


图 6-76

单位：（厘米）

# 第三节 礼服旗袍结构设计

## 一、露肩晚礼服旗袍

### (一) 设计说明

非常贴体的西式露肩晚礼服旗袍。

衣长至脚背，露肩，前片胸腰省，腰省，收腰设计，中式立领，前门襟中心水滴形设计，便于套头和装饰性设计，侧缝装拉链，两侧缝开衩(图 6-77)。

### (二) 面料

面料多为丝绸、织锦缎等。

### (三) 制图要点

1. 按 160/84A(净胸围 B*=84，净腰围 W*=68，净臀围 H*=92) 贴体风格设计尺寸。

2. 衣长:按衣长至脚面，长度取 135 厘米。

3. 背长：按人体原型 37.5 厘米。

4. 胸围：加放 2 厘米，因为后腰省穿越后胸围产生省道损失量约 1 厘米，故制图时胸围 B=B*+(补正文胸 2) +2(松量) +2(省损量) =90 厘米，成品胸围为 88 厘米。

5. 腰围：加放 2 ~ 3 厘米，W=W*+2=70 厘米。

6. 臀围：臀围放松量 2 ~ 3 厘米，H=H*+2=94 厘米。

7. 领围和水滴设计：领围按 38 厘米，水滴形设计时深度可接近胸围线，水滴形周长加上领围总长大于头围尺寸 56 厘米。

8. 领高：后领高 6 厘米，前领高 5 厘米。

9. 袖窿深：在原型袖窿深的基础上，抬高 2 厘米，避免露腋窝。

10. 侧缝开衩：臀围线下 15 厘米左右。

11. 下摆：按人体膝围处相对臀宽线收进 2.5 ~ 3 厘米，画顺侧缝下摆。

图 6-77

**（四）结构制图（图 6–78）**

在旗袍原型的基础上进行结构设计，结构要点：

1. 本款式为无袖结构，袖窿深比有袖的结构抬高 1～2 厘米，以免露腋窝。
2. 领窝和水滴形设计要考虑造型美观和套头尺寸功能性需要。
3. 礼服旗袍较日常旗袍松量较小。

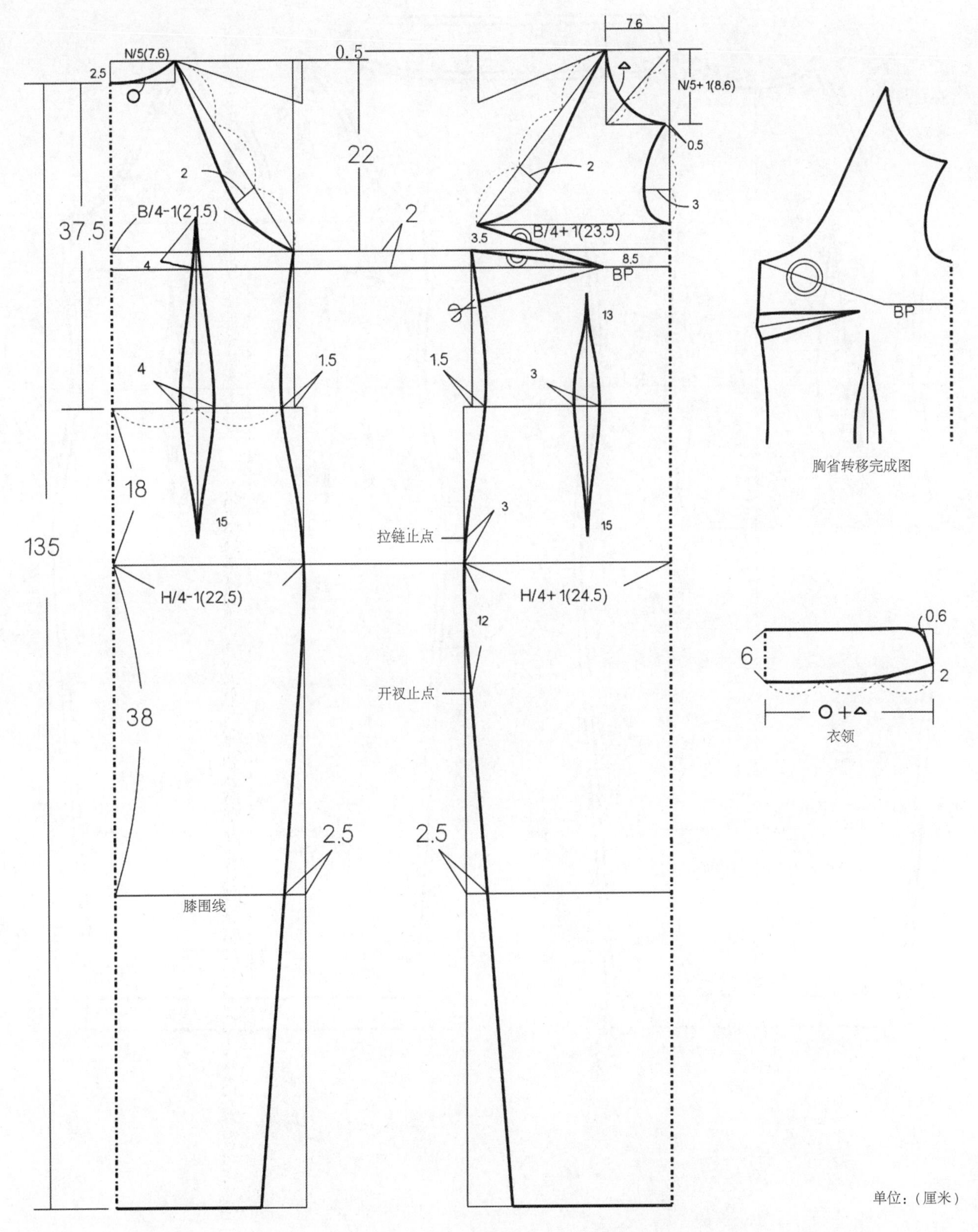


单位：（厘米）

图 6-78

（五）纸样制作（图 6–79）。

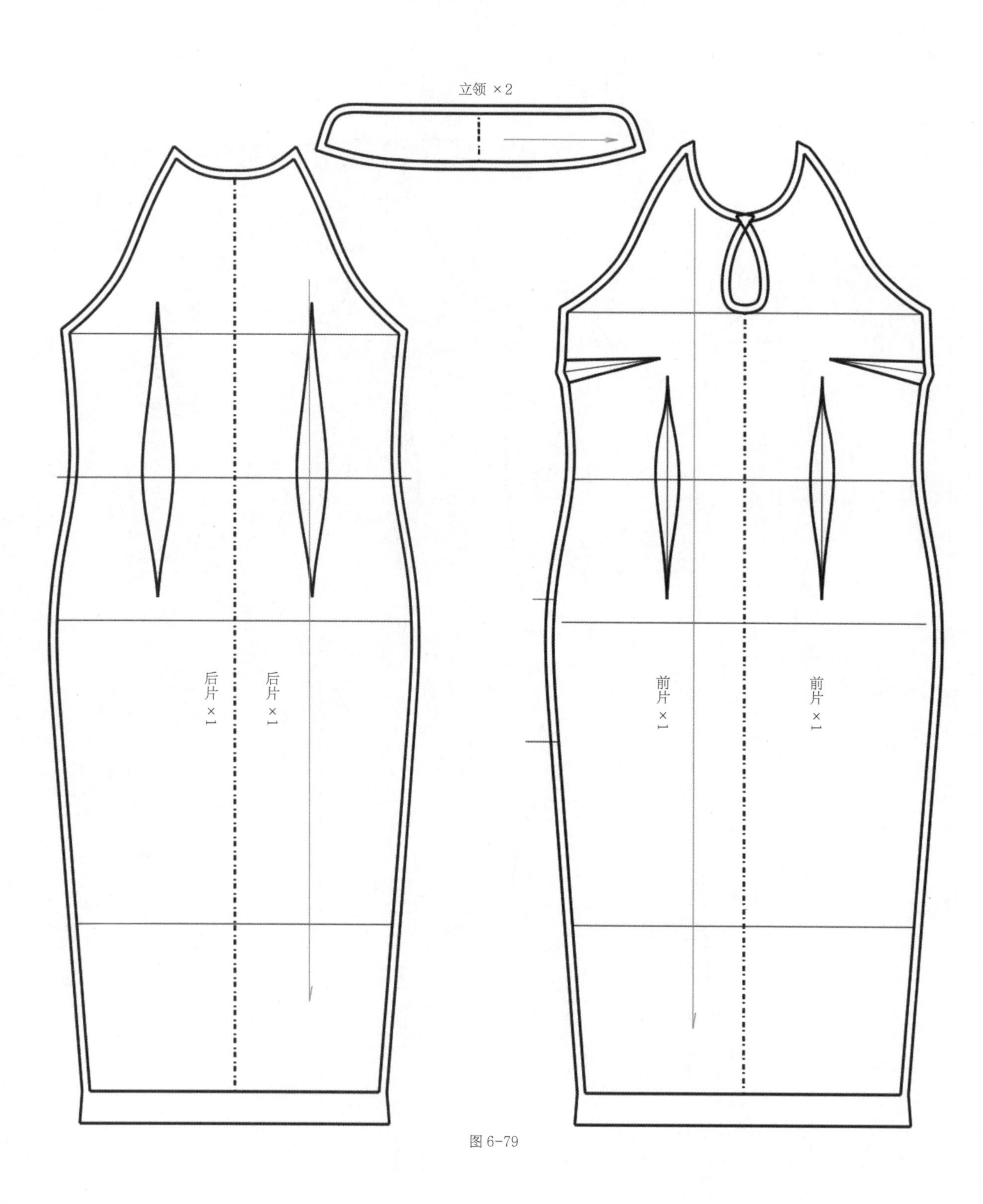


图 6–79

## 二、鱼尾蕾丝旗袍敬酒服

### （一）设计说明

修身贴体的中袖蕾丝布鱼尾旗袍。

外层为蕾丝布透明设计，裙长至膝，露肩，中袖、鱼尾部分为蕾丝单层面料，前后片为公主线弧形分割收腰设计，中式立领，后中装拉链（图 6-80）。

### （二）面料

内层衣身为丝绸、织锦缎，厚实、不透明；

外层露肩，中袖、鱼尾部分为蕾丝面料，透明，富有装饰性。

### （三）制图要点

1. 按 160/84A（净胸围 B*=84，净腰围 W*=68，净臀围 H *=92）贴体风格设计尺寸。

2. 后中衣长 100 厘米。

3. 背长：按人体原型 37.5 厘米。

4. 胸围：加放 2～3 厘米，因为后腰省穿越后胸围产生省道损失量约 1 厘米，故制图时胸围 B=B*+（补正文胸 2）+2（松量）+2（省损量）=90 厘米，成品胸围为 88 厘米。

5. 腰围：加放 2～3 厘米，W=W*+2=70 厘米。

6. 臀围：臀围放松量 2～3 厘米，H=H*+2=94 厘米。

7. 领围：按 38 厘米。

8. 领高：后领高 5 厘米，前领高 4.5 厘米。

9. 袖窿深：蕾丝面料弹性结构，袖子较贴体，按原型袖窿深提高 1 厘米。

10. 后中装隐形拉链至臀围线。

11. 鱼尾下摆：扇形结构，长度 18 厘米。

12. 中袖：袖长取 36 厘米，蕾丝面料袖子，袖口宽 25 厘米。

13. 肩宽：S=38 厘米。

图 6-80

（四）结构制图

按旗袍原型将内外层结构底图绘制在一起（图 6-81）。

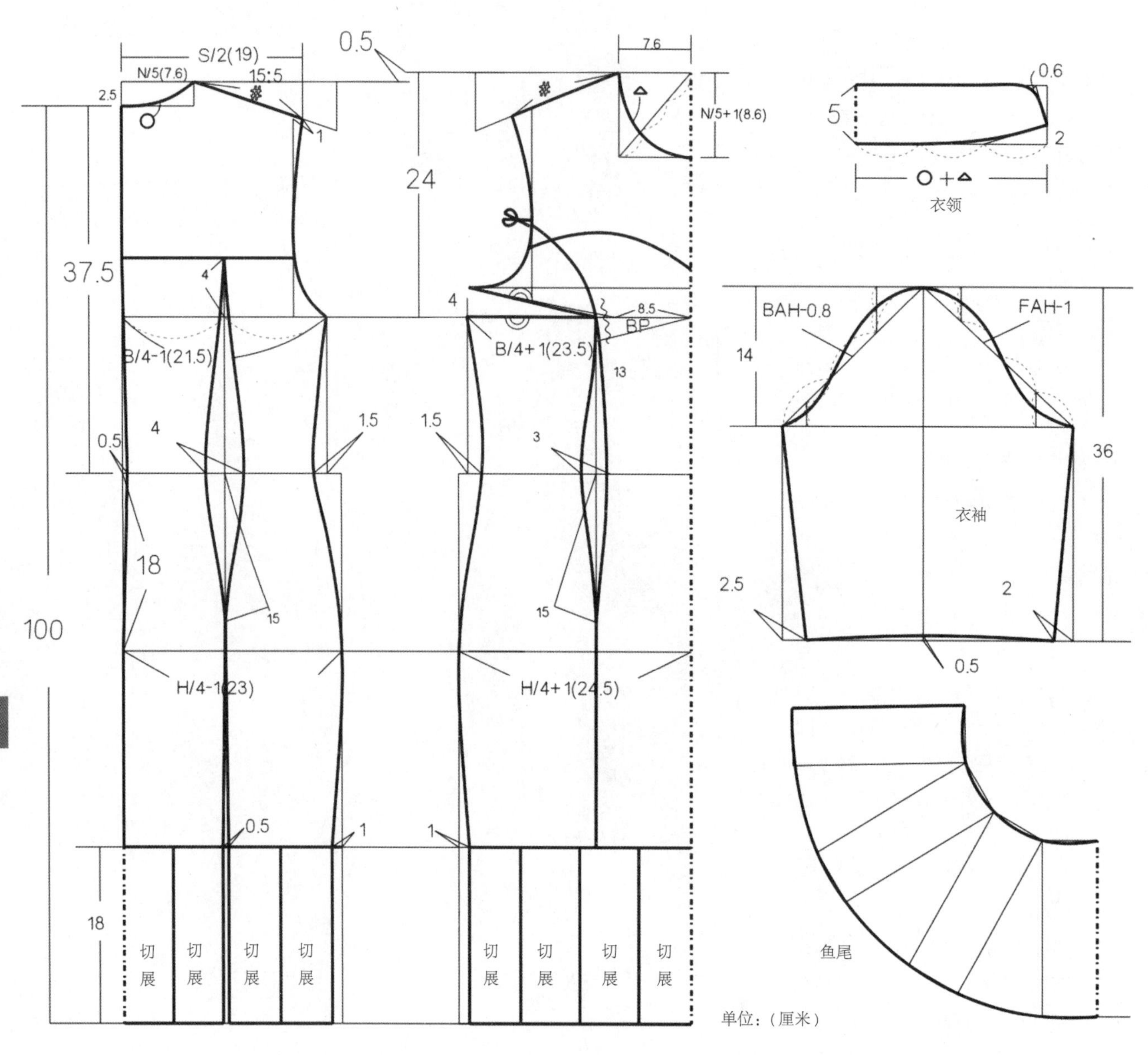

图 6-81

## （五）纸样制作

1. 前片胸省转移与裁片分割。

将前片胸省转移至公主分割线，按款式将各衣片分割开来（图 6-82）。

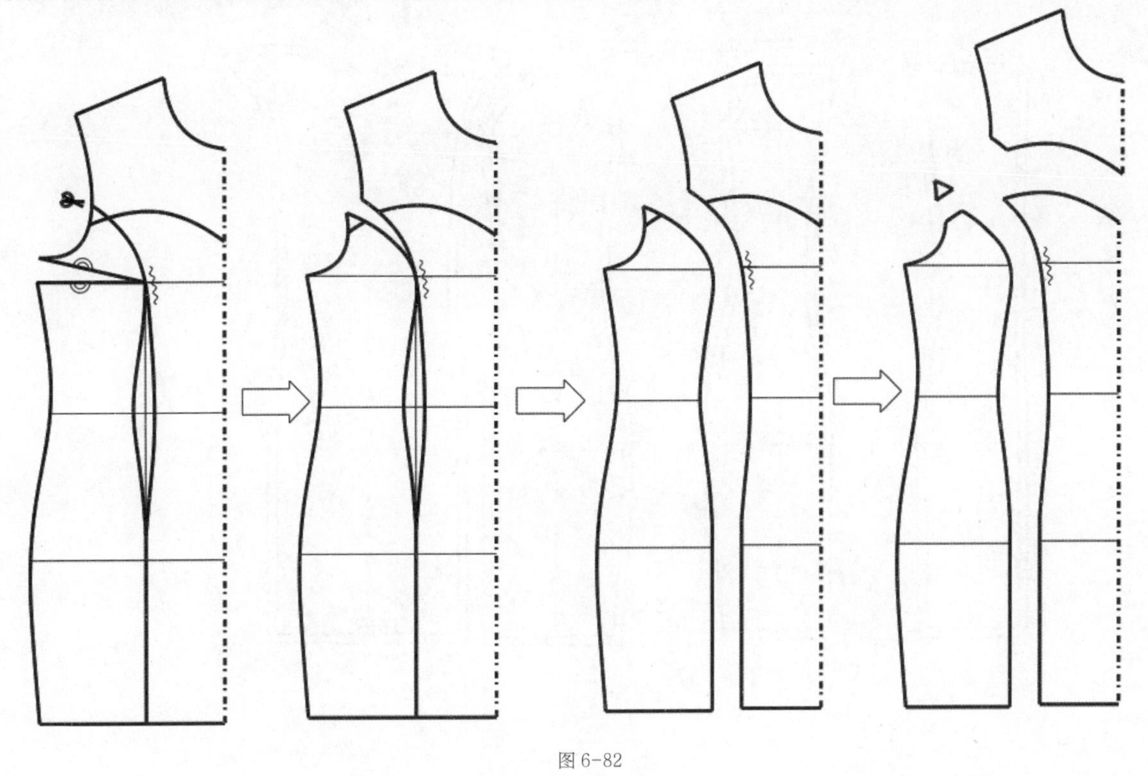

图 6-82



2. 后片裁片分割。

按款式将后衣片分割开来（图 6-83）。

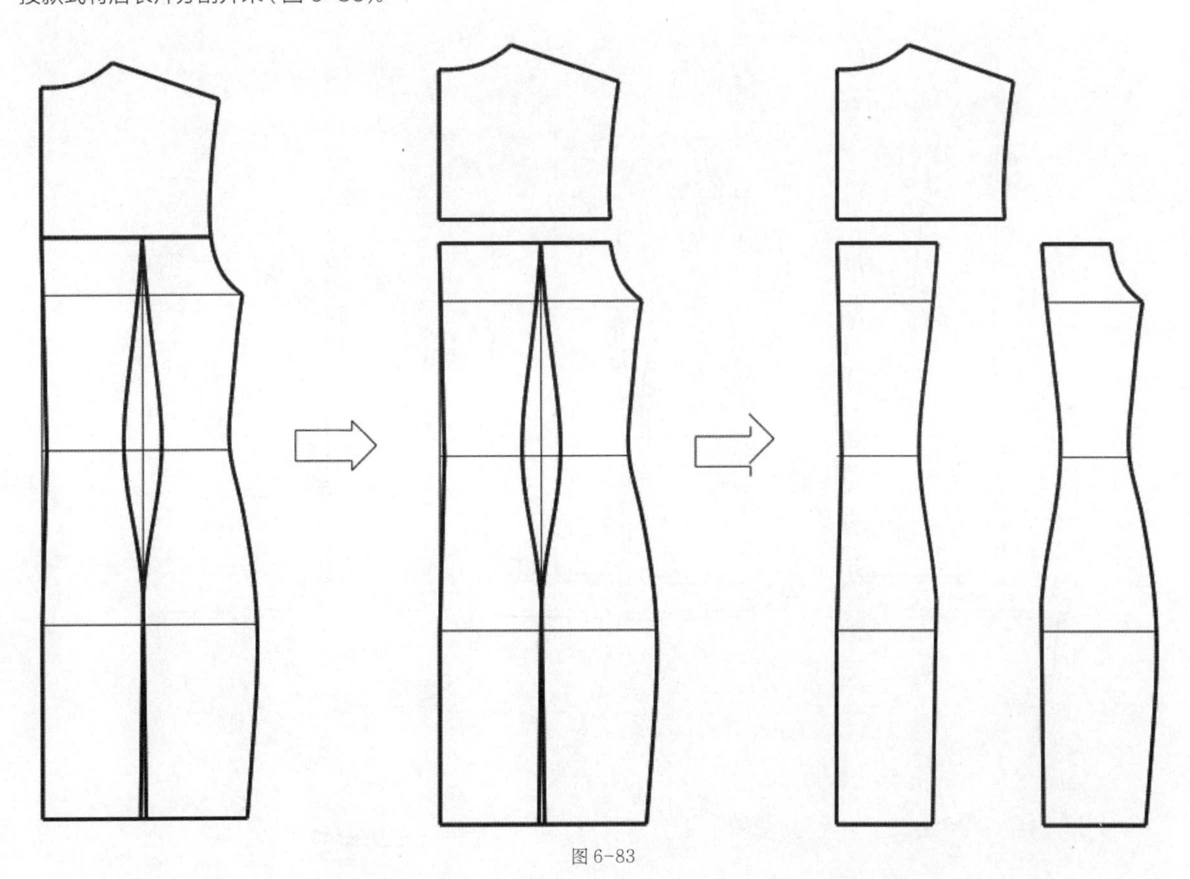

图 6-83

3. 衣身不透明部分面料纸样放缝份(图 6-84)。

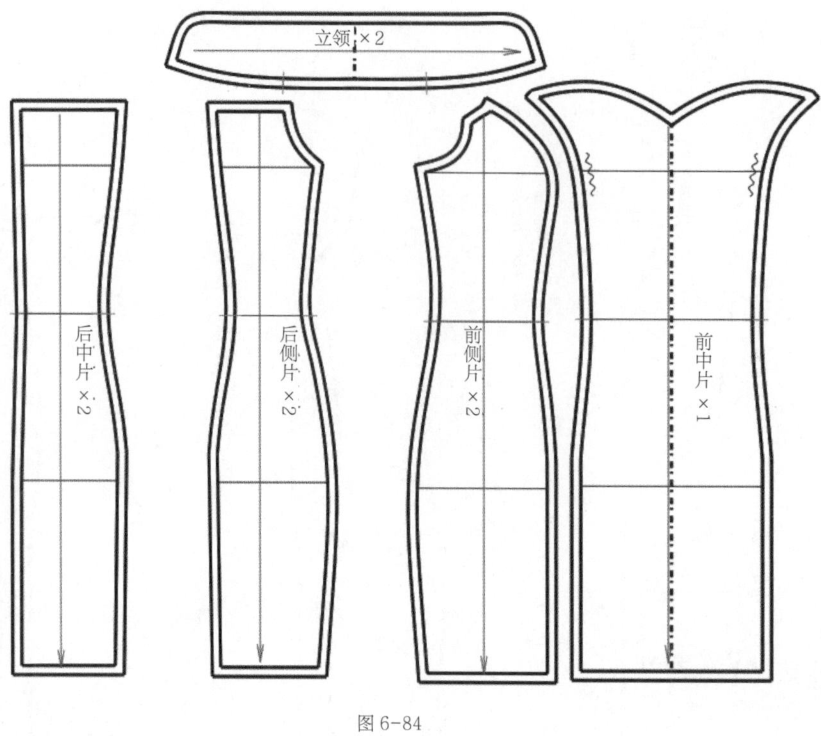


图 6-84



4. 蕾丝面料部分纸样放缝份(图 6-85)。

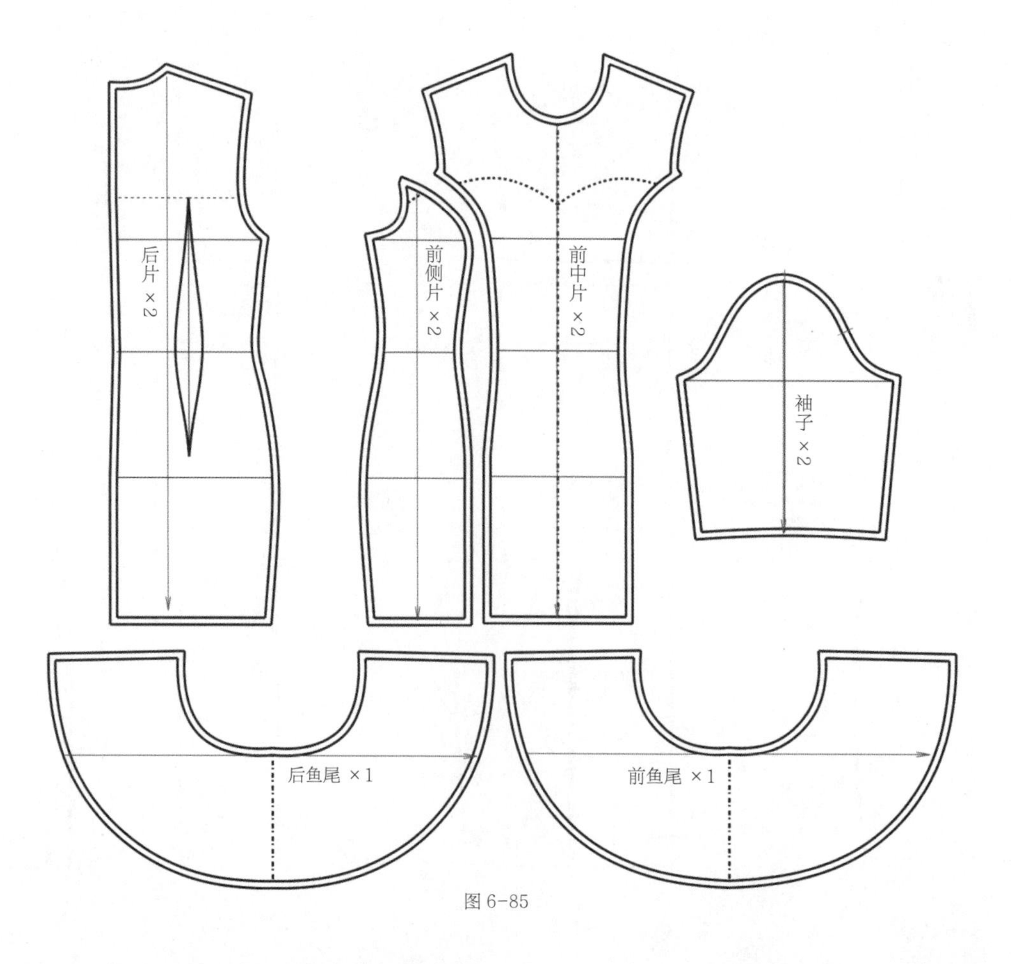


图 6-85

## 三、长款晚礼服旗袍

### （一）设计说明

精美绣花、舒适面料、后背拉链修身贴体的长款晚礼服旗袍。裙长至脚面，中式立领，后中装拉链。七分袖。适用场合：婚礼、成人礼、聚会、公司年会、表演等（图 6-86）。

### （二）面料

面料多为网纱面料，半透明，面料上有装饰性绣花。

### （三）制图要点

1. 按 160/84A（净胸围 B*=84，净腰围 W*=68）贴体风格设计尺寸制图。

2. 后中衣长 130 厘米。

3. 背长：按人体原型 37.5 厘米。

4. 胸围：加放 2 ~ 3 厘米，因为后腰省穿越后胸围产生省道损失量约 1 厘米，故制图时胸围 B=B*+（补正文胸 2）+2（松量）+2（省损量）=90 厘米，成品胸围为 88 厘米。

5. 腰围：加放 2 ~ 3 厘米，W=W*+2=70 厘米。

6. 领围：领围按 38 厘米。

7. 领高：后领高 5 厘米，前领高 4.5 厘米。

8. 袖窿深：蕾丝面料弹性结构，袖子较贴体，按原型袖窿深提高 1 厘米。

9. 后中装隐形拉链至臀围线。

10. 喇叭形下摆，摆围 600 厘米。

11. 中袖，袖长取 36 厘米，袖口接长 15 厘米喇叭。

12. 肩宽：S=38 厘米。

图 6-86

（四）结构制图（图 6-87）

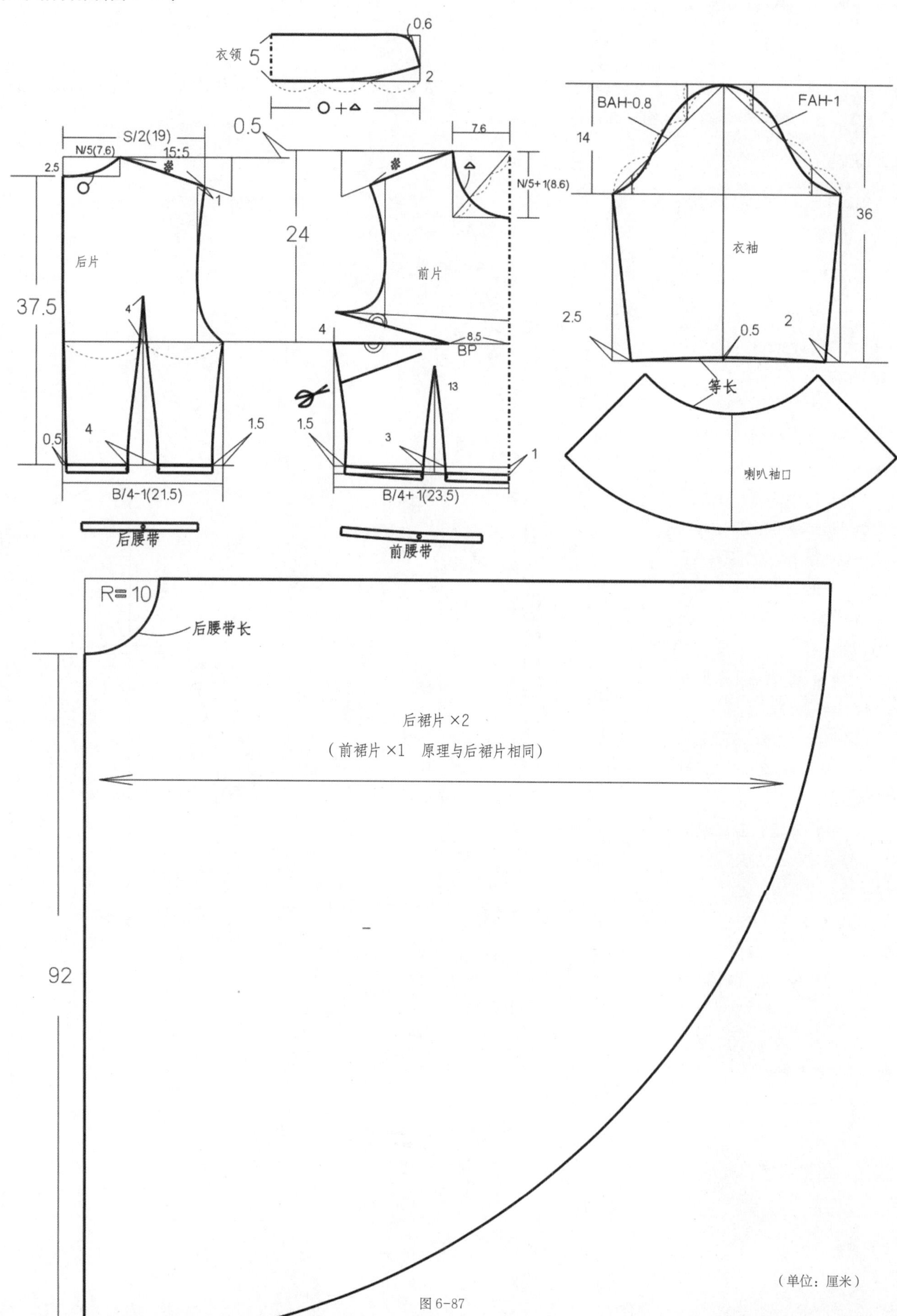


图 6-87

# 第七章

## 旗袍立体裁剪

现代旗袍为西式结构。

立体裁剪是西式结构最常用的方法。

旗袍立体裁剪

可以直接感知旗袍的穿着形态、

特征及松量等，

是平面裁剪所无法比拟的。

立体裁剪有以下优点：

1. 直观性
2. 简易性
3. 灵活性
4. 准确性

## 第一节 立体裁剪所用工具和材料

不包含纸样设计工具和材料

表 7-1

| 序号 | 名称 | 图例 | 用途 |
| --- | --- | --- | --- |
| 1 | 人台 | 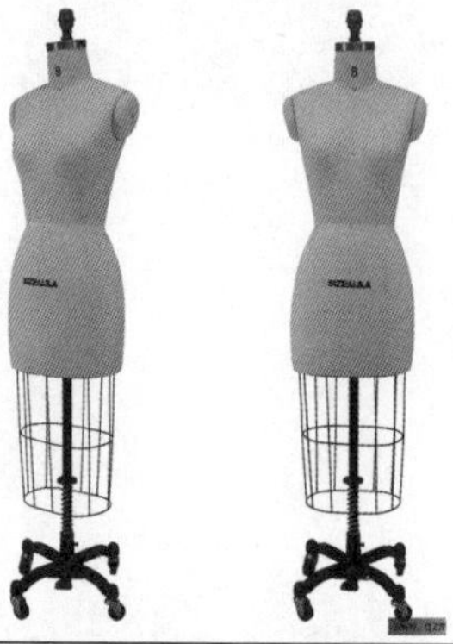 | 旗袍立体裁剪的载体 |
| 2 | 纯棉坯布 | | 平纹、纯棉、厚薄与试制面料相当，学生学习阶段也可用较便宜的代用布 |
| 3 | 压铁 | 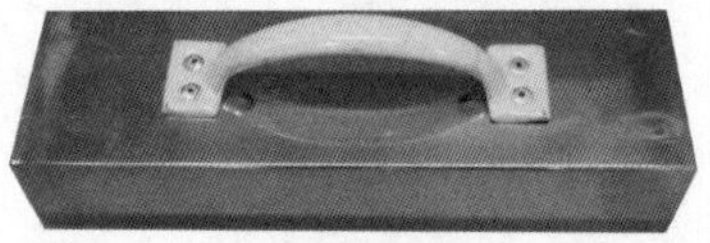 | 裁剪压服用 |
| 4 | 针插 | 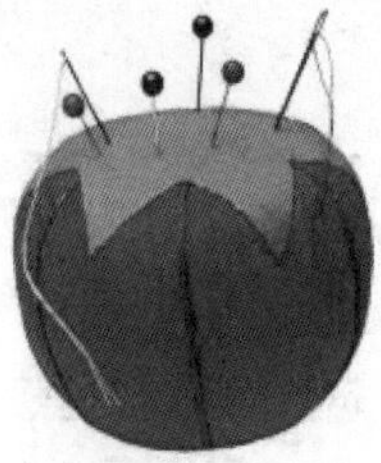 | 假缝用和手工缝制用 |
| 5 | 标记带 |  | 人台或样衣相关部位标记用 |

续表

| 6 | 锥子 | | 用来打孔、定位等 |
|---|---|---|---|
| 7 | 大头针 | | 假缝、别纸样和样布，最好选择无珠头、不锈钢较细大头针 |
| 8 | 缝纫机 | | 缝制样衣用 |
| 9 | 熨斗 | | 纱向归正，坯布缩水，烫平布面 |
| 10 | 胸垫 | | 补正人台胸部 |

# 第二节 人台的准备

## 一、基本标志线的贴法

人台上的标志线是立裁时的基础线。白坯布的丝缕线与记号线与这些标志线相吻合，才能保证立裁的正确性。另外，它也是立裁拓展成平面纸样后的基准线。

基本标志线包括以下部分：前中心线、后中心线、背宽线、胸宽线、胸围线、腰围线、腹围线、臀围线、肩缝线、侧缝线、领围线、袖窿线等 12 种（图 7-1）。

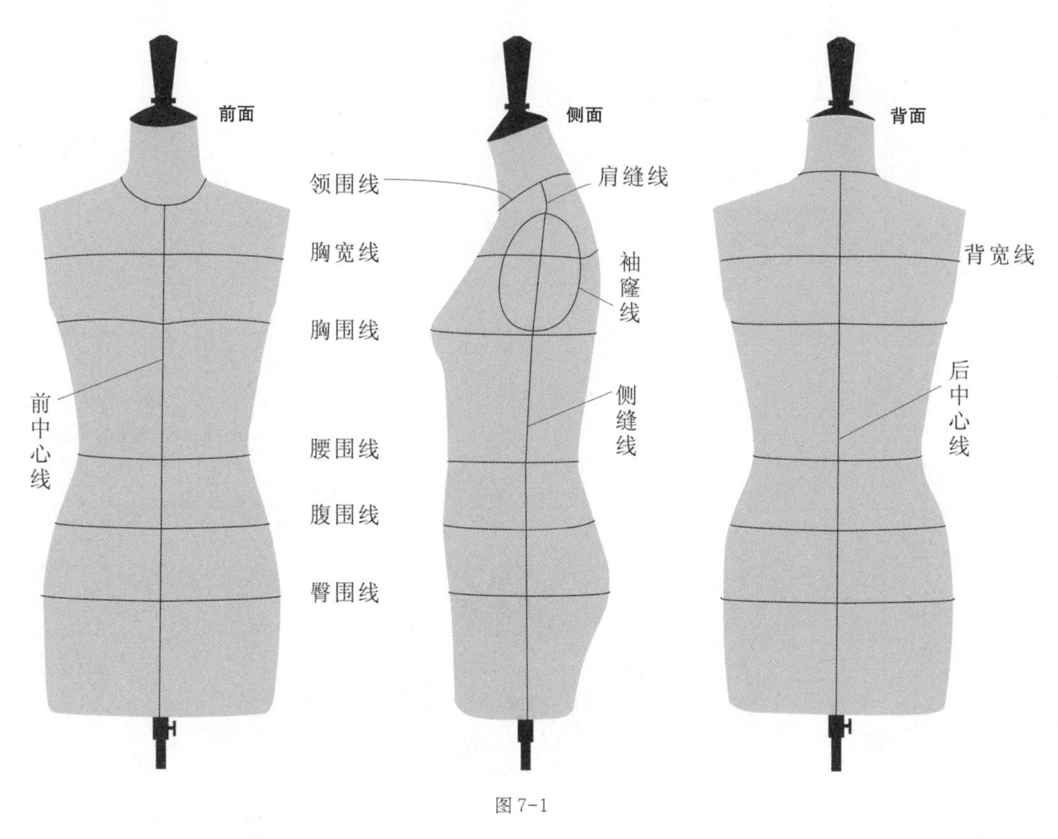


图 7-1



## 二、按旗袍款式在人台上贴款式线

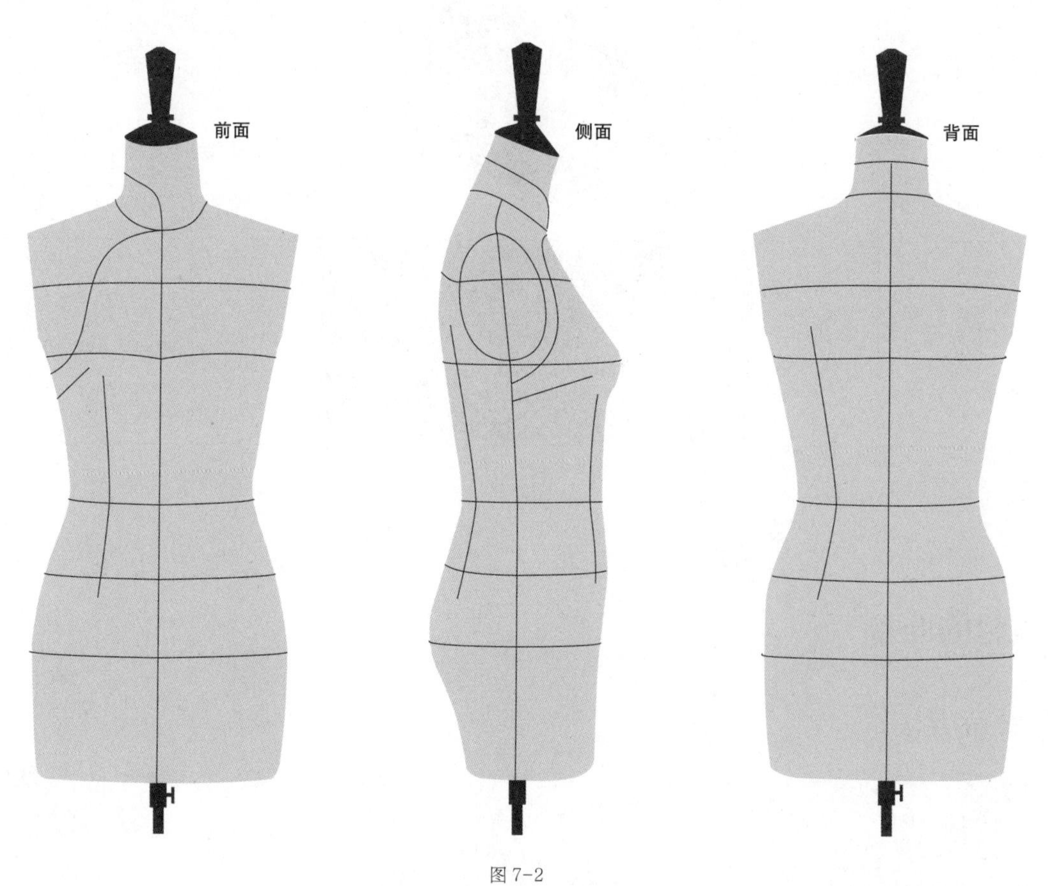


图 7-2

# 第三节 旗袍基本款立体裁剪

## 一、款式分析（图 7–3）

衣身：连腰型 X 形造型，长度至膝下 20 厘米中长旗袍，左右侧开衩，前片有侧胸省，前后胸腰腹省，左大襟右小襟设计；

衣领：合体型基本立领；

衣袖：七分袖。

图 7–3

## 二、人台的准备

人台的补正：根据旗袍的着装特征，对人台进行文胸补正，在人台胸部用胸垫进行补正，并在前胸至腰围间用白坯布将前中凹进部分补正。

在贴有基本标志线（前后中心线、腰围线、腹围线、臀围线、侧缝线）的人台上再贴出立领轮廓线、胸省线、前后腰省道分布线（图 7-4）。

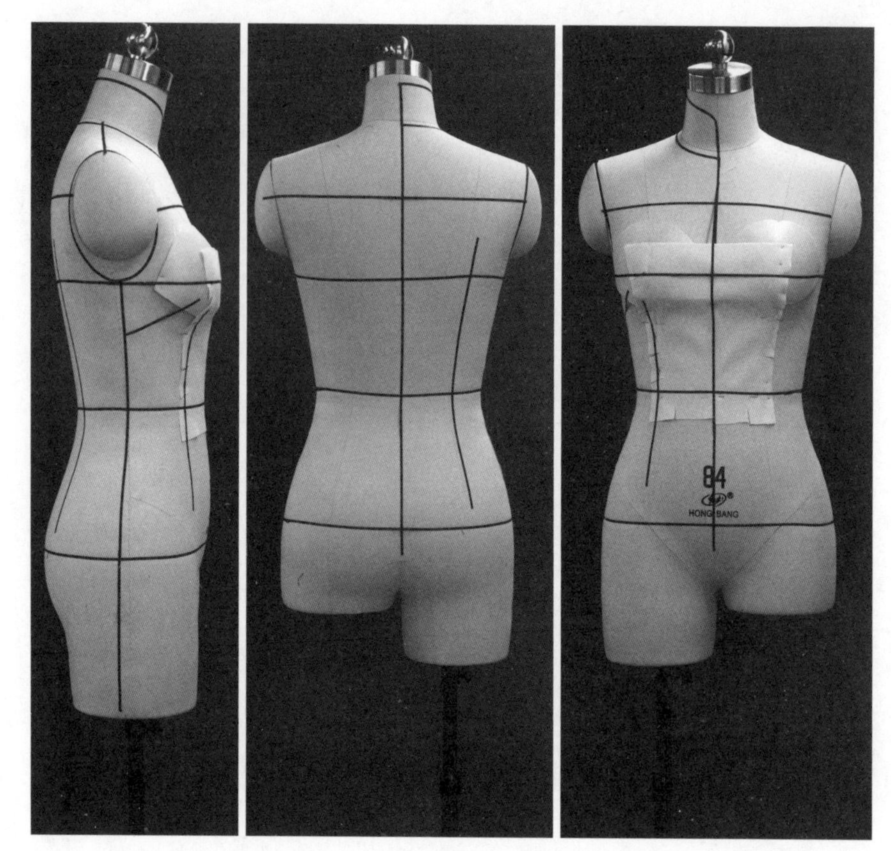

图 7-4

## 三、坯布准备

旗袍的前片左右不对称，考虑到前片右斜襟的分割线远离胸点，立裁时先不做分割，左右对称立体造型完毕后，再在做纸样时分离前片为不对称结构。

1. 坯布的量取方法。

经纱方向用量：上下各增加 5 厘米的立体造型量。

纬纱方向用量：前片、后片在臀围（最宽处）每边各增加 5 厘米的立体造型量，前中心线放出 10 厘米，后中心线放出 5 厘米。

2. 坯布画线（图 7-5）。

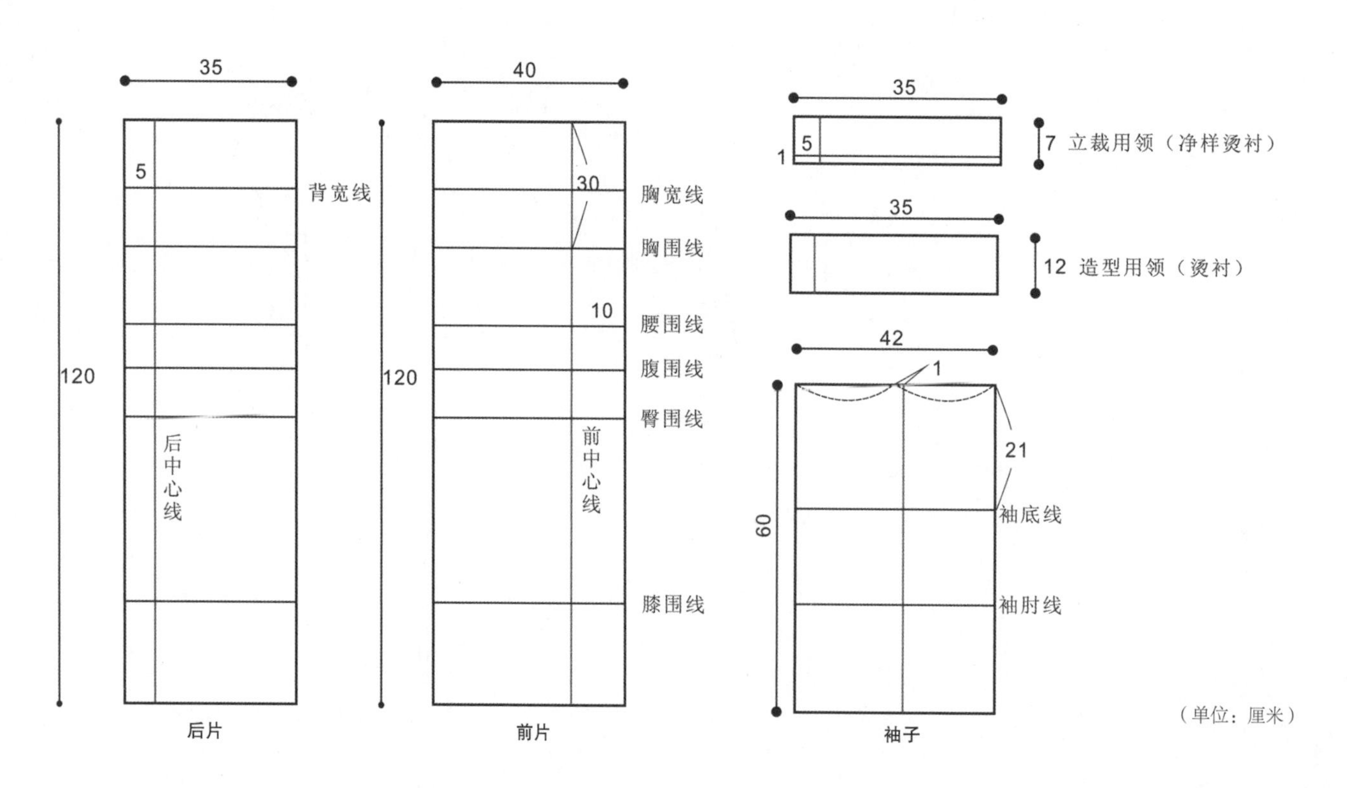


图 7-5

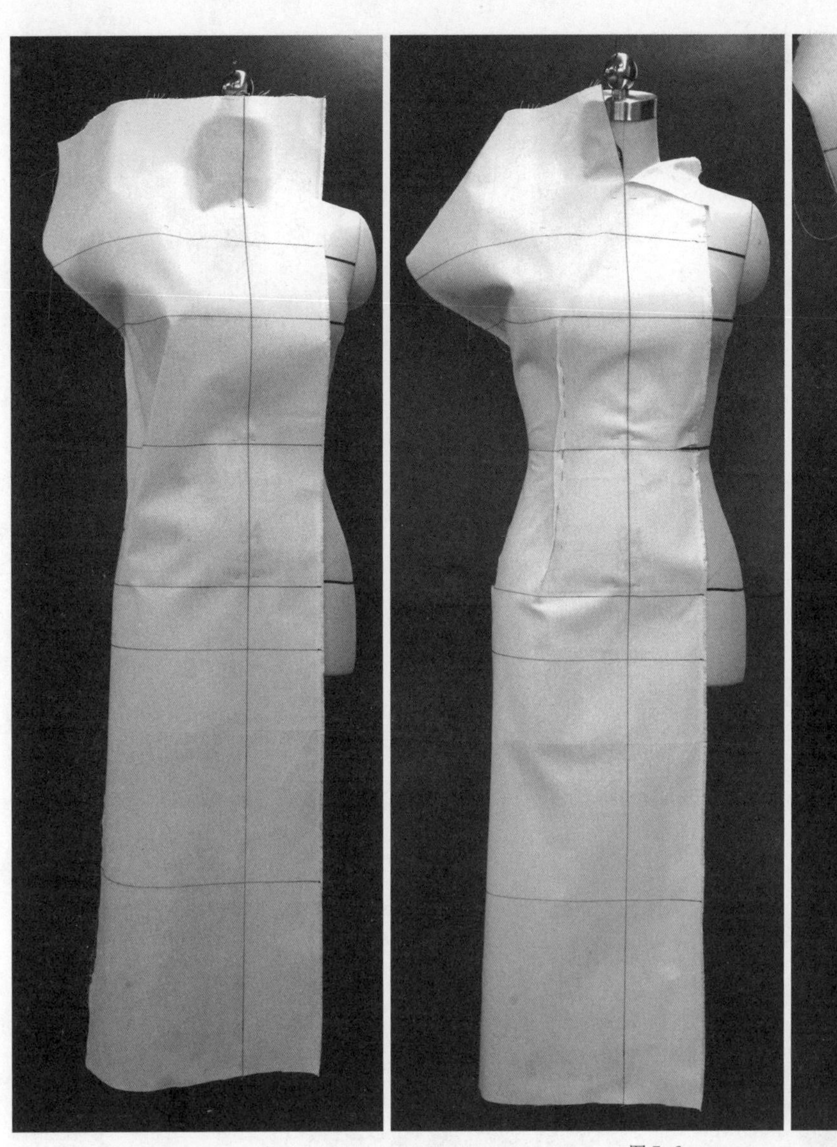
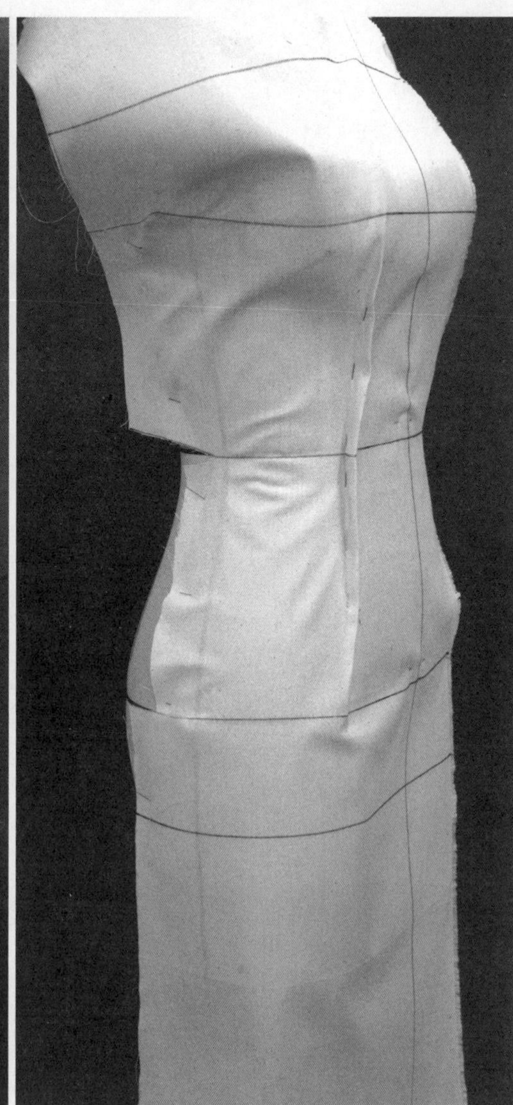

图 7-6



## 四、坯布立体造型

### （一）前片立裁

1. 取前片坯布样，将坯布样的前中心线对齐人台前中心线，横向上坯布的臀围线与人台上的臀围线对齐；用固定针法将前中心线固定，将前中心线领口上剪开，并按人台上贴线抓捏出腰省，用大头针别住；在侧缝上臀围和腰围处对齐相应的横向线打开剪口，用手抚平布料（图 7-6）。

2. 用手抚平前领口布料并在前领窝上打剪口，按前袖窿贴线留适当松量，留缝份并打剪口；在腋下按贴线位置捏出胸省，胸省腰围处打开剪口，整体观察全面造型并调整；臀围线以下暂按侧缝直身结构用大头针别好固定（图 7-7）。

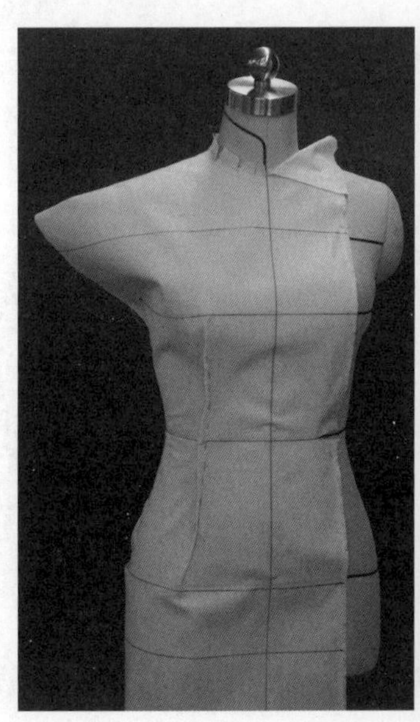
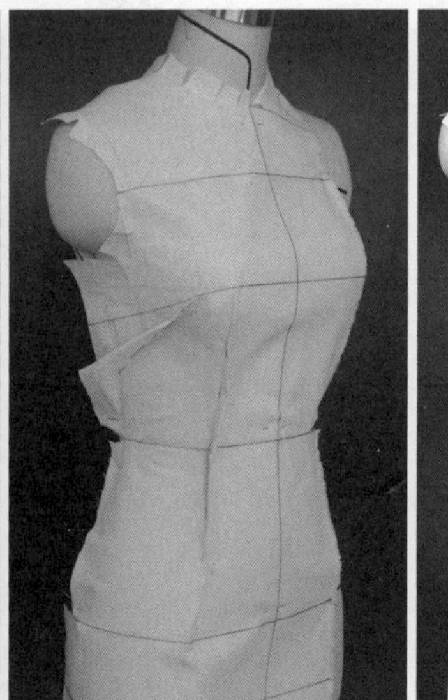
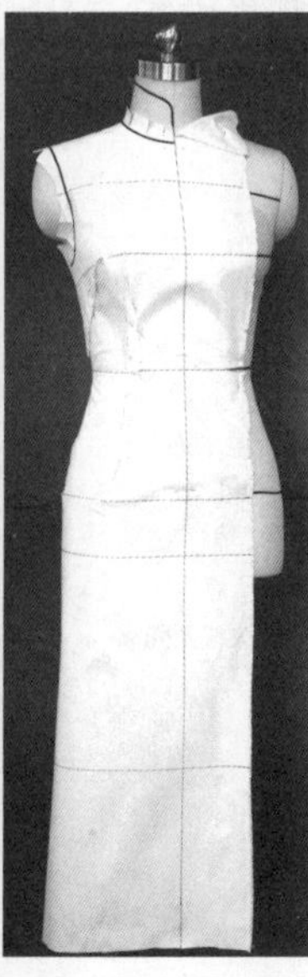

图 7-7

## （二）后片立裁

1. 取后片坯布样，将坯布样的后中心线对齐人台后中心线，横向上坯布臀围线与人台上的臀围线对齐；用固定针法将后中心线固定，并按人台上贴线抓捏出腰省，用大头针别住；在侧缝上臀围和腰围处对齐横向线打开剪口，用手抚平布料（图 7-8）。

2. 背宽线保持水平，按后袖窿贴线留适当松量，留缝份并打剪口；用手抚平前领口布料并在后领窝上打剪口，后肩缝折叠至前肩线上，留一定的缩缝量；在后袖窿保持适当松量，用大头针别好固定（图 7-9）。

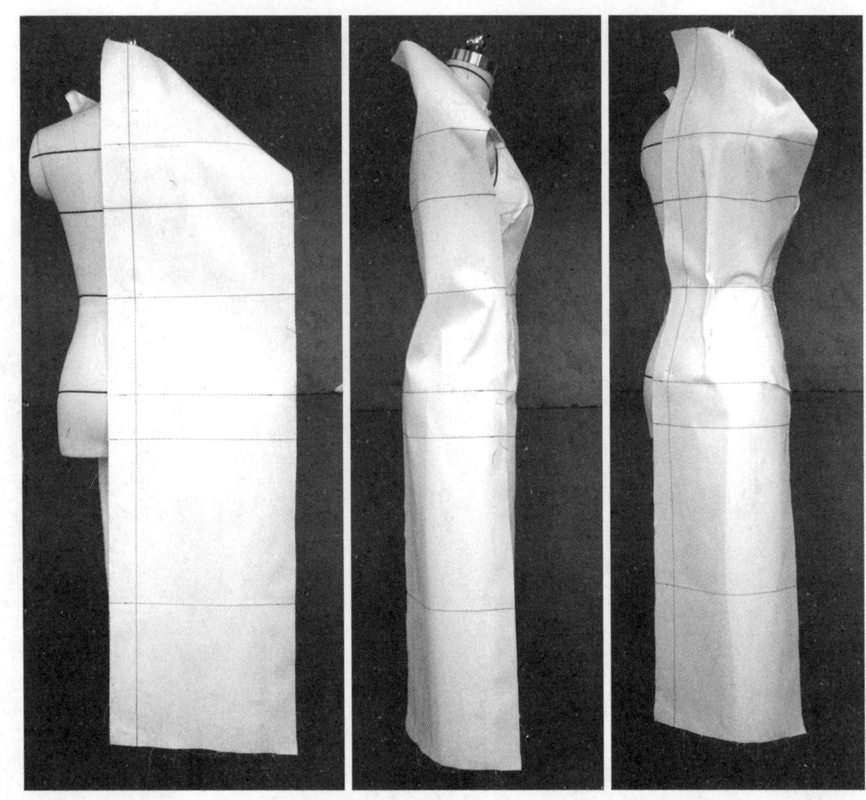

图 7-8



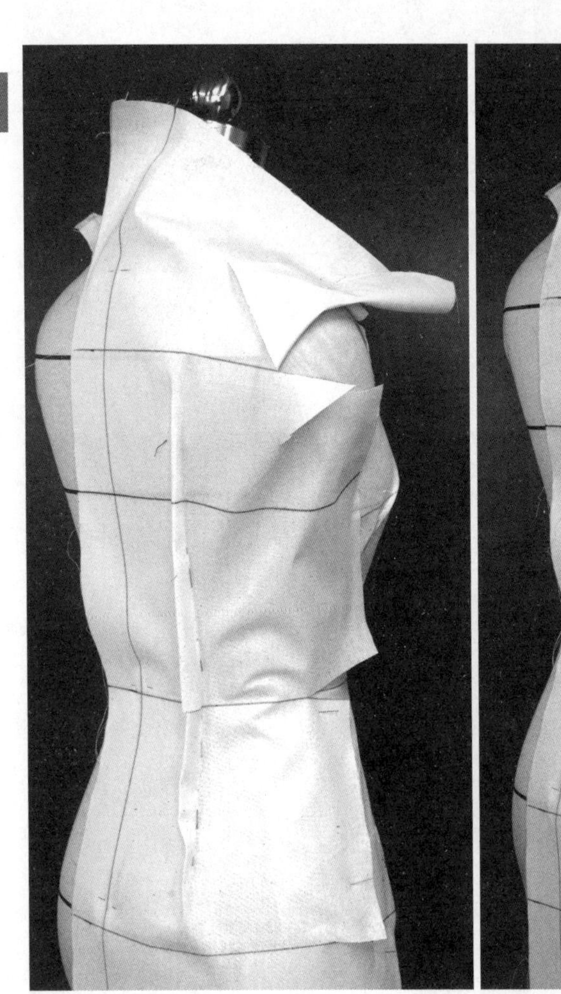

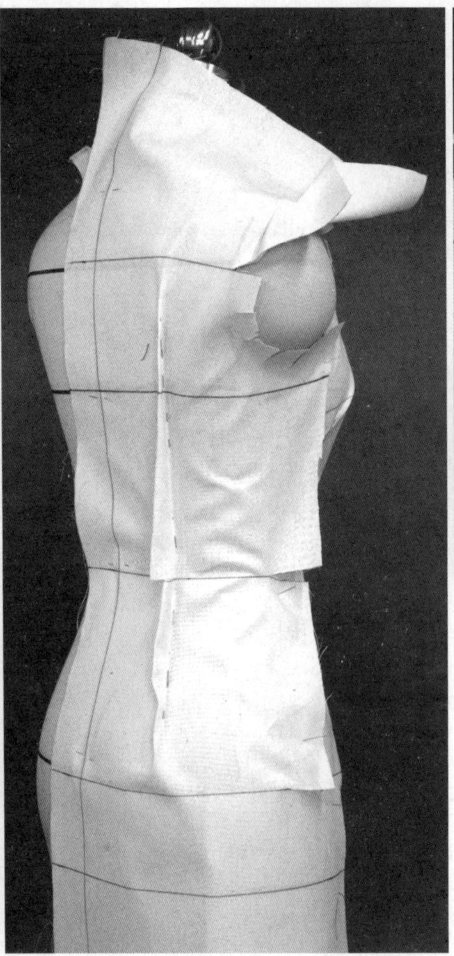

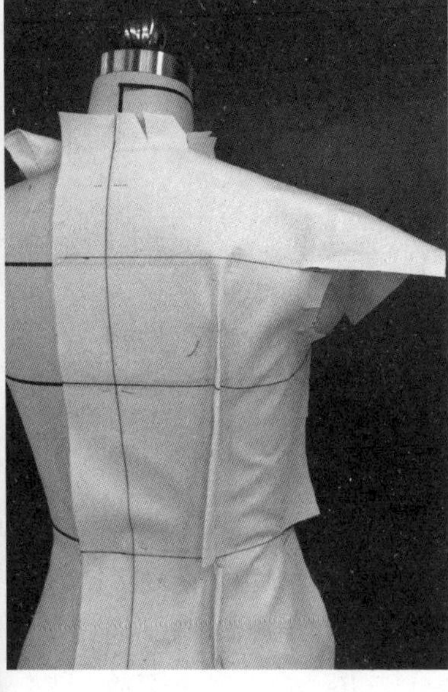

图 7-9

3. 用手抚平后背坯布，按后袖窿贴线留适当松量，留缝份并打剪口；在臀围、腰围处打开剪口，用抓缝针法捏出侧缝线，观察整体造型并调整；臀围线以下暂按侧缝直身结构用大头针别好固定（图7-10）。

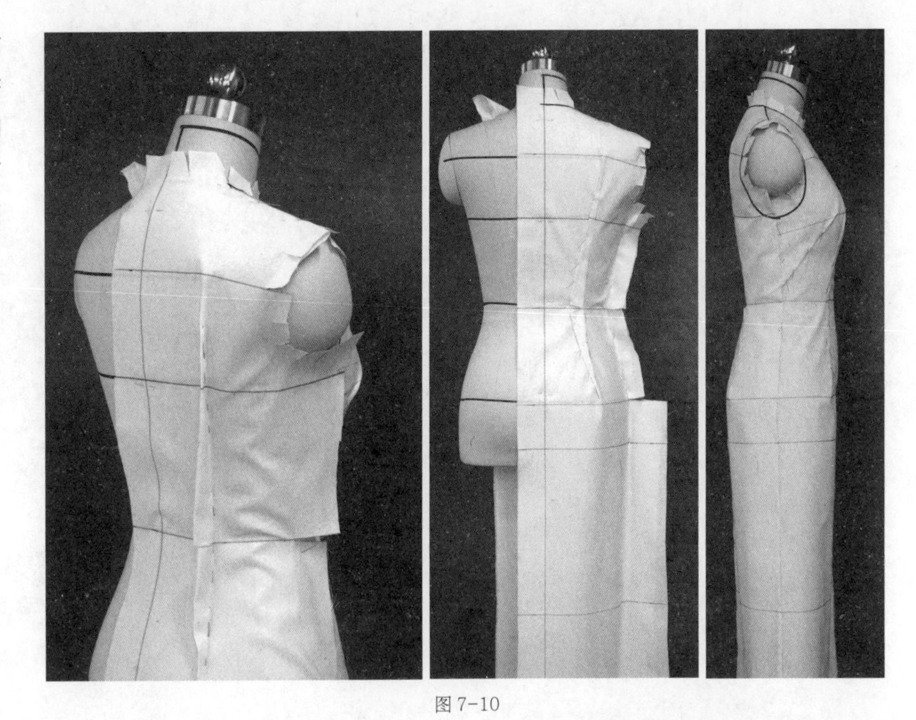

图 7-10

## （三）袖子立裁

1. 量取袖窿尺寸：观察袖窿的造型与尺寸并作适度调整，合体旗袍的袖窿长度约为胸围的二分之一略短，后袖窿长度略长于前袖窿长度，后背宽大于前胸宽。

2. 袖子画线：根据袖窿尺寸和造型，将袖子坯布样进行初步画样，袖长取 54 厘米，在此基础上作变短处理（图 7-11）。

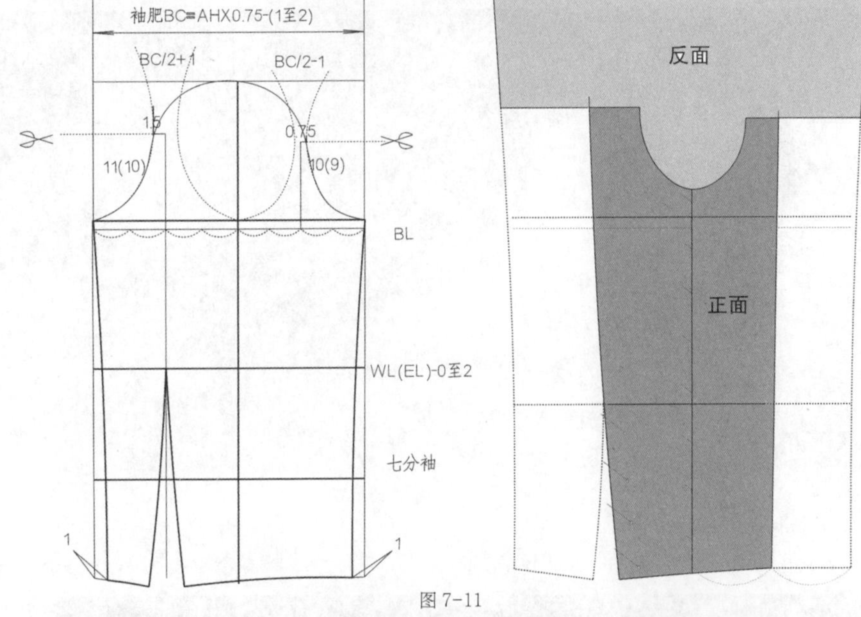


图 7-11

3. 将袖子袖底缝对齐衣身侧缝，袖子上的袖底线对齐衣身上的胸围线，用大头针别合在大身上，观察袖身造型，后袖上的装袖点对应后袖窿上的装袖点，在袖窿底部对应袖窿线将袖山底部弧线点影（图 7-12）。

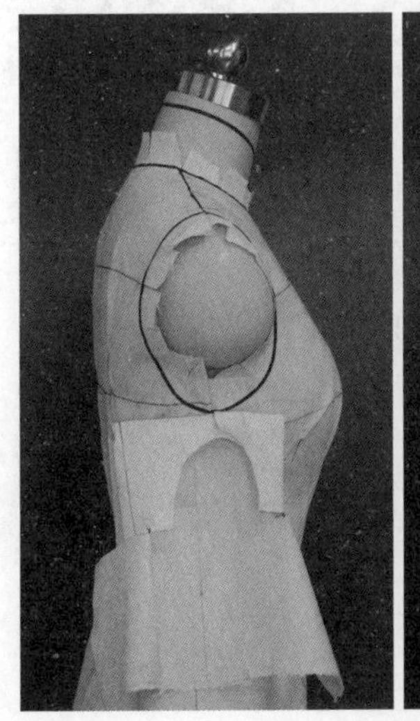
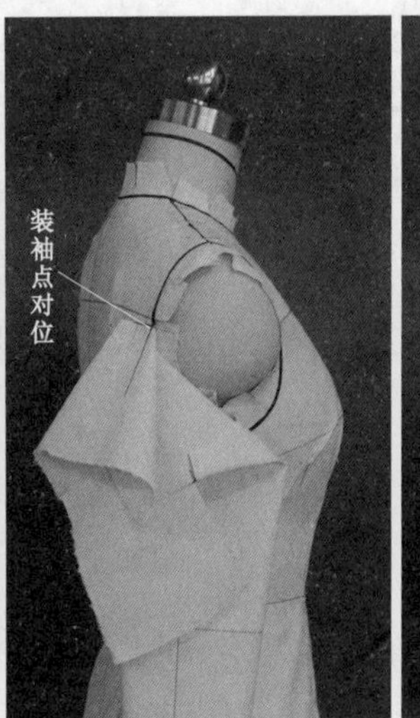

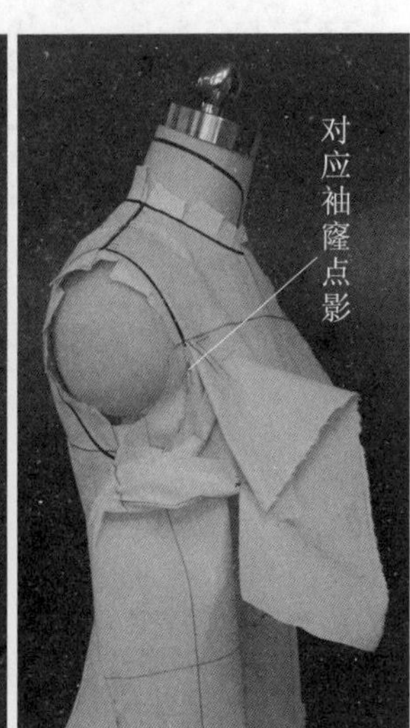


图 7-12

4. 袖山底部与袖窿底弧线相吻合装配后，整理袖山顶部造型，将袖山吃势合理分布，袖身向前趋势适当，用隐藏针法将袖子与大身装配好（图 7-13）。

**（四）领子立体裁剪**

1. 将烫好衬的领片下口留 1 厘米缝份，上口为净边的立体裁剪领子坯布对应领窝线边打剪口边别合在领窝线上，此时，领子上口呈豁开状（图 7-14）。

2. 将领子上口剪开，在剪开处进行折叠处理，按领子上口与人体脖子的松量调节折叠量，然后用大头针固定，再按领子造型贴出立领轮廓线（图 7-15）。

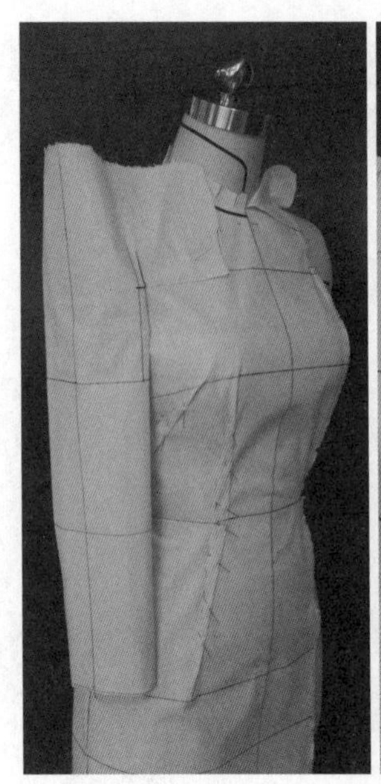
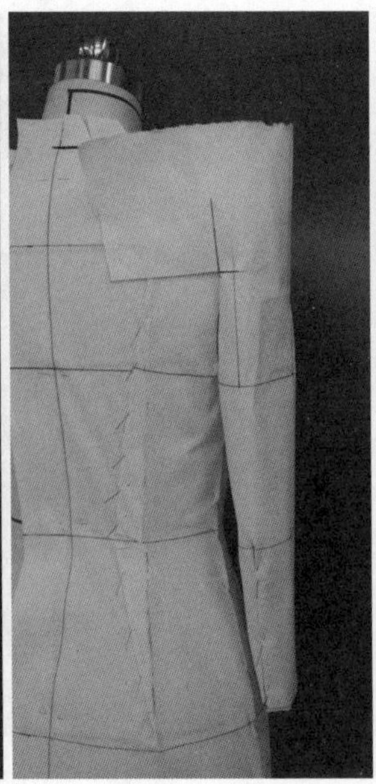
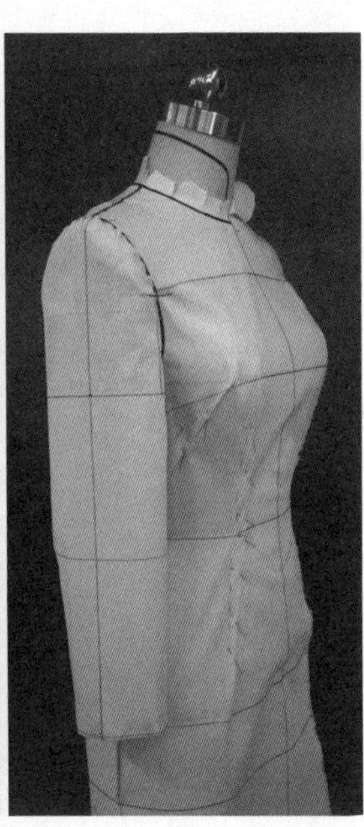

图 7-13

图 7-14

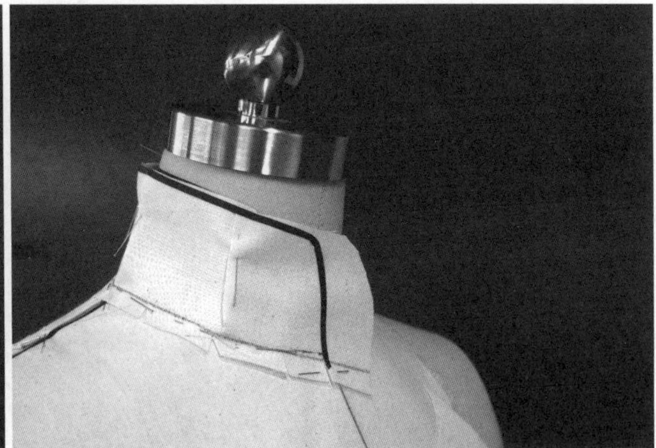

图 7-15

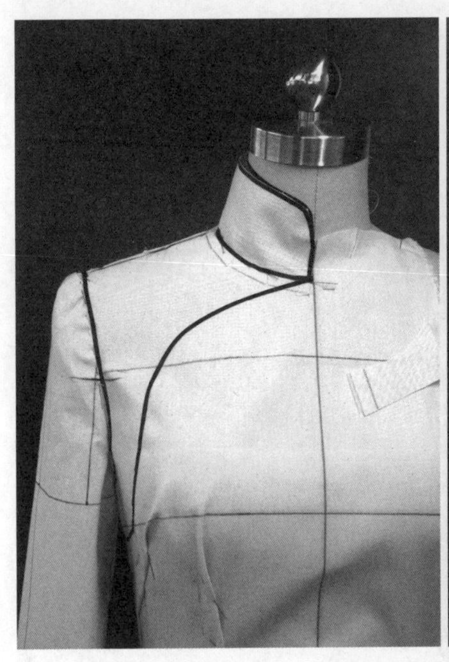

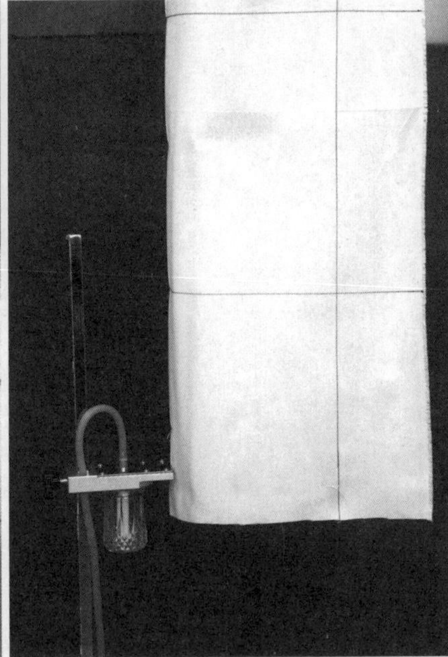

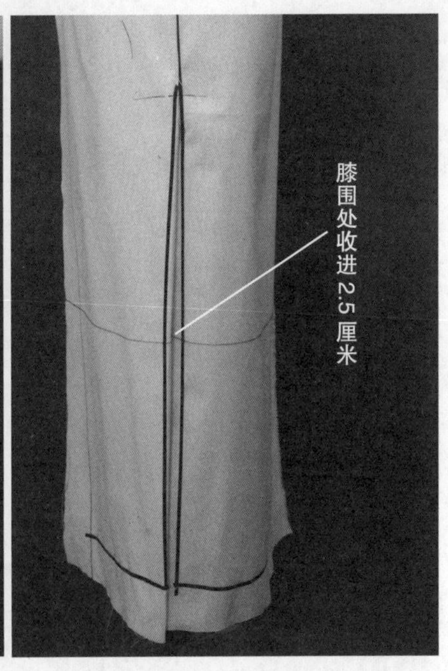


图 7-16

**（五）整体立体造型调整（图 7–16）**

1. 按设计要求贴出前门襟弧形造型线。

2. 用裙角定线器对旗袍的下摆定位贴线。

3. 在膝围处收进 2.5 厘米进行摆缝贴线。

4. 整体造型设计并调整，用标记带贴出盘扣位置，整体造型效果如图 7–17 所示。

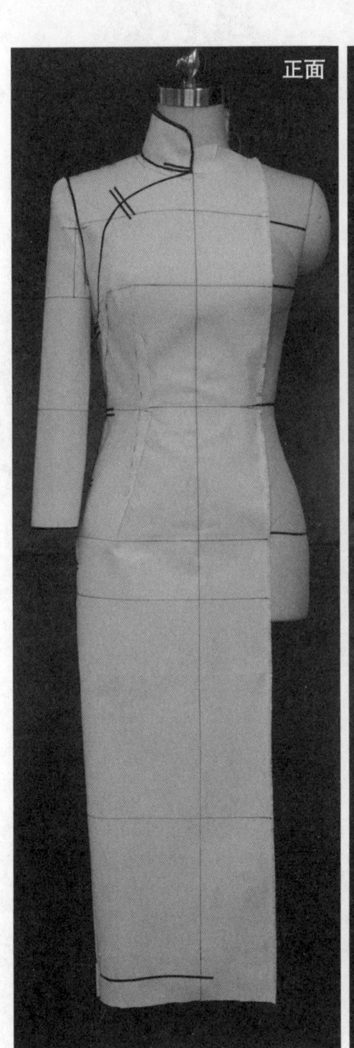


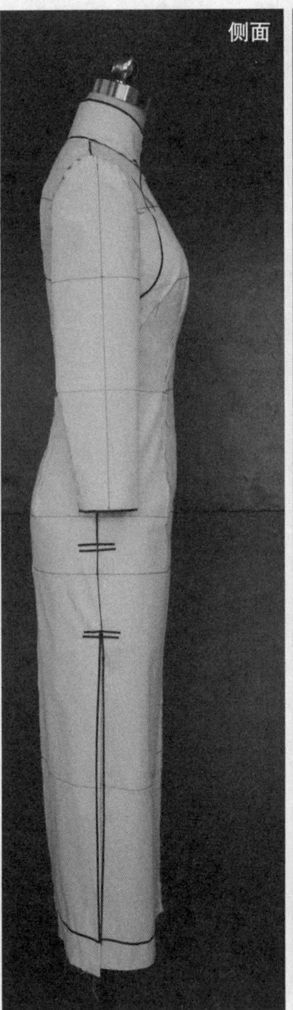


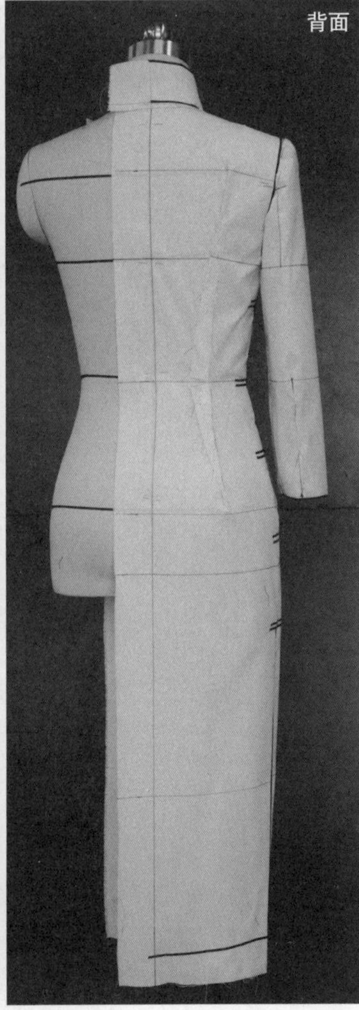


图 7-17

5. 为体现旗袍的工艺特色，结合手绘设计，在立体结构旗袍上进行图案设计（图 7-18）。

6. 完成各款式旗袍的综合设计效果（图 7-19）。

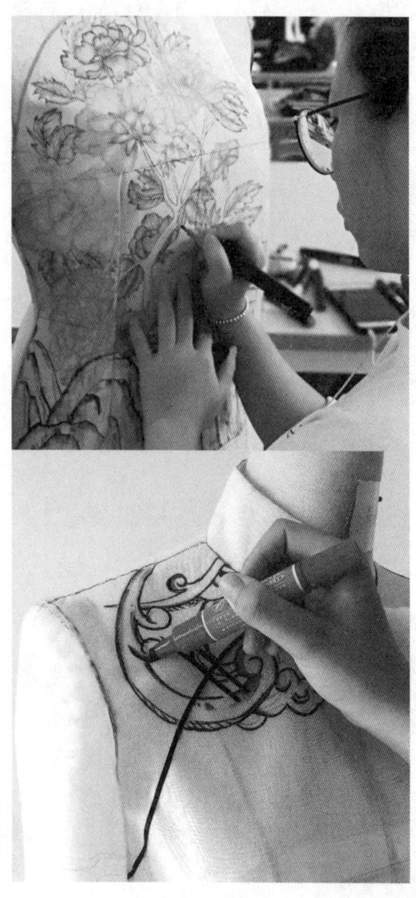

图 7-18

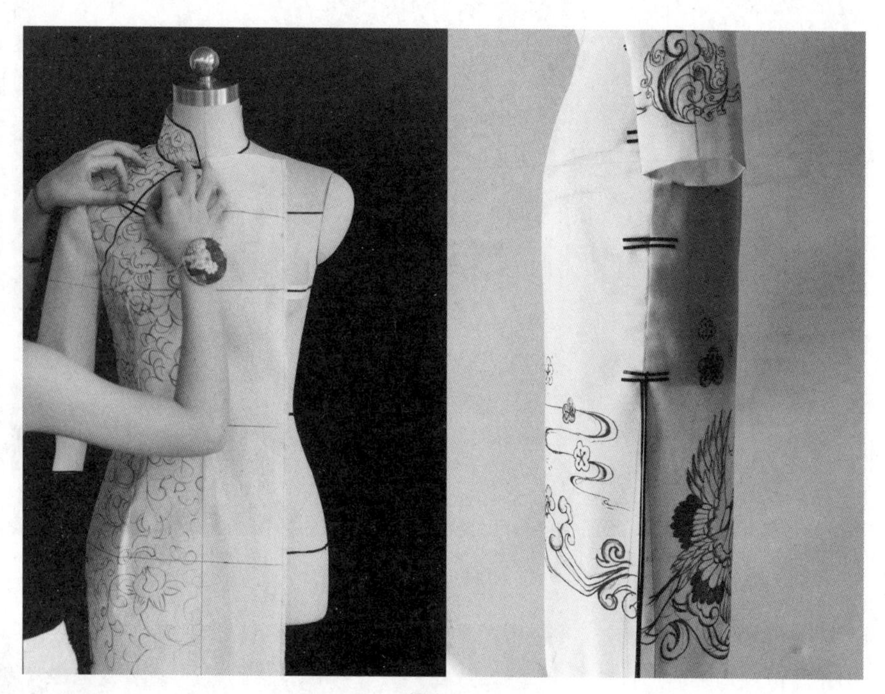

图 7-19

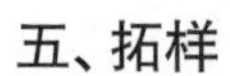

## 五、拓样

用拷贝纸将整理后的坯布样复制出纸样，并作好相应的对位记号（图 7-20）。

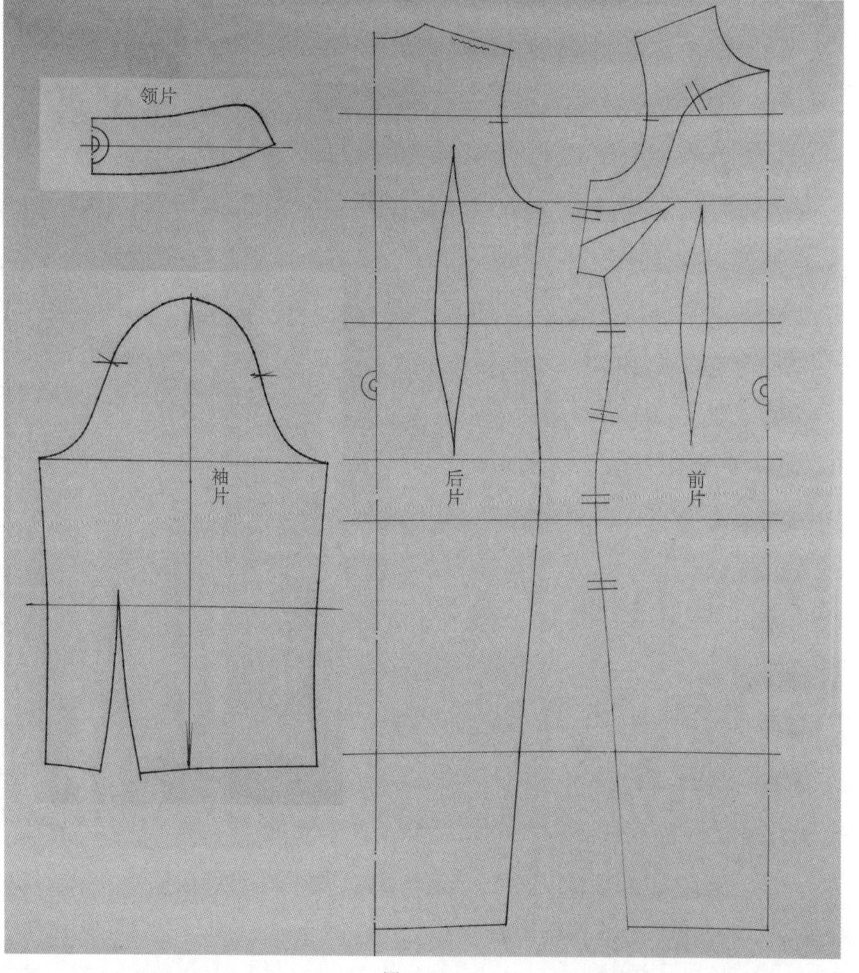


图 7-20

# 下篇：旗袍工艺

# 第八章

## 旗袍的缝制工艺

传统手工缝制旗袍，
对于手针的使用要有特别的训练，
对针距、针密、针迹都有严格要求，
讲究“寸金九珠”。
现代旗袍缝制工艺
也有局部用到手针工艺。
随着服装工业的飞速发展，
先进的机械设备和新型工艺不断涌现，
尤其是计算机技术的应用，
赋予了服装生产技术的突飞猛进。
本章阐述旗袍的缝制工艺，
以适应时代特征的机器缝制技术为主。

## 第一节 工具、材料与设备

旗袍的制作与其他品类服装的制作有许多相似之处，但也有一些仅用于制作旗袍的专用材料和工具。

表 8-1

| 序号 | 名称 | 图例 | 用途 |
|---|---|---|---|
| 1 | 脚踏缝纫机 |  | 衣片缝合 |
| 2 | 电动缝纫机 |  | 衣片缝合 |
| 3 | 工业缝纫机 |  | 衣片缝合 |
| 4 | 机针 |  | 缝合衣片用 |
| 5 | 缝纫线 |  | 缝纫用线 |
| 6 | 压脚 |  | 一般有高低压脚（方便缉明线）、平压脚（方便平缝）、单边压脚（方便装隐形拉链） |
| 7 | 大剪刀 |  | 裁剪用 |

续表

| 8 | 小剪刀 | 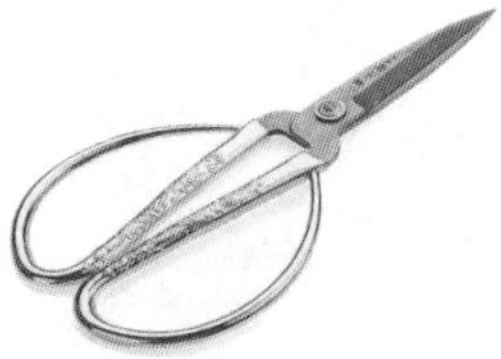  | 缝纫修剪用 |
|---|---|---|---|
| 9 | 拆线刀 | 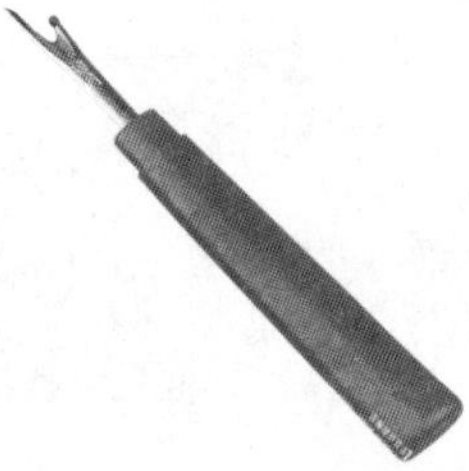  | 拆线用 |
| 10 | 镊子 |   | 精细部位缝合用 |
| 11 | 高温消色笔 | 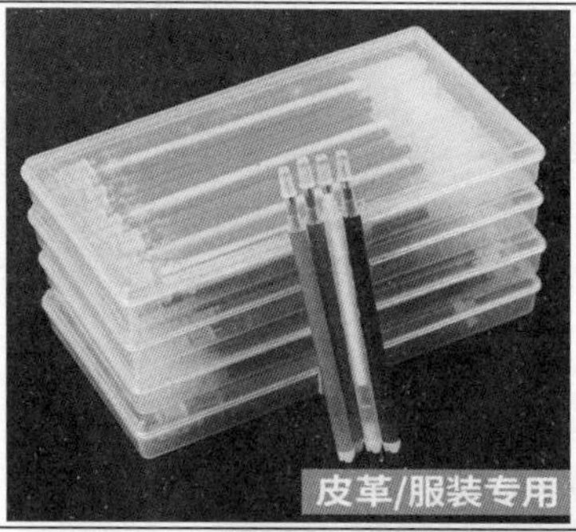  | 作缝制记号 |
| 12 | 熨衣布 | 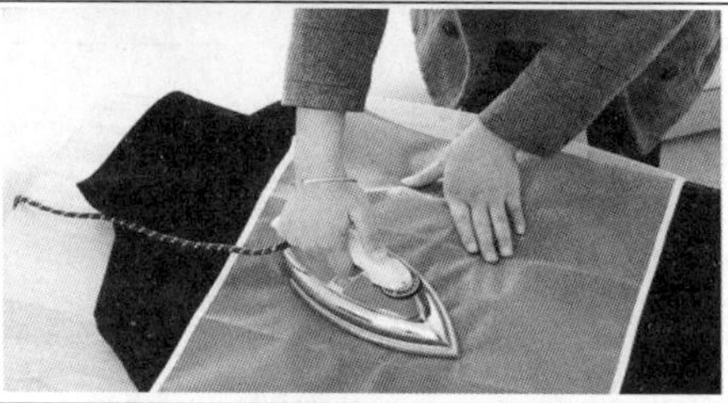  | 熨烫时防止烫焦、烫黄 |
| 13 | 馒头烫垫 |   | 熨烫曲面定型用 |
| 14 | 烫袖板 |   | 熨烫袖子定型用 |

续表

| 15 | 画粉 |  | 画裁剪相关线条、记号 |
|---|---|---|---|
| 16 | 压铁 |  | 裁剪压服用 |
| 17 | 手缝针 | 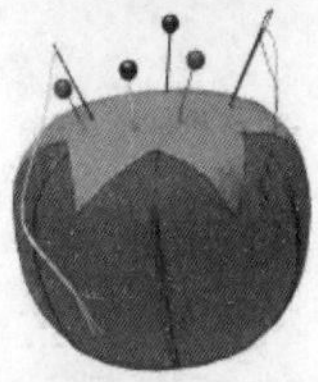 | 假缝用和手工部缝制用 |
| 18 | 标记带 |  | 人台或样衣相关部位标记用 |
| 19 | 锥子 | 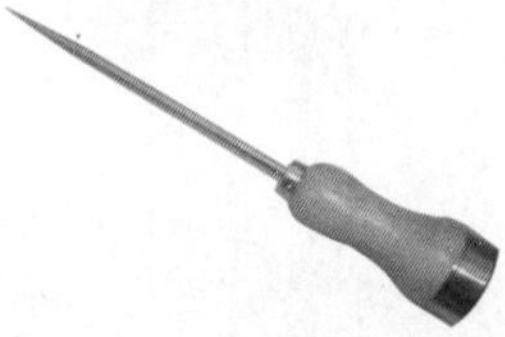 | 用来打孔、定位等 |
| 20 | 大头针 | 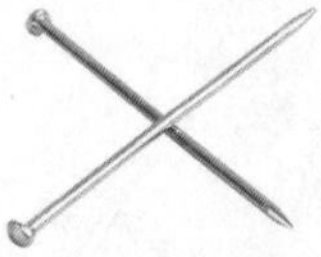 | 假缝、别纸样和样布，最好选择无珠头、不锈钢的较细大头针 |
| 21 | 刮刀 | 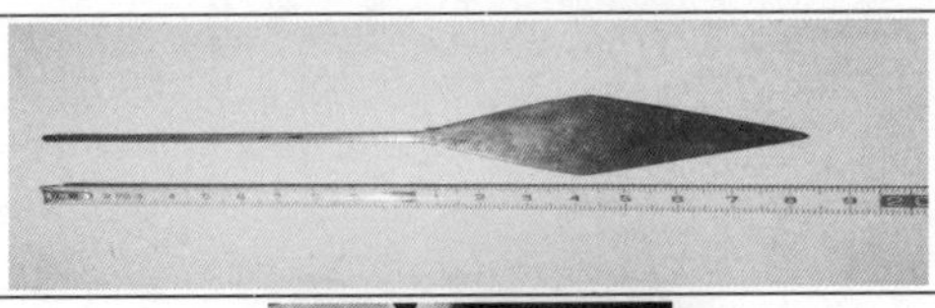 | 滚边、盘扣材料刮浆用 |
| 22 | 浆糊 | 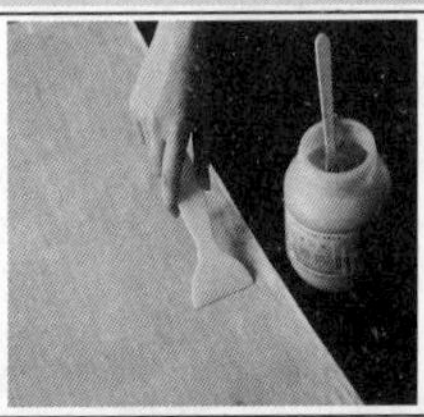 | 滚边、盘扣材料刮浆，便于缝制 |
| 23 | 熨斗 |  | 整烫、归拔造型用 |

# 第二节 滚边短袖旗袍缝制工艺

## 一、款式分析

此款式旗袍为强调立体造型的西式结构，中式传统盘扣开襟，前后胸腰腹省道，前片侧胸省，腰部合体，弧形右大襟，短袖。在领边、袖口、右襟边、开衩、下摆等运用滚边工艺手法来装饰（图 8-1）。该旗袍的尺寸规格见表 8－2。

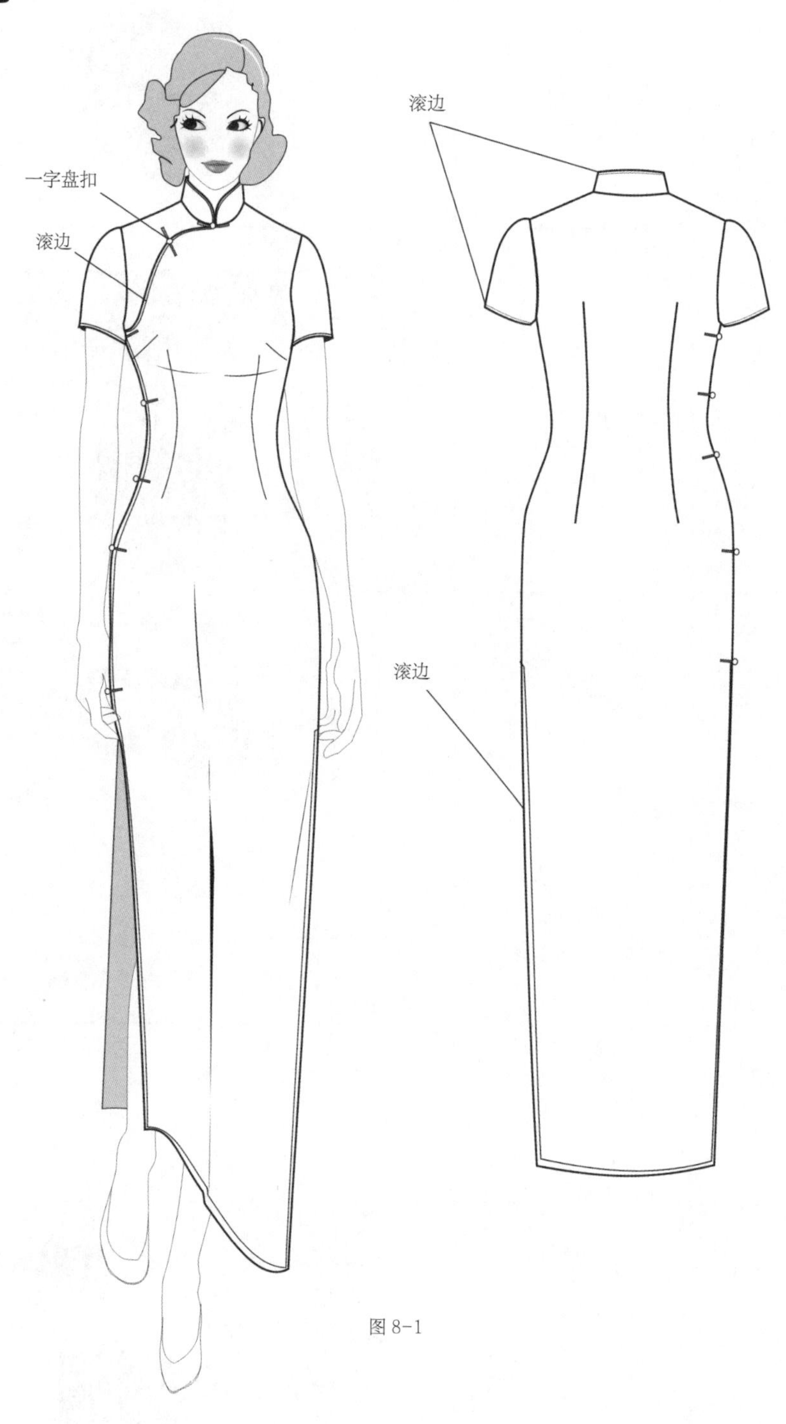


图 8-1



表 8-2　　单位：厘米

| 号型 | 后衣长 | 胸围 | 肩宽 | 袖窿弧长 | 领围 | 臀围 | 领高 |
|---|---|---|---|---|---|---|---|
| 160/84A | 132 | 88 | 38 | 40 | 38 | 94 | 6 |

## 二、制作单件旗袍材料准备

面料：有效门幅 144 厘米时采购面料数量计划数为衣长 + 袖长 + 贴边（15 厘米左右），排料示意见图 8-2，各种布面料幅宽面料用量表见表 8-3。

里料：用量见表 8-4。

衬料：无纺黏合衬适量，领硬衬一块。

盘扣：7 对（盘扣用襻条布约 7×0.4 米 =2.8 米）。

滚条布：约 5 米。

主唛：1 个。

洗水唛：1 个。

尺码唛：1 个。

缝纫线：与面料同色，用布配色购买。

表 8-3 旗袍面料用料计算表

单位：厘米

| 面料幅宽 | 用量 | 备注 |
|---|---|---|
| 90 | （衣长 + 袖长）×2+10 | 用量依款式不同而不同，精确用量在排版后再确定 |
| 114 | （衣长 + 袖长）×2+5 | |
| 144 | 衣长 + 袖长 +15 | |

表 8-4 旗袍里料用料计算表

单位：厘米

| 里料幅宽 | 用量 | 备注 |
|---|---|---|
| 90 | （衣长 + 袖长）×2 | 用料依款式不同而不同，精确用量在排版后再确定 |
| 114 | 衣长 + 袖长 | |
| 144 | 衣长 + 袖长 | |



## 三、面料的整理与排料

### （一）面料的缩水与纱向整理

没有进行防缩水处理的面料，要先水洗预缩，或根据面料的性能用蒸汽烫斗进行预缩。

已进行防缩水处理的面料，要从面料的反面进行熨烫，用熨斗一边烫正纱向，一边平缓拉伸面料。

### （二）样版的检查

制板参考第六章相关款式的结构作图方法。

面布样版的放缝与纸样见图，里料样版与放缝与面布纸样相同（里布没有衣领）（图 8-2）。

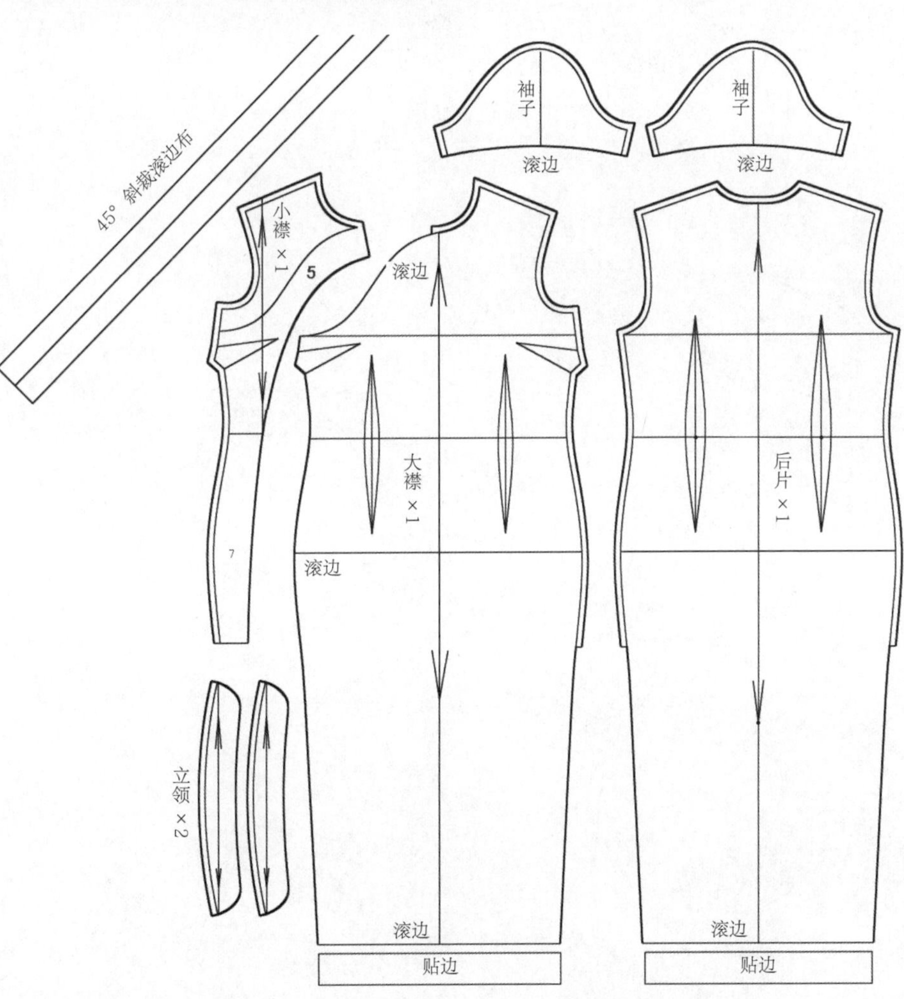


图 8-2

样版上有省道的地方，要以省道折叠状态连顺样版线条，并确定相关部位尺寸相等（图 8-3)。

### （三）排料

面料样版和里料样版分开排料，根据面料的不同，排料时会有一些特别的要求：

1. 必须同方向排列样版的面料：条格有方向性的面料；有光泽、起绒面料，如金丝绒、灯芯绒等；单向性花纹面料等。

2. 需对条对格面料：单元格大于 1 厘米的条格、印花面料。

3. 定点印花或绣花面料要按照设计要求定位排料裁剪（图 8-4)。

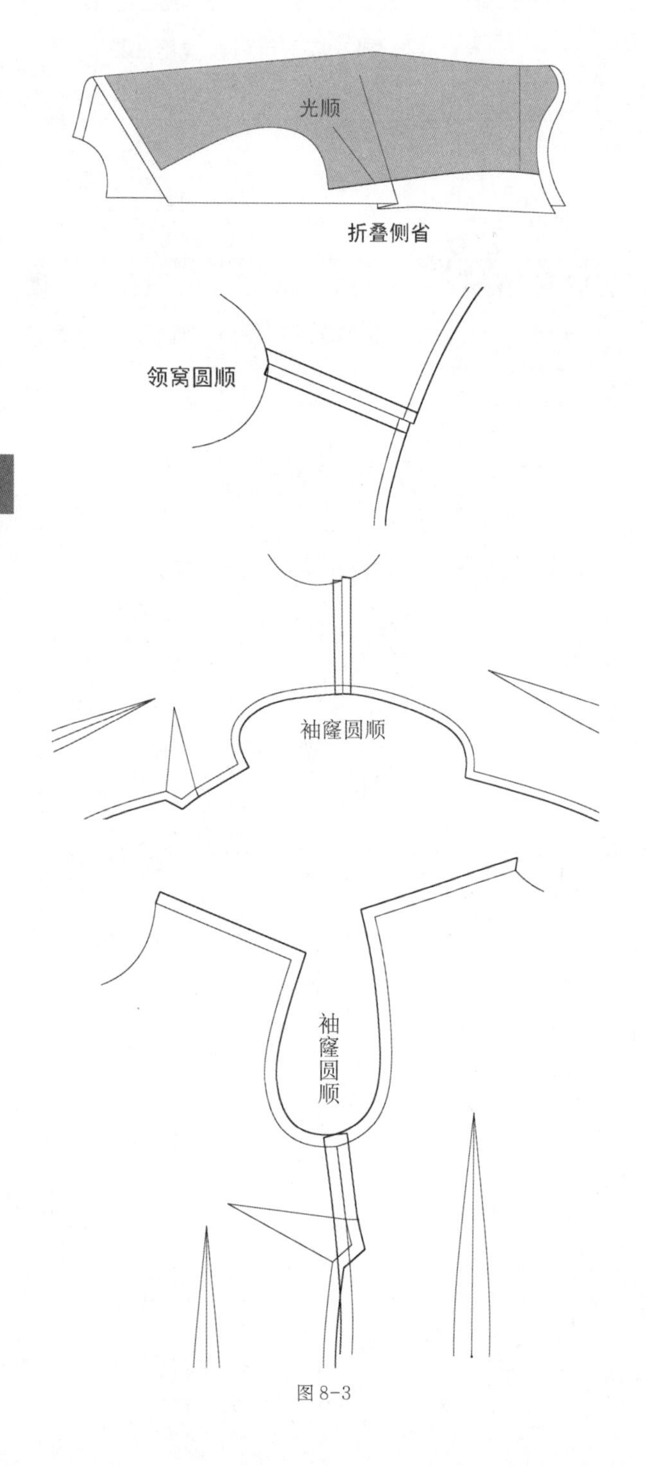


图 8-3

图 8-4

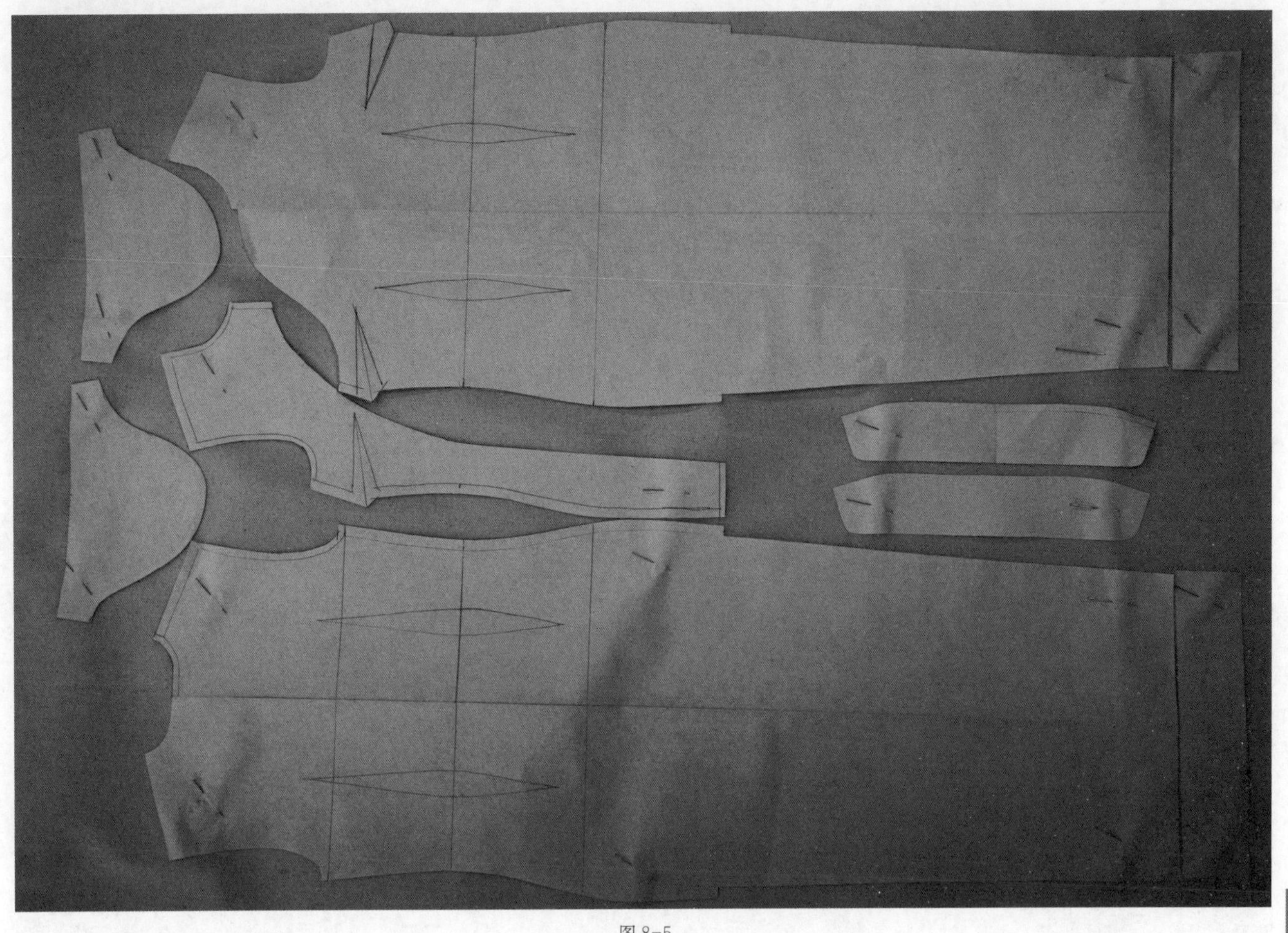

图 8-5

4. 关于缝份的处理：对于单件定制旗袍，在试装后需要修正的地方要多放一些缝份量（肩缝、侧缝、袖底缝、下摆等），在多放出的部分用打线钉或画粉作标记。

袖窿、领口等弧形部位缝份不宜太大，否则容易起皱起扭。

面布的排列实物照片：面料幅宽144厘米（图8-5）。

里料的作用是减少穿脱时的摩擦，改善服用性能，里料的纸样与面料一致，裁剪时略放大稍许。里料排列：布幅144厘米或114厘米（图8-6）。

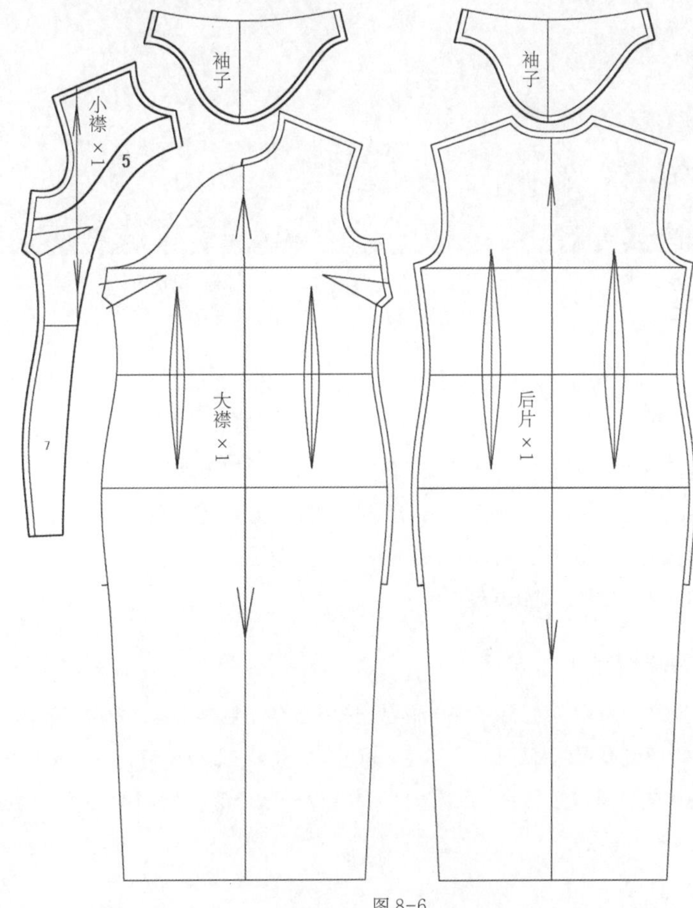


图 8-6

里料裁剪排料实物图如图 8-7 所示。

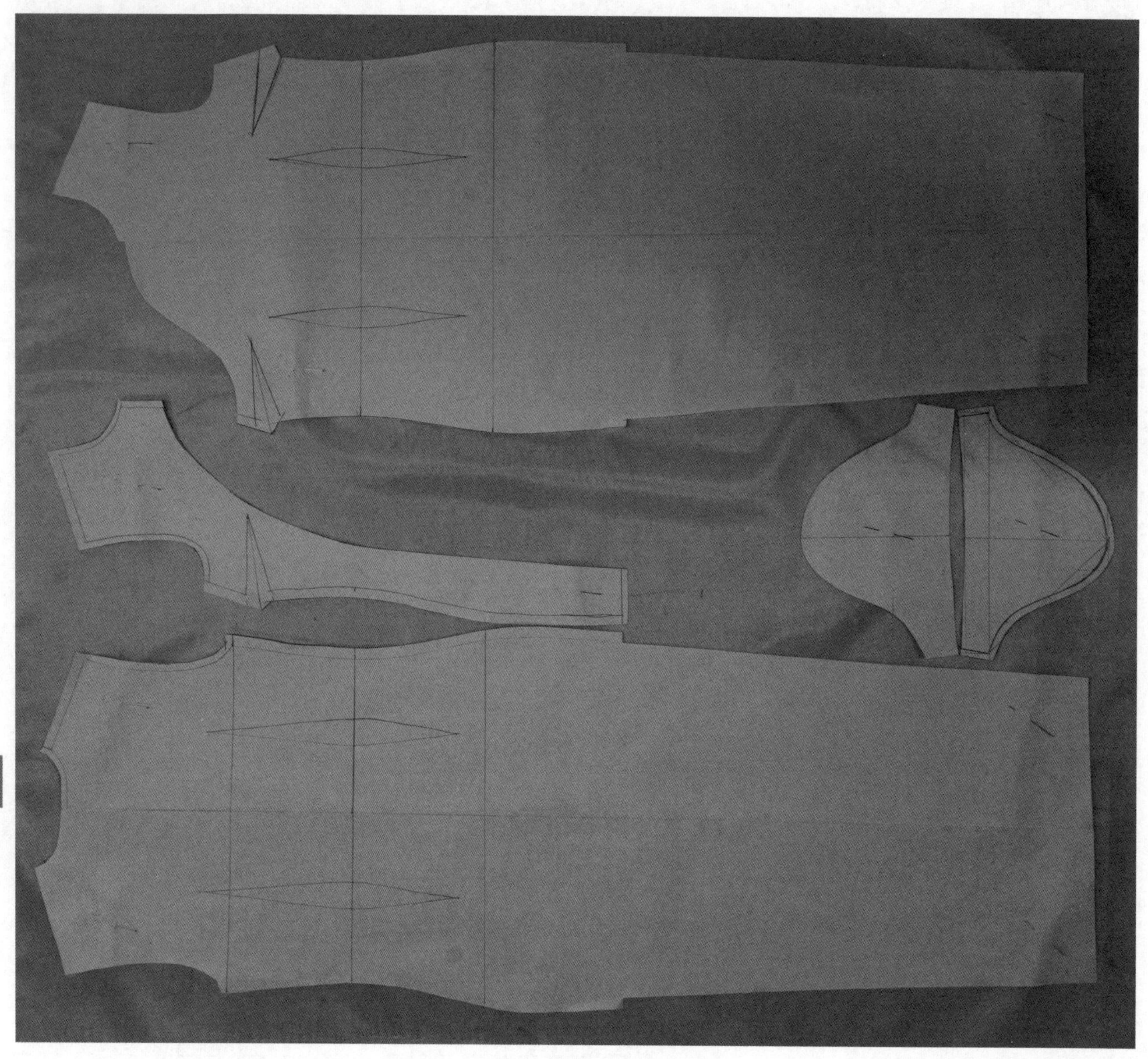

图 8-7

**（四）作缝制标记**

可根据面料状况及部位，选用作标记的方法：线丁、粉印、眼刀、针眼。

1. 前片：省位、腰节位、开衩位、装领缺口、纽扣位、装拉链位、下摆贴边。

2. 后片：省位、腰节位、开衩位、装拉链位、下摆贴边。

3. 袖片：袖口贴边、袖山对位点。

## 四、单件旗袍缝制工艺流程

量身定做单件旗袍，可量体后制板，放出较多的缝份量做毛样，先做坯布样衣，经调整结构后，用正式面料缝制，以下工艺流程指正式面料缝制过程，为便于拍摄和有清晰的视觉效果，制作示范用材料选用本白色坯布。

验片→黏衬→缉省 、烫省、归拔衣片→合肩缝→敷牵带→做前后片夹里→做领、上领→合摆缝→做袖、装袖→滚边→做纽扣、钉纽扣→整烫→检验。

## 五、单件旗袍缝制工艺分步详解

### （一）验片

验片的目的是检查裁片的质量，包括面料和裁剪两个方面的质量，主要内容有：

1. 数量（主要针对单件裁剪，批量裁剪时主要在排料、拉布时控制裁片质量，否则很难弥补）。

（1）面料裁片：1 片前大襟片、1 片前小襟片、1 片后片、2 片领子、2 片袖子、2 片下摆贴边、滚条布约 800 厘米。

（2）里料裁片：1 片前大襟片、1 片前小襟片、1 片后片、2 片袖子。

2. 裁剪精度：检查裁片与样版的偏差，包括定位、剪口、钻孔等。

3. 有条格的检查对条对格情况。

4. 剪切质量，如边际是否有毛边，破损现象，是否圆顺等。

5. 裁片是否有面料上的疵点，如跳纱、色差、破洞等。

对于不能修补的裁片，必须配片。

### （二）粘衬

1. 领面粘衬

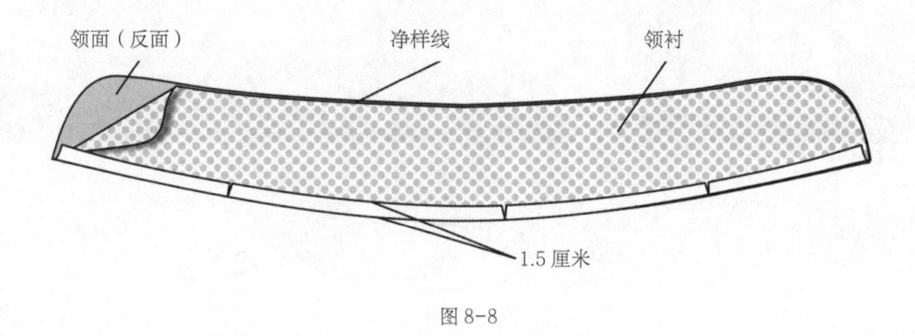


图 8-8

2. 面料粘衬（刮浆）。

传统中国旗袍工艺是要将面料经特殊的浆料进行刮涂，用以改善面料的性能和着装效果，但传统工艺不适应现代服装洗涤和保养要求。随着服装工业的发展，现代旗袍的面料处理是用一种低温衬。该衬布一般轻薄柔软，用粘衬机复合即可，方便快捷。

### （三）缉省 、烫省、归拔衣片

1. 缉省。按缝制标记缉省，省缝呈弧线形，省尖收尖流畅，尽量与人体体型相吻合。前后片缉省后的效果如图 8-9 所示。

2. 烫省 。高档面料精加工时省缝不烫倒，要从中间分烫，省尖不歪斜；中低档面料省缝倒向中缝线。

3. 归拔前衣片：

（1）归拔胸部及腹部。在乳峰点位置斜向拉拔，拔开胸部，使胸部隆起。如果腹部略有隆起，也可斜向拉拔。在以上部位拉拔的同时归拢前腰部，使前片中线呈曲线形。

（2）归拔摆缝。摆缝腰节拔开，归到腰节处，摆缝在臀部归拢，使前身腰部均匀地吸进，臀部均匀隆起。

（3）归拔肩缝部位。拔开前肩缝，使肩缝自然朝前弯曲，符合人体特征。

4. 归拔后衣片：

（1）归拔背部及臀部。在背部位置斜向拉拔，拔开背部，使背部隆起。臀部位置斜向拉拔，拔开臀部，使臀部隆起。在以上部位拉拔的同时归拢后腰部，使后片中线也呈曲线形。

（2）归拔摆缝。摆缝腰节拔开，归到腰节处，摆缝在臀部归拢，使后身腰部均匀地吸进，臀部均匀隆起。

（3）归拔肩缝部位。归拢后肩缝满足凸出的肩胛部位的需要，也可以采用收肩省的方法来解决。

（4）归拔袖窿部位。后袖窿弧线处稍作归拢，使袖窿圆顺不还口。

图 8-9

各部位归拔示意如图 8-10 所示。



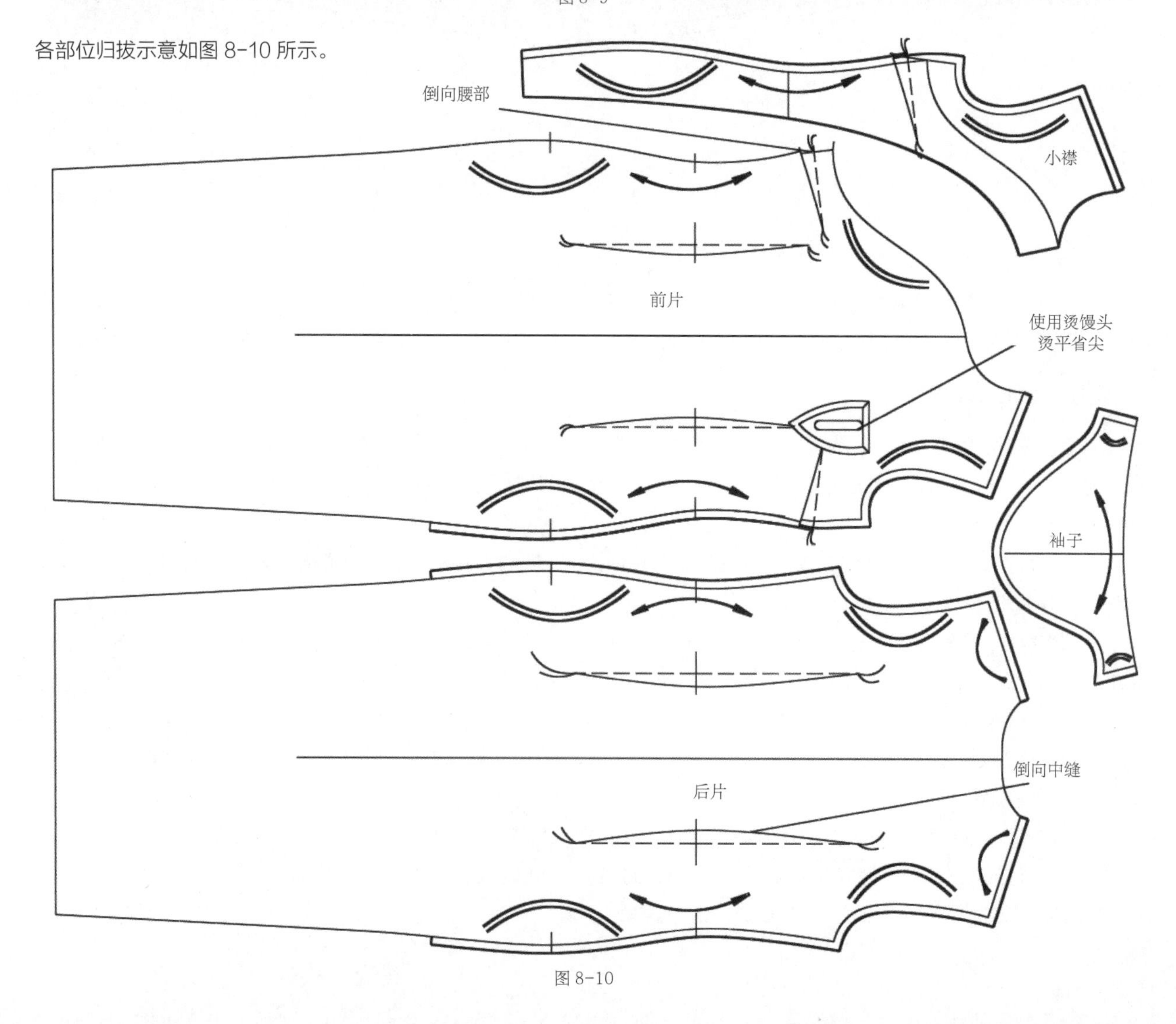


图 8-10

前后片缉省后经归拔出现了立体曲面效果（图 8-11）。

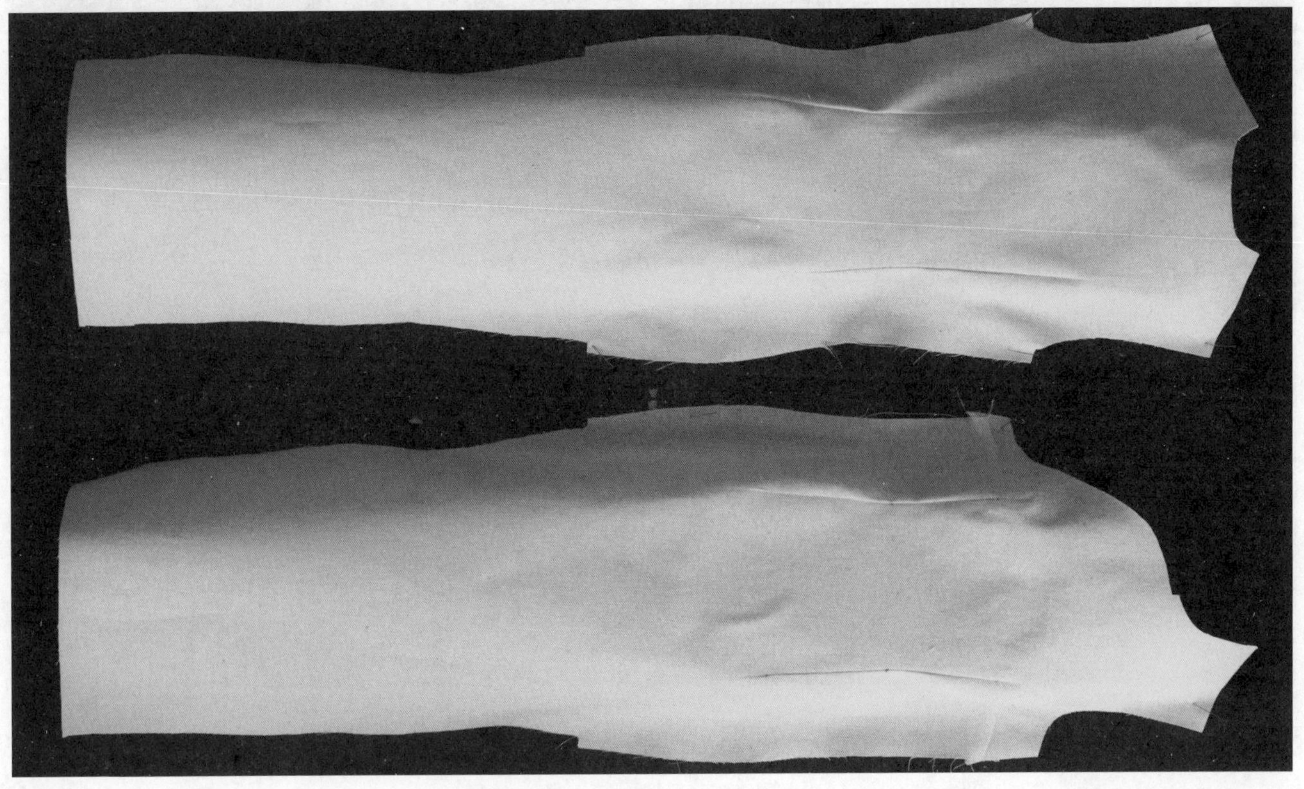

图 8-11



### （四）合肩缝

将前、后衣片正面相对，前片放上层，肩缝对齐，按 0.8 ~ 1 厘米缝份缉线，后肩缝靠近颈肩点 1/3 处略有吃势。缉好后根据面料的厚薄烫分缝或倒缝，注意不得拉还肩缝（图 8-12）。

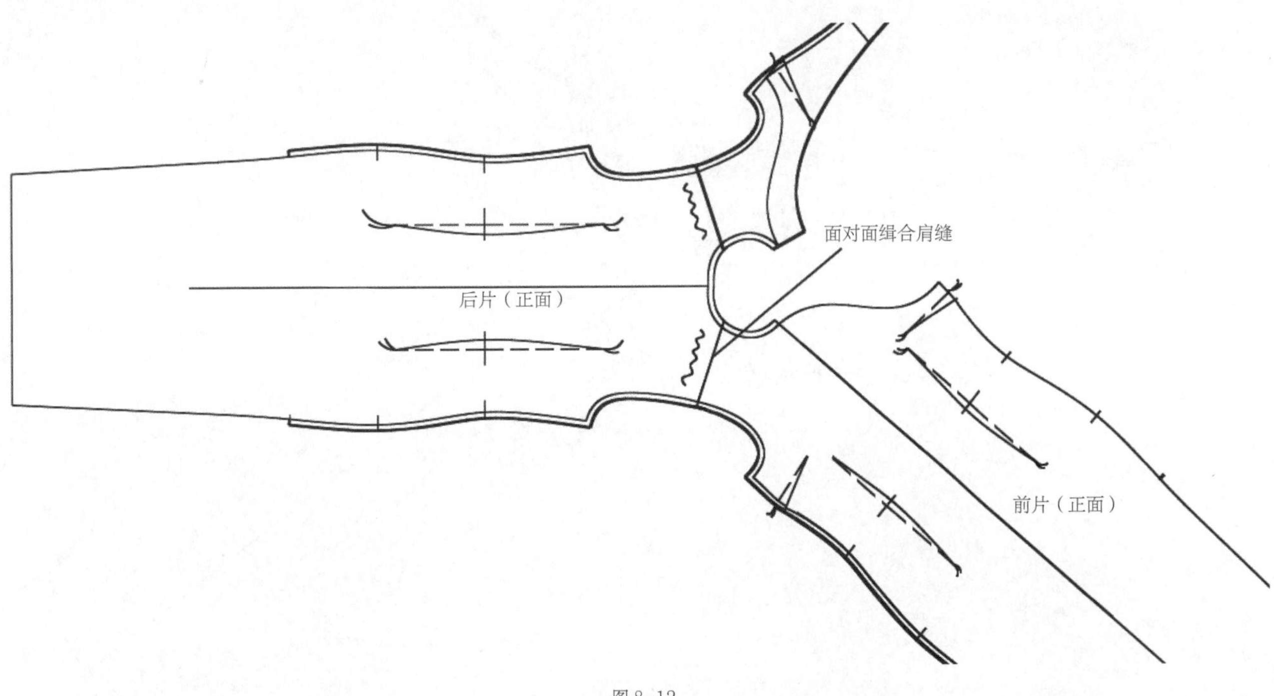


图 8-12

合肩缝后实物图如图 8-13 所示。

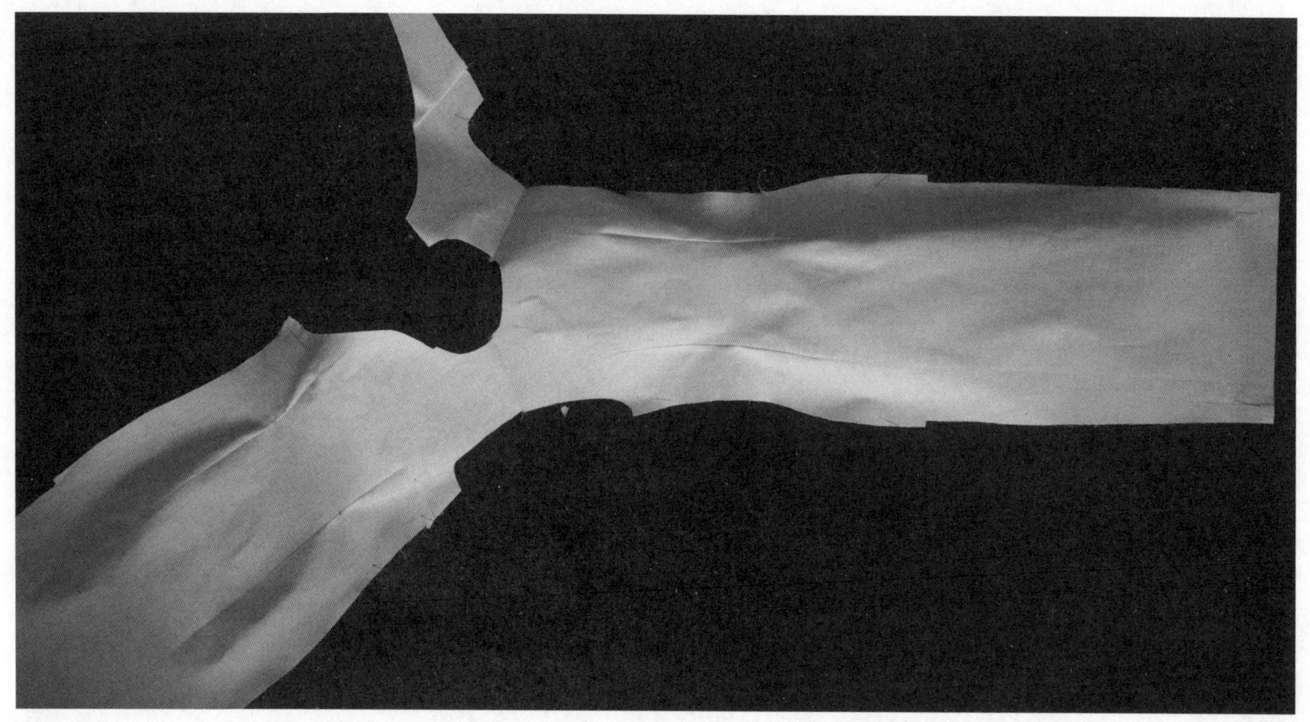

图 8-13

**（五）敷牵带**

牵带选用薄型有纺直丝黏合衬，宽 1.2 厘米左右，按净缝位置粘贴，敷牵带的松紧要符合归拔要求（图 8-14）。

1. 前后领窝一起连敷牵带，前片牵带敷在开襟一边，开襟上口是斜丝绺容易还口，所以敷牵带。开襟摆缝处牵带从袖窿开始沿摆缝黏到下摆滚边开衩处，胸部及臀部牵带略紧。

2. 敷后片牵带，后片牵带沿摆缝黏到下摆滚边开衩于摆缝处。

3. 敷袖窿牵带，前后袖窿沿袖窿线敷牵带。

4. 在合肩缝前，也可在后肩缝肩胛处敷牵带，牵带略紧。

牵条
牵条
缝份
牵条
后片（正面）
缝份
牵条
牵条
牵条
前片（正面）
牵条

图 8-14

前后片大身敷牵带实物图如图 8-15 所示。

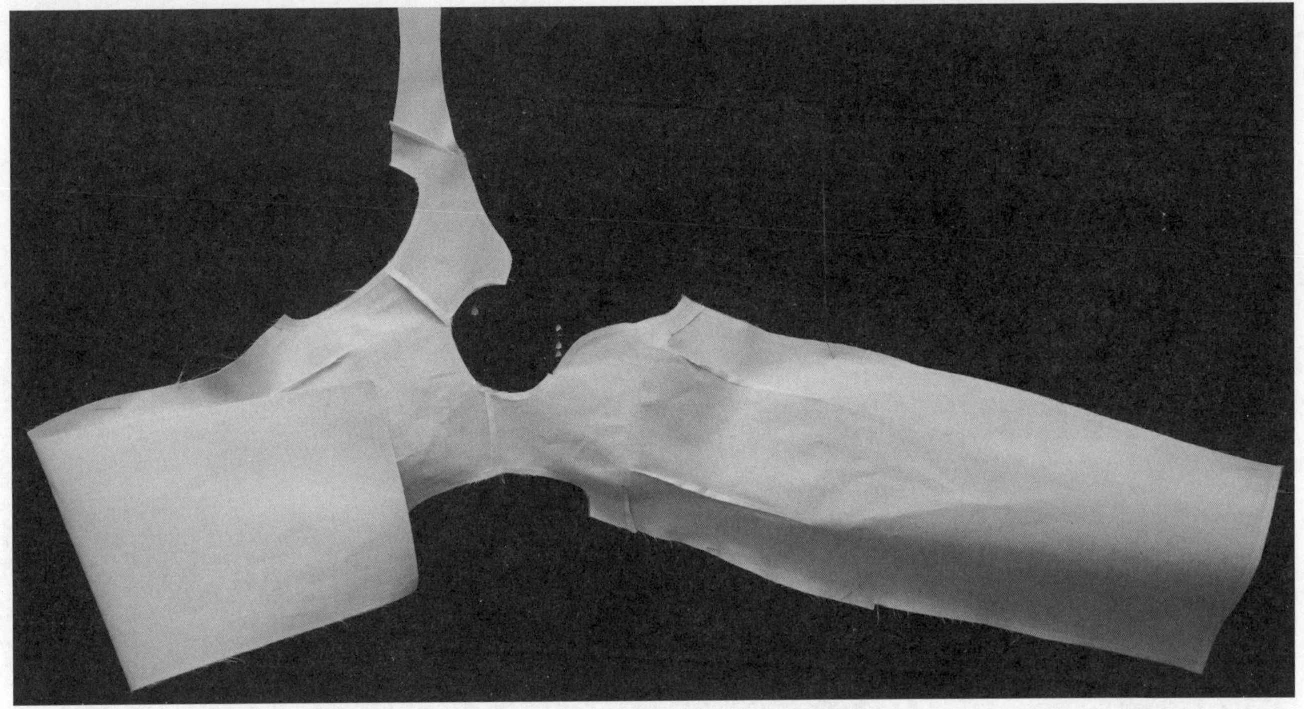

图 8-15

（六）做前后片夹里

1. 将夹里胸省、腰省缉好，缝合肩缝夹里，分别烫倒缝，省缝倒向中缝，肩缝向后身坐倒，烫平（图 8-16）。

2. 大身面布里布覆合。



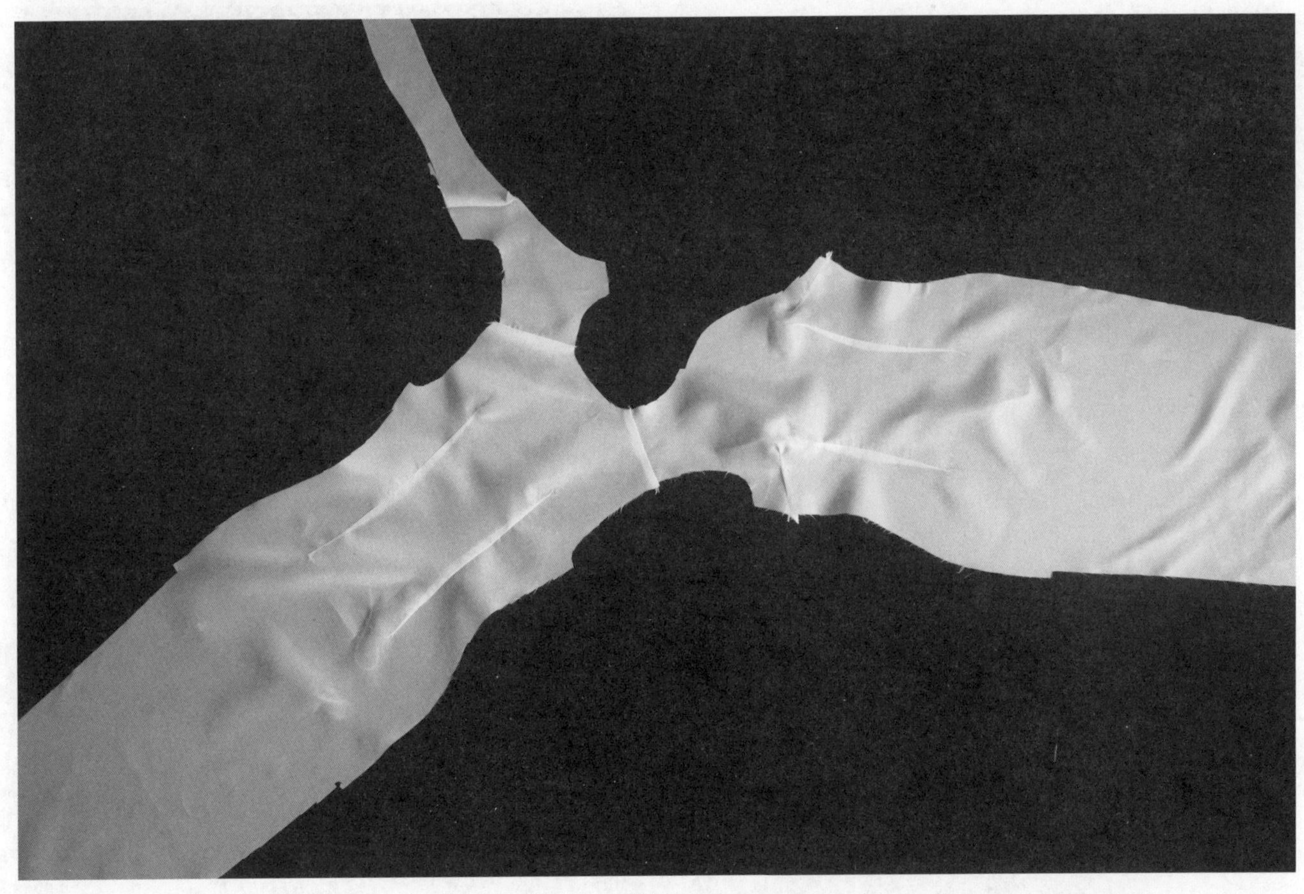

图 8-16

将大身面布、里布在小襟处面对面缝合，打上剪口后翻正烫光，前后片面布与里布基本吻合一致（图 8-17）。

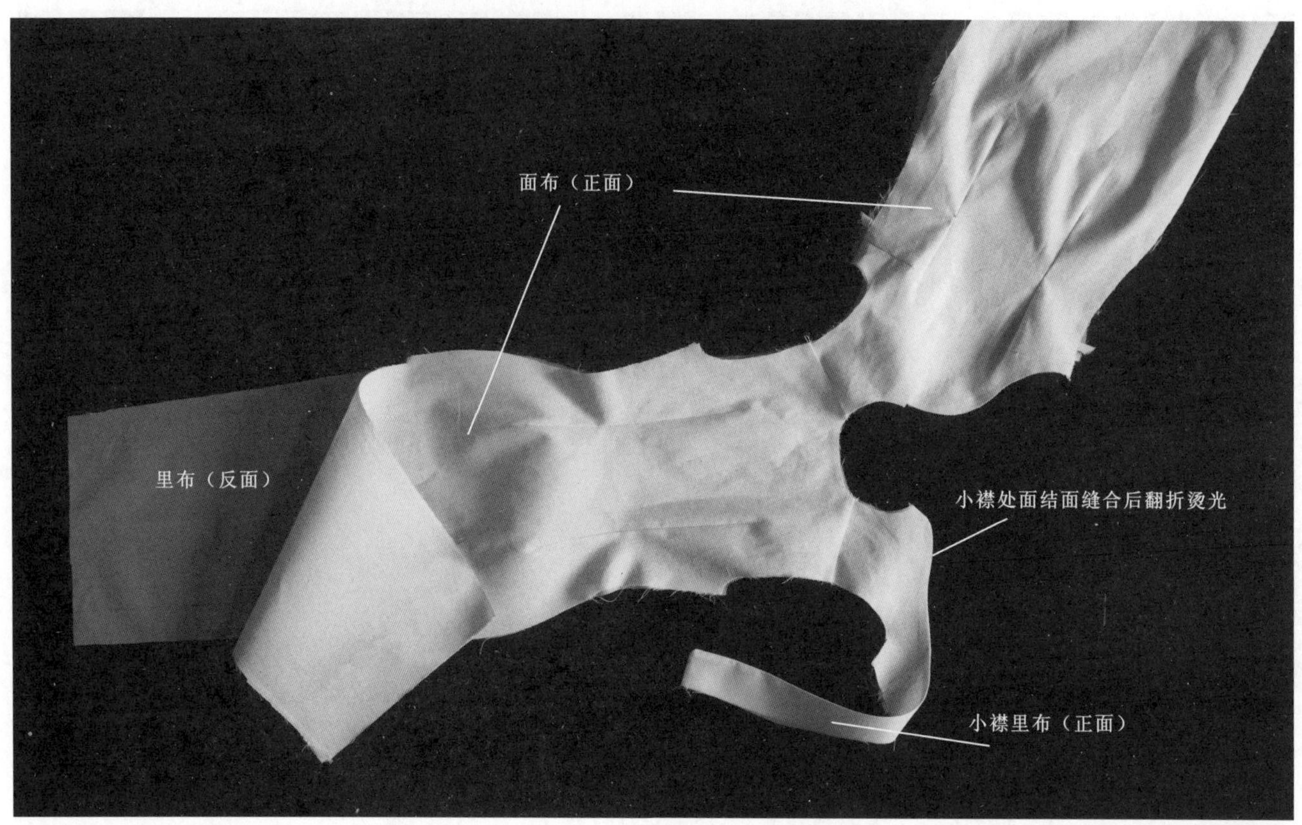


图 8-17



**（七）做领、上领**

1. 做领面。

将净领衬烫在领面的反面，并作好装领对位标记。

2. 装领

（1）按对位记号，将领面、领口面布、领口里布、领里四层用手针假缝，从右襟开始起针沿领衬下沿净缝线缝合。注意领子两端要上足，各对位点准确，线条顺直，左右对称（图 8-18）。

（2）将手针假缝的领子翻至正面后，穿在人台上观察，检查领面装好后领圈是否圆顺、平服，若不圆顺应及时修正，注意领里略紧于领面（图 8-19）。

（3）调整合适后，机缝上领，并在领外沿缉 0.5 厘米线将领里、领面里对里缝合（图 8-20）。

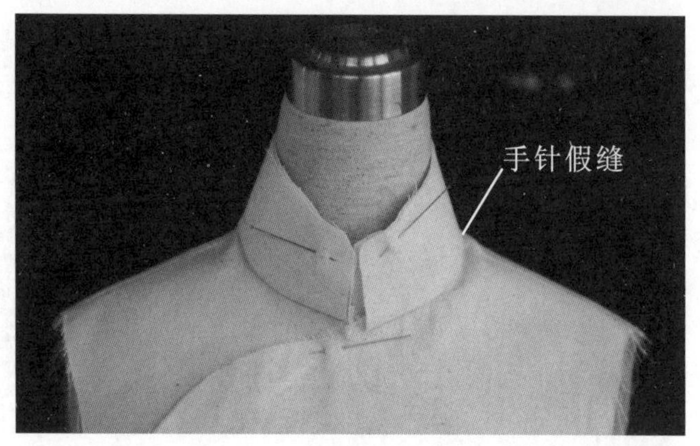


图 8-19

图 8-18

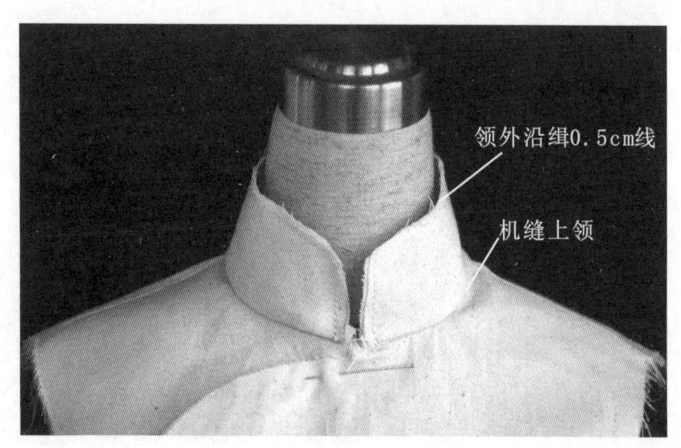


图 8-20

### (八)合摆缝

1. 合缉摆缝、袖缝。

面子、里子分别缉缝，面子分缝，里子坐倒缝。

将前衣片套入后衣片中，前后衣片分别正面相对，反面向外，缝头对齐，沿净缝缉线。缝好后将衣片翻出，缝头向后片坐倒。注意面子、里子前后顺序要放正确(图 8-21)。

2. 大襟处的抽缩处理、袖窿抽缩处理。

由于前胸的隆起，在大襟的胸部附近会产生一定的浮余量，有不伏贴现象，用手工针在大襟凹进处在滚边线以内按 0.3 厘米间距抽缩(图 8-22)。

袖窿用倒钩针将面里布两层固定并作牵紧处理，使袖窿处不豁开，在人台上观察大襟凹进处的抽缩需要多大的抽缩量(为便于拍摄，用对比线抽缩)(图 8-23)。

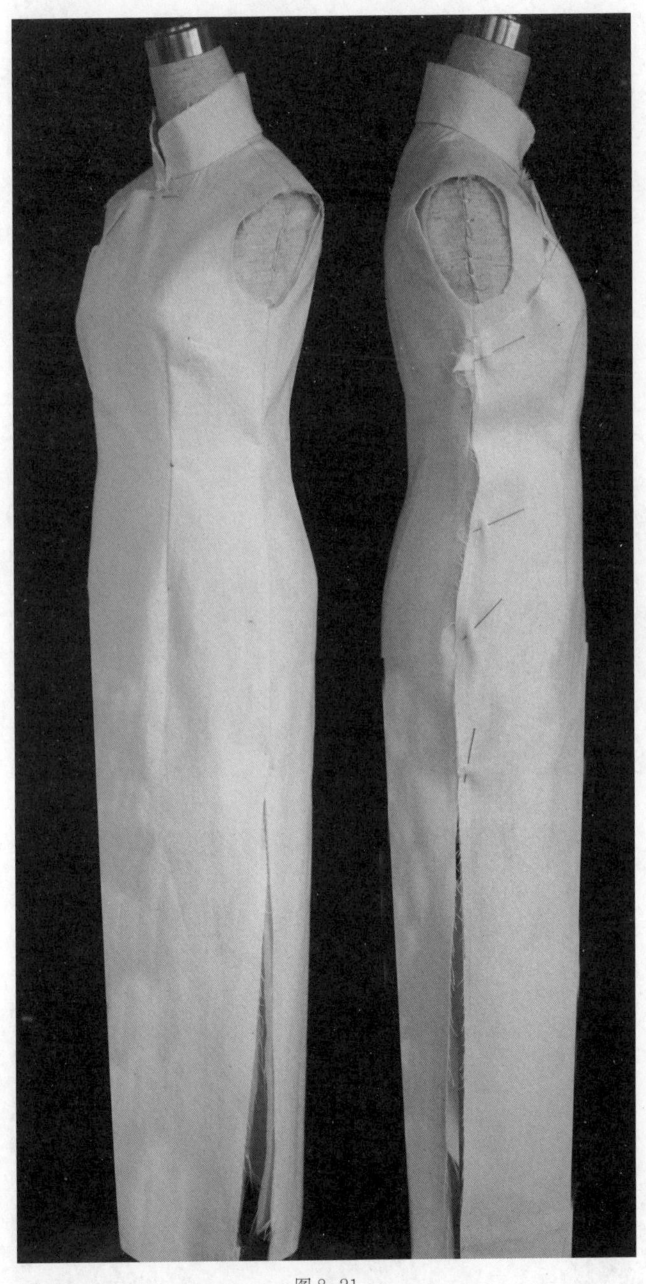

图 8-21

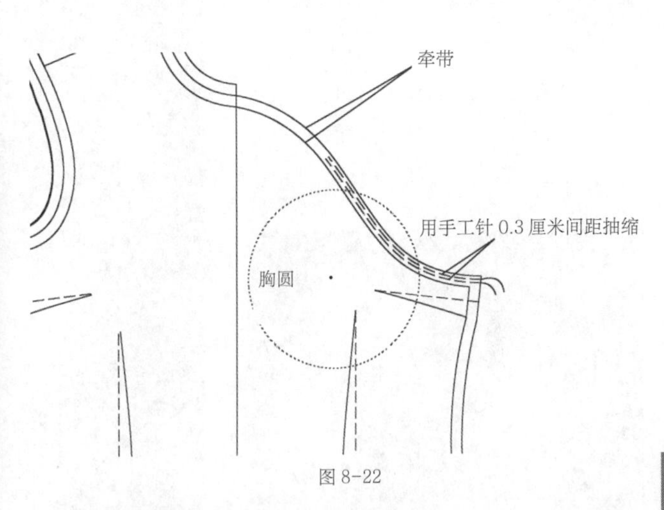


图 8-22

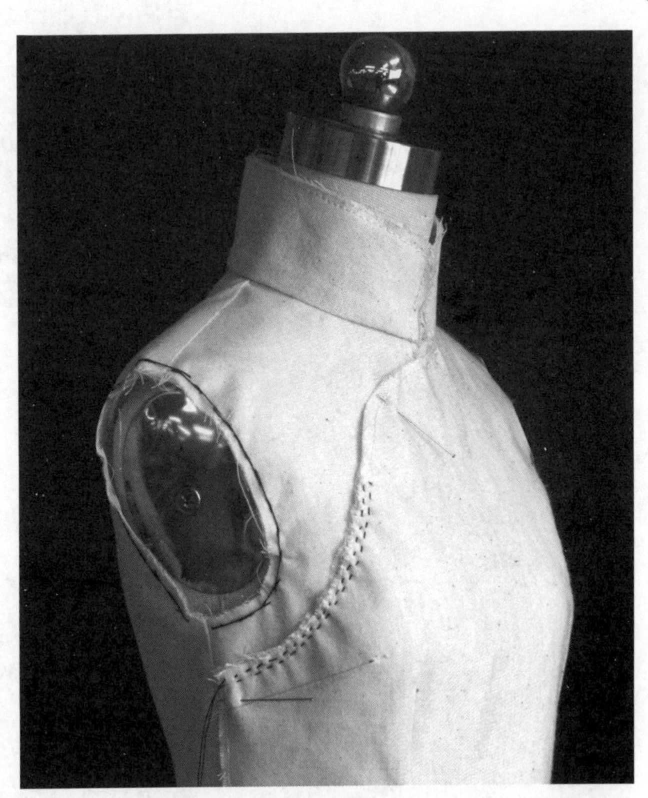

图 8-23

3. 大身面布与里布的固定与连接。

如前所述，面里布在领口处装领固定，袖窿处手针固定外，滚边部位用机缝进行 0.3 厘米车缝固定，在下摆处将里布与贴边布缝合，并放出一定的座量后连接在下摆（图 8-24）。

**（九）做袖、装袖**

1. 做袖。

（1）将袖面布和里布的袖缝线分别面对面缝合，并面布对里布套合在一起（图 8-25）。

（2）抽袖山吃势。用手工针在袖山装袖线以内按 0.3 厘米间距抽缩两道线（为便于拍摄，用对比线抽缩）（图 8-26）。

2. 装袖。

（1）按对位记号将抽缩好的袖山与袖窿对应，用手工针在衣身反面按小于上袖缝份 0.7 厘米缲牢（图 8-27）。

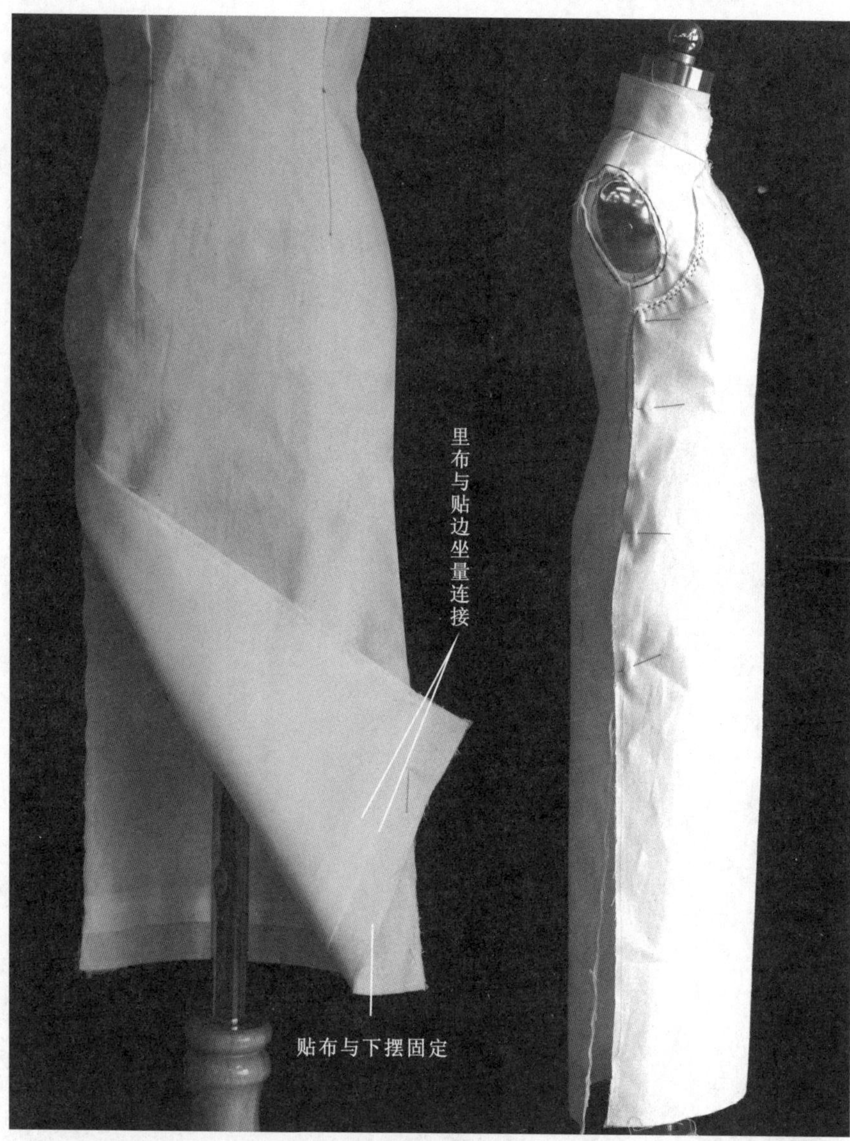

图 8-24



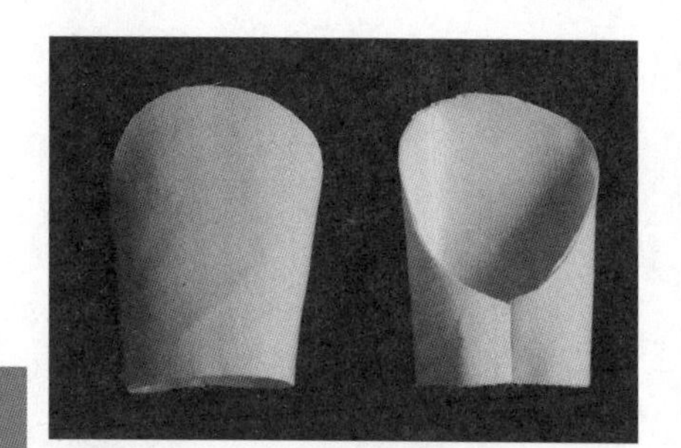
图 8-25

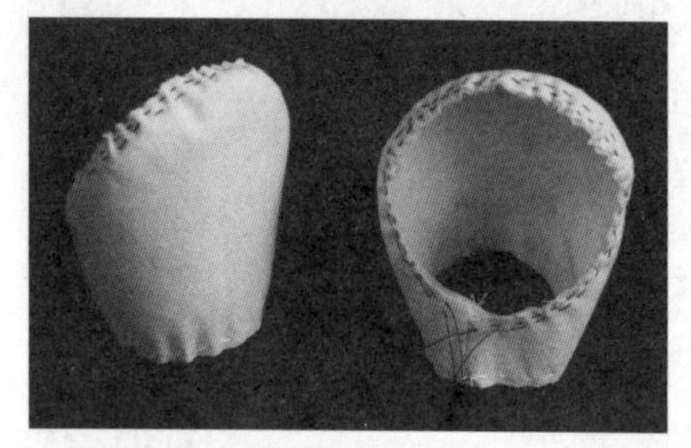
图 8-26

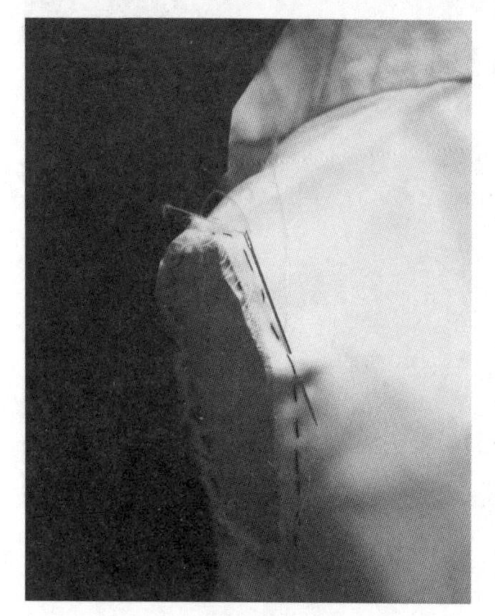
图 8-27

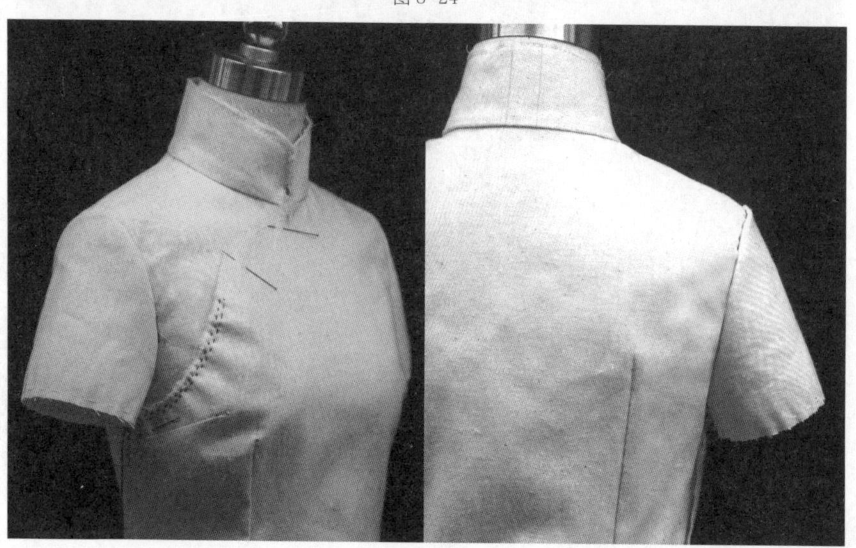
图 8-28

（2）将手工针上好的袖子翻至正面，穿在人台上观察，看袖山是否圆顺，袖身是否平服，左右袖是否对称。有不合适时取下重新调整，确定无误后机缝上袖（图8-28）。

**（十）滚边**

1. 滚边之前的状况（图8-29）。

2. 滚边条的制作。

滚边的作用是用来裹着旗袍的开衩和开口，用来滚边的布条叫滚边条，通常用丝质的绢或者本身旗袍底色的布作为滚边布。但是如果旗袍上有图案，滚边条的颜色通常是图案的其中一种颜色。传统的单色旗袍，其滚边条多用红色或绿色的布。滚边亦分为双滚和单滚，单滚较受欢迎。

**滚边条的制作**

（1）将滚边布刮浆处理。可以用市售的糊精（也可自行用小麦淀粉调制）沿滚边材料纱向均匀刮涂一层浆料，以改善材料的质感和操作的方便性（图8-30）。

（2）待刮浆干燥后，沿45°纱向按需要滚边的宽度的约4倍（此处2.5厘米）画出平行线，然后按线裁剪成45°斜纱布条（图8-31）。

（3）烫折滚边条（图8-32）。

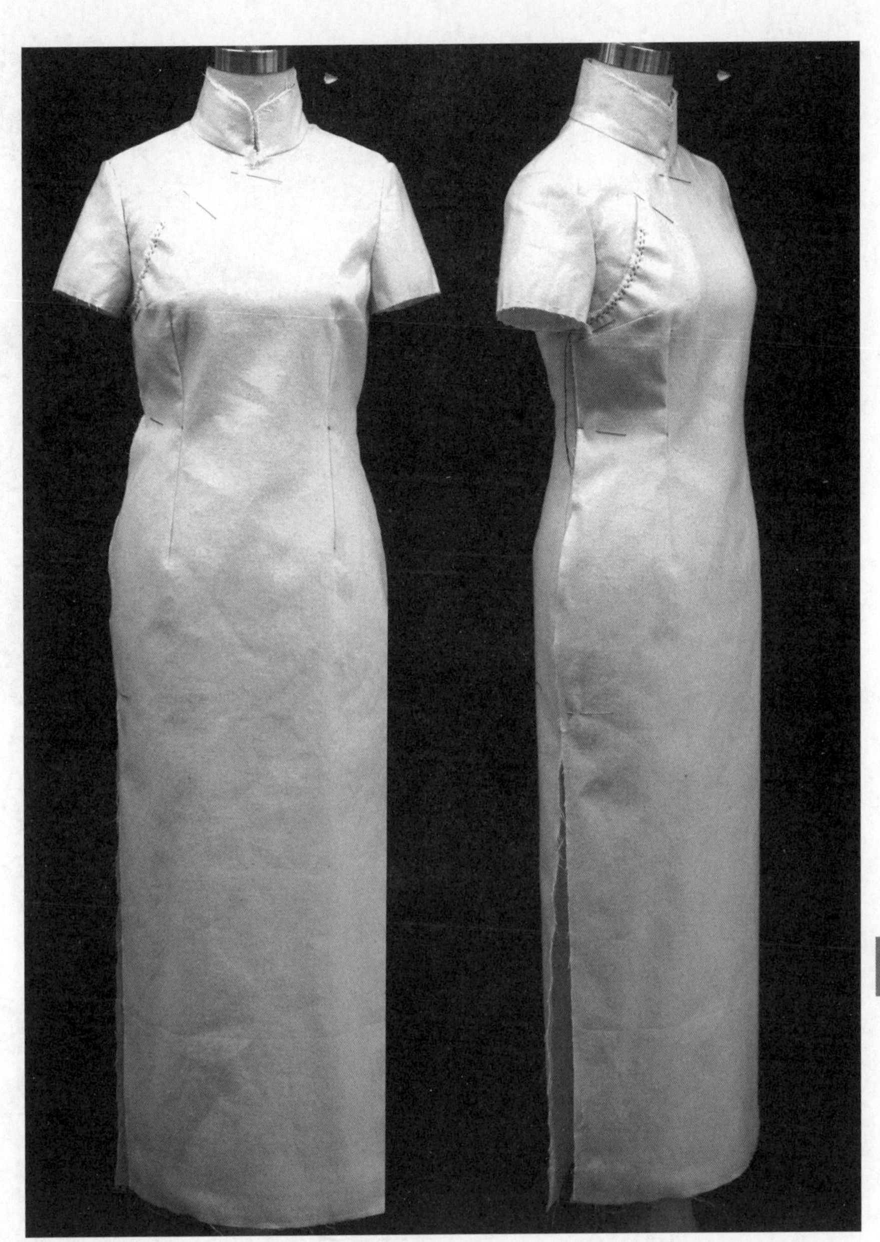

图8-29

图8-30

图8-31

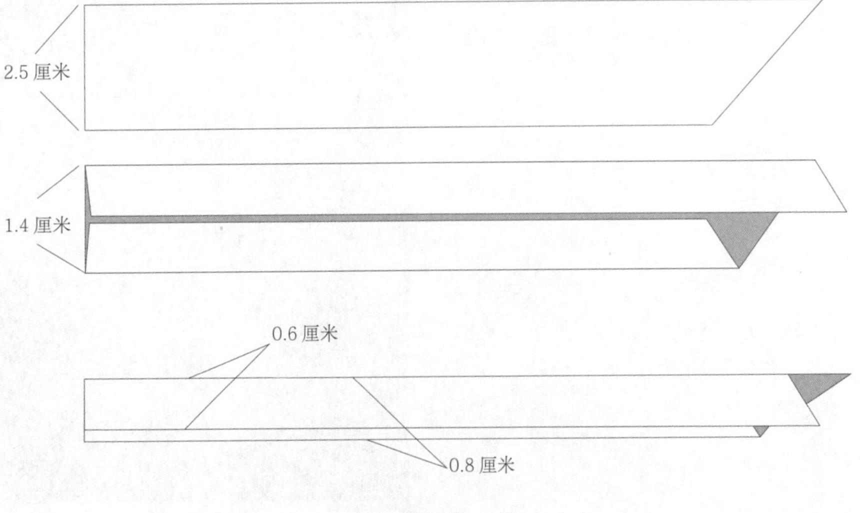


图8-32

3. 袖口滚边。

滚边工艺可参考第九章滚边工艺。

（1）将制作烫折好的滚边条打开后，面对面按滚边宽在袖口缝合，在袖底缝处按滚边长度进行修剪后封口（图8-33）。

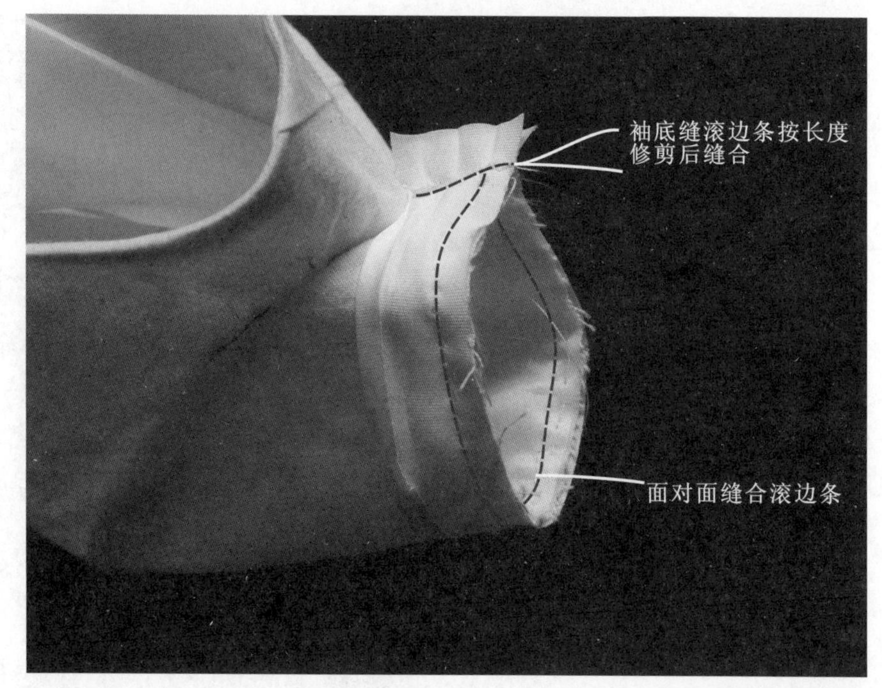


图 8-33

（2）将滚边条翻至正面，再翻至袖口里侧，用手工竖缲针将滚边里侧与袖口里布缝合，竖缲针显露为点状针迹，斜长针迹处于隐藏状态（图 8-34）。

将袖口夹里折光，盖过滚边缉线，缲牢。袖口缝合处将后袖缝头修掉 0.4 厘米左右，用前袖缝折转、包光、缲牢。

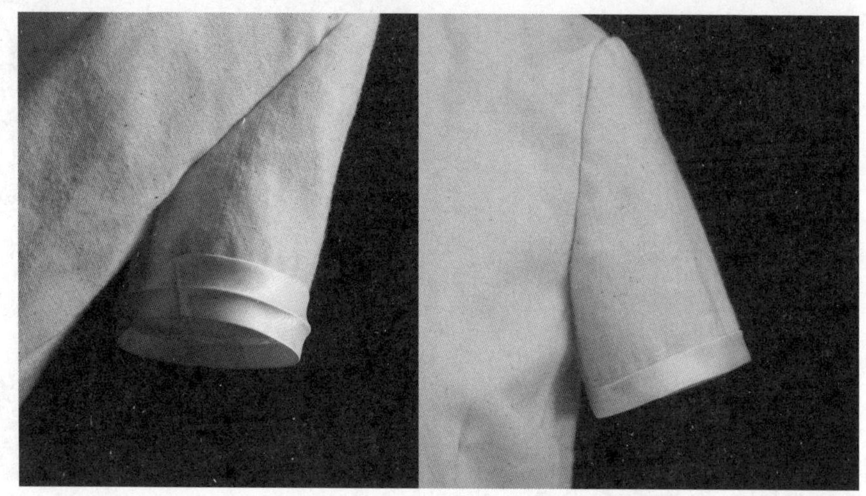

图 8-34

（3）上袖缝份的处理：将上袖的面里布缝份修剪整齐，用滚边条将上袖缝份按袖口滚边的方法包缝起来（图 8-35）。

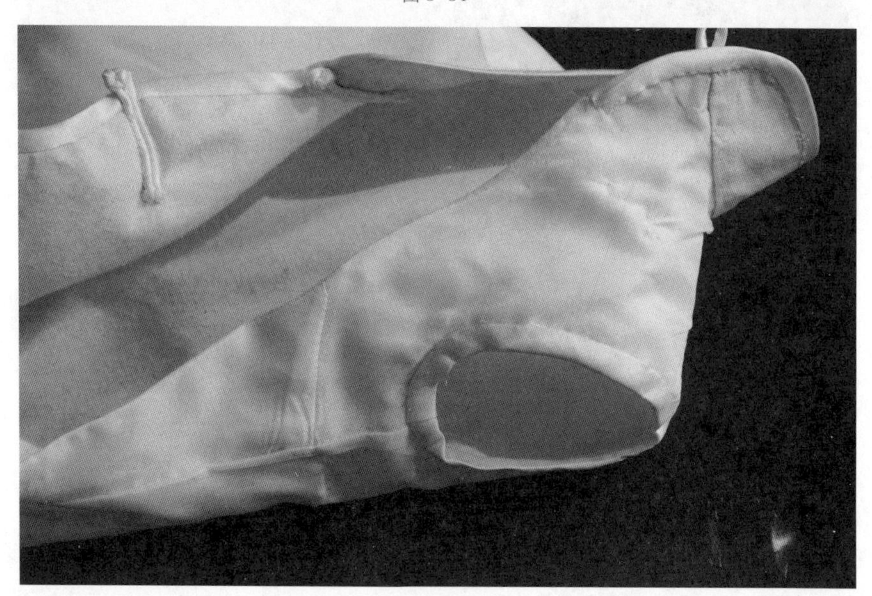

图 8-35

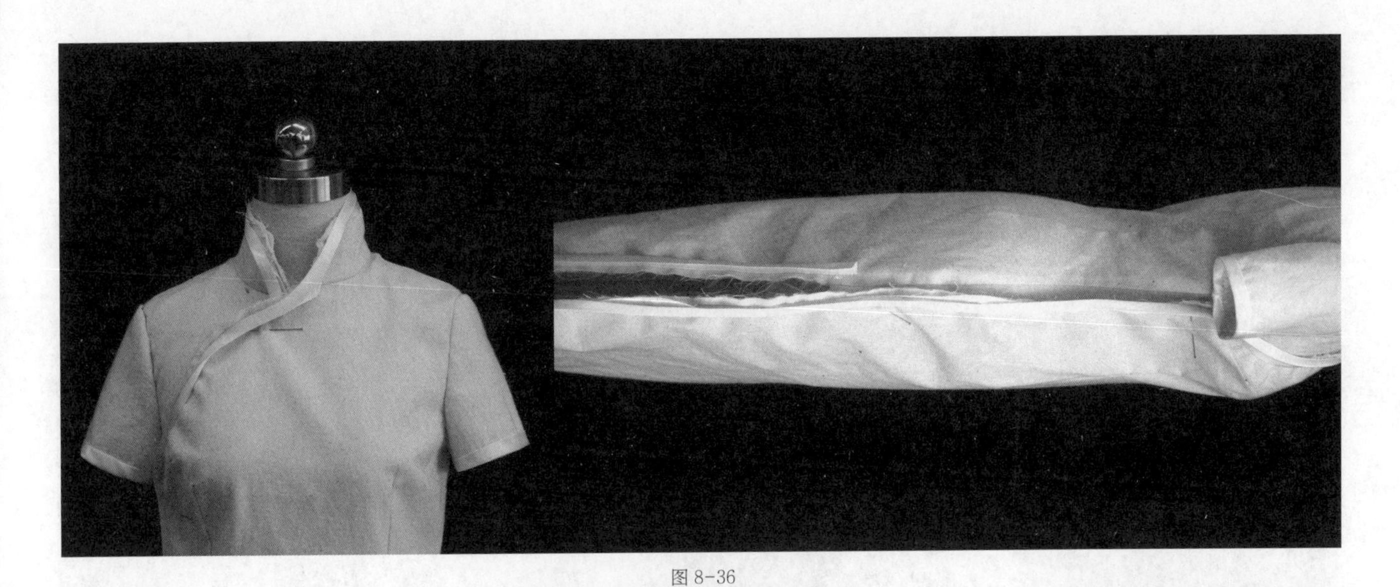

图 8-36

4. 衣领、大襟、摆缝滚边。

滚边工艺与前述相似。

（1）将制作烫折好的滚边条打开后，面对面按滚边宽在衣领、大襟、摆缝连续一次性缝合。滚边条的斜向接缝安排在较隐蔽处，在摆缝开衩处按开衩记号向上加长 5 厘米，以便下一步做滚边开衩工艺（图 8-36）。

（2）角衩的滚边缝制工艺。

第一步：在开衩位置，面布和里布都留出 4 ~ 5 厘米先不缝合，滚边条与面布面对面缝合至开衩止点以上 5 厘米处（图 8-37）。

第二步：滚边条与面布面对面缝合后，里布则滚边完成后手工针缲合（图 8-38）。

第三步：将滚边条翻至正面，将开衩顶部折叠成箭头形（图 8-39）。

第四步：将衩位翻至反面，将滚边条连同面布缝份一起缝合至衩位止点，并做回针固定（图 8-40）。

（3）全件滚边条里侧手工针缲边。将滚边条翻至正面，再翻至里侧，用手工竖缲针将滚边里侧与里布缝合，竖缲针显露为点状针迹，斜长针迹处于隐藏状态（图 8-41）。

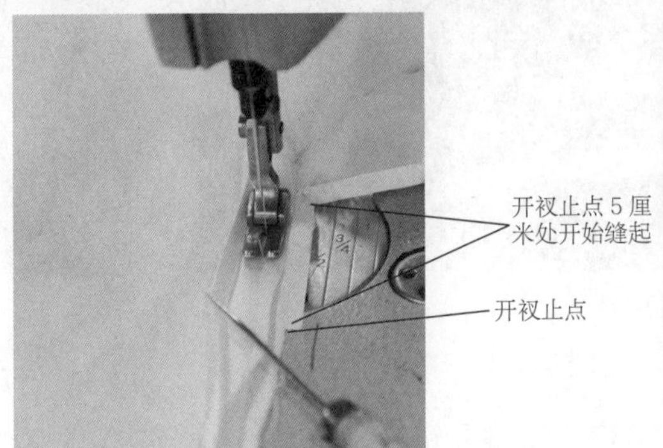


图 8-37

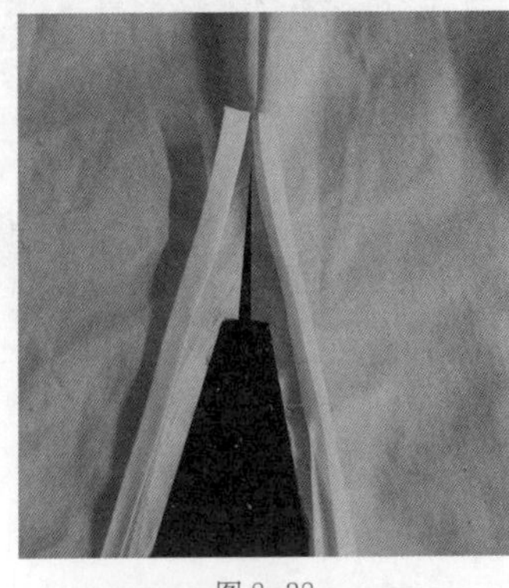

图 8-38

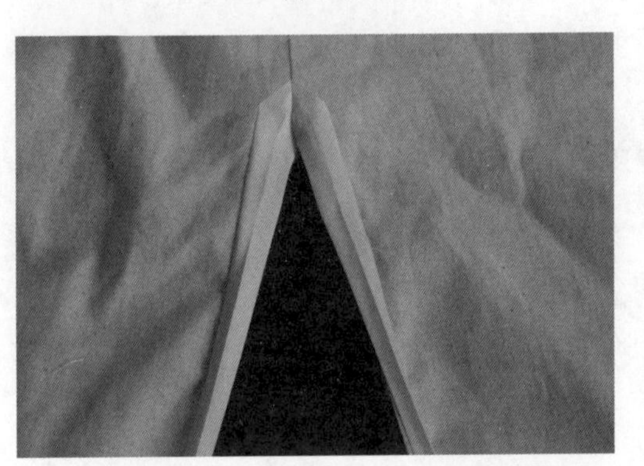

图 8-39

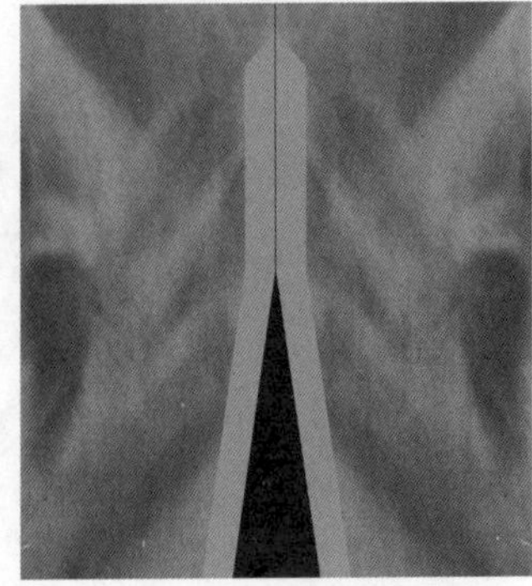

图 8-40

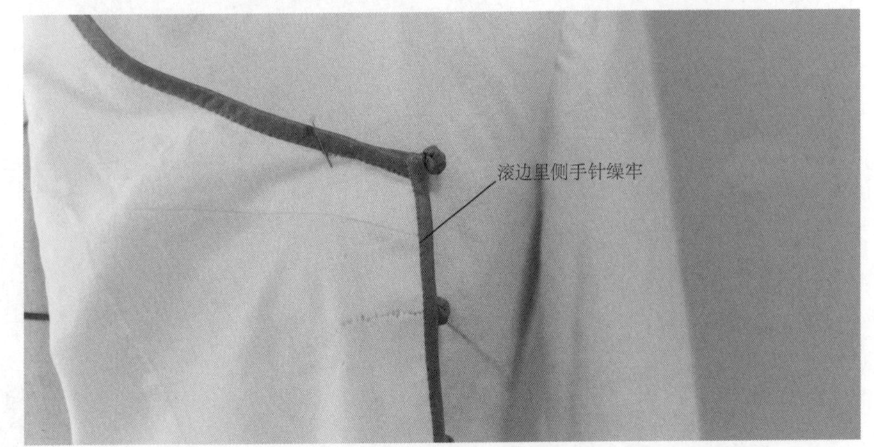


图 8-41

### （十一）做纽扣、钉纽扣

1. 做纽襻条。

将 2 厘米左右的斜条总长约 3 米两边毛口向里折成四层，手工缲牢。如果是薄料可将斜料裁宽，折成六层或八层，也可在斜条中衬几根纱线，使其饱满，厚料就不必加线了。为了便于盘花造型保型，缲纽襻时经常加入细铜丝（图 8-42）。

2. 做扣坨和纽襻。

参考第九章制作方法用纽襻条制作扣坨和纽襻（图 8-43）。

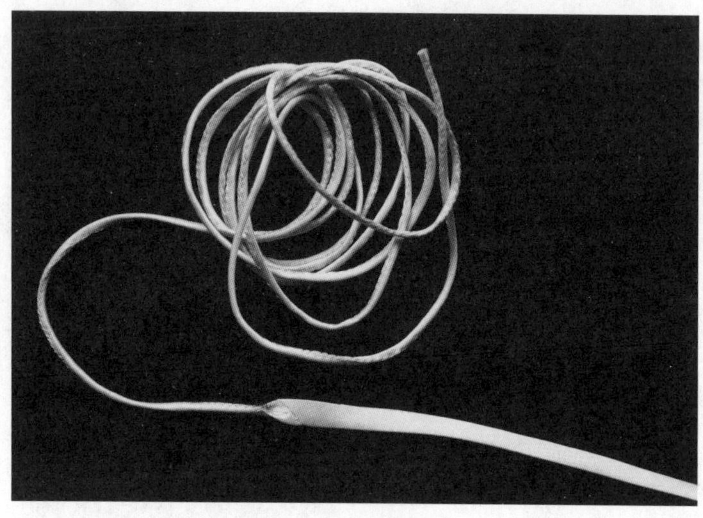

图 8-42

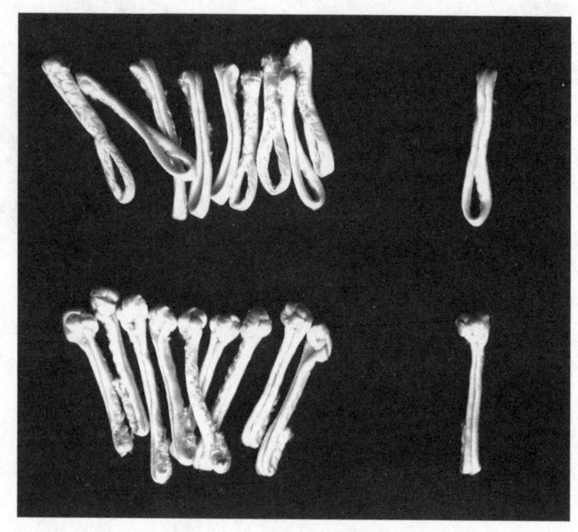

图 8-43

3. 钉纽。

（1）钉扣位置：第一副扣钉在领头下，第二副扣钉在大襟转弯处，第三副扣钉在大襟下端，最后一副扣钉在开衩衩高位置，在第三副扣和最后一副扣之间平均分配钉扣数，扣距一般在 8 ~ 9 厘米之间。全件旗袍钉扣数和一般为奇数，多为 5 副扣、7 副扣、9 副扣、11 副扣等（图 8-44）。

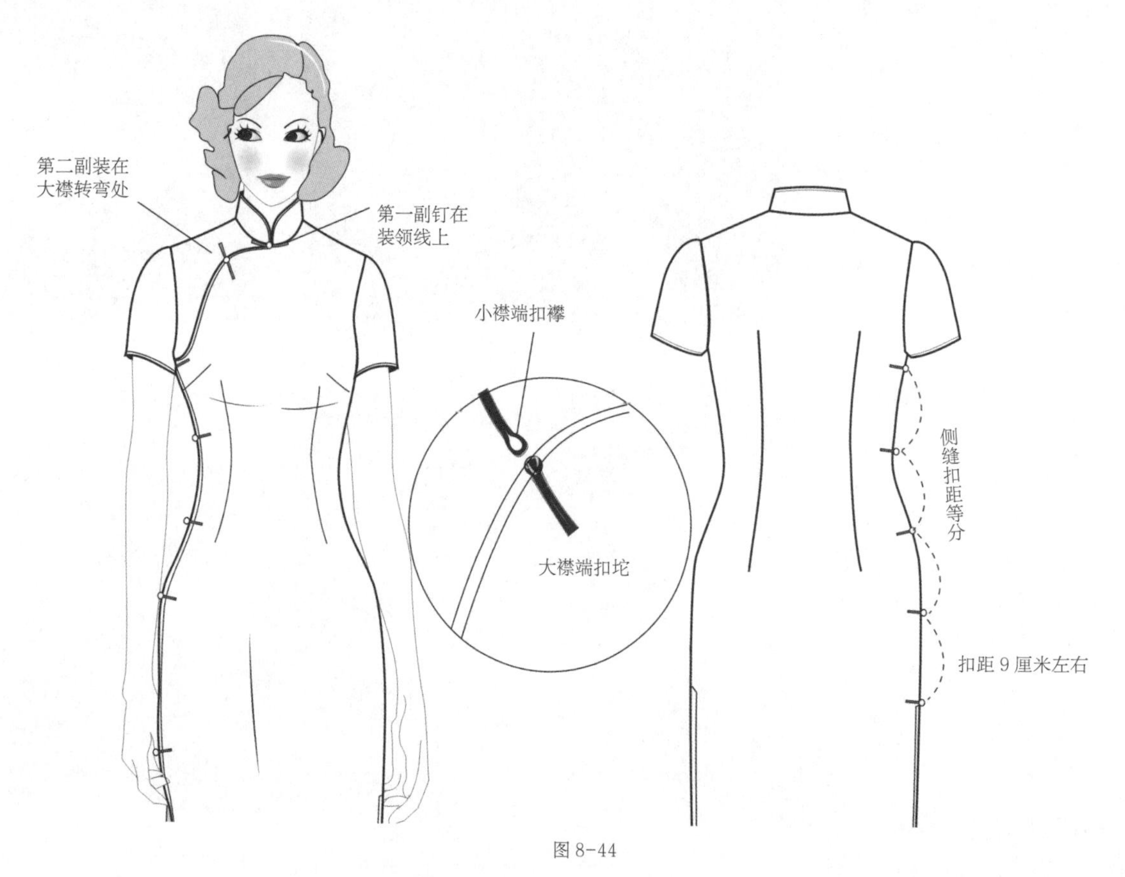


图 8-44

（2）钉扣方法：小襟侧钉纽襻，大襟侧钉扣坨，用细密针缝牢，纽袢条两端要折光藏在盘花下面（图 8-45）。

装隐形拉链可不钉第三副扣，拉链装至大襟下端。

注意：扣坨伸出大襟长度与纽襻长度应在扣好后对位正确；第二副扣角度应考虑美观及受重力影响而出现的不平问题。

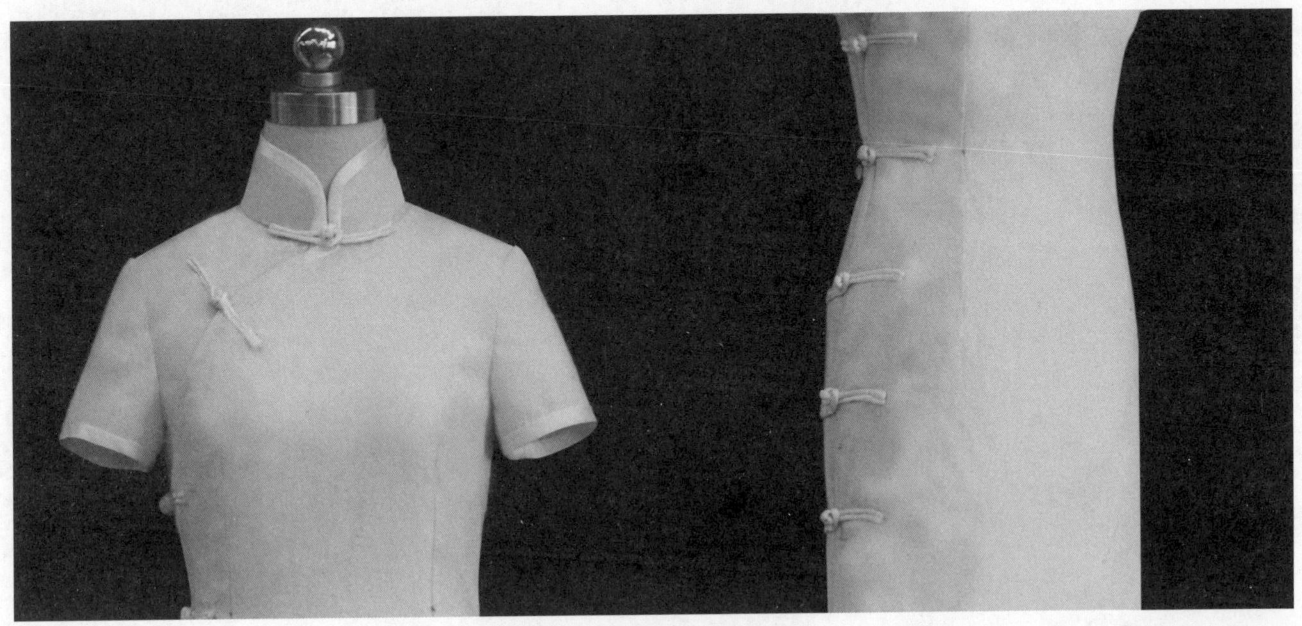

图 8-45

### （十二）整烫

整烫前修剪线头，清洗污渍。

1. 整烫目的。

平整，符合人体体形特征。

2. 整烫顺序。

先烫里子，后烫面子，先烫上面（肩部），后烫下面（折边部位），先烫附件（如袖子），后烫主件（如衣身）。

3. 整烫步骤。

袖口→袖缝→摆缝→肩缝→衣身→下摆→领子。

熨烫时应根据面料性能合理选择温度、湿烫或干烫、时间、压力。熨烫时要盖布，尽量避免直烫。丝绒面料不能直接压烫，只能用蒸汽喷烫，避免倒毛而产生极光。

### （十三）完成整件效果（图 8-46）。

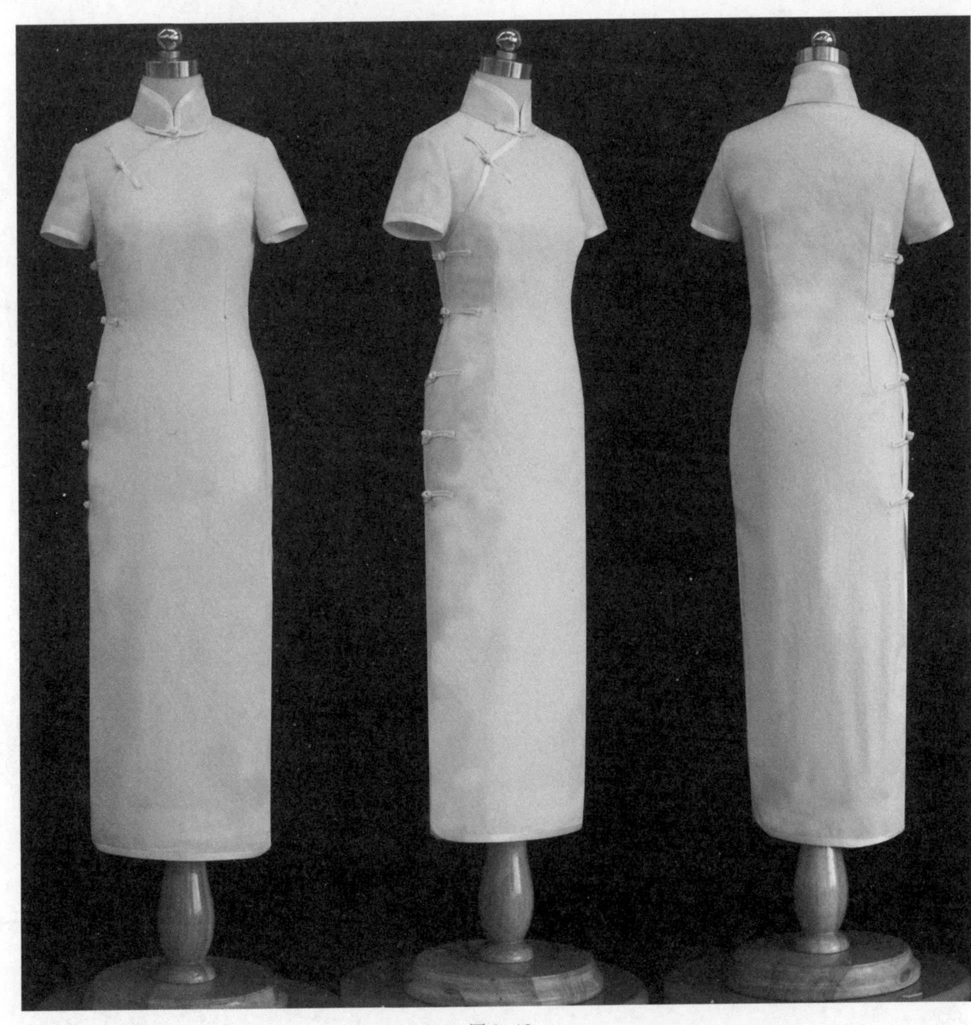

图 8-46

# 第三节 旗袍的试样与补正

## 一、旗袍的试样

量身定制旗袍对合体性要求很高，需要通过试衣观察来修正，这与人体体型的复杂性、面料的特性、采集尺寸的完整度、款式变化等多重因素有关，因此在制作时应先进行试缝。

试缝是为了解服装在缝制完成时的穿着效果而进行的缝合。依据设计要求的需要，尤其是旗袍变化款式的设计，第一次试衣可进行坯布试衣或者成品布试衣，坯布试衣后再进行样版调整和绣滚镶等工艺，便于后工序的操作。在试缝时，为了使易出弊病的部位易拆易改，拆后不留痕迹，缝、拆速度快，一般采用较长的长针距手缝或车缝，然后轻烫或用针将缝头扣倒，进行试穿。

在缝制前，要用牵条将大襟、侧缝等处拉紧，然后再进行缝合。领口、袖窿部位可用拉钩针串缝好，防止拉长变形。

试衣时，要认真观察，观察着装效果是否符合设计要求，看服装中心线是否与人体中心线一致，衣身是否处于平衡状态，肩缝是否静止于肩缝处，穿着者的内衣是否符合要求，宜着调整形内衣，通过文胸补正等手段进行塑型等。

1. 静态着装观察（图 8-47）。

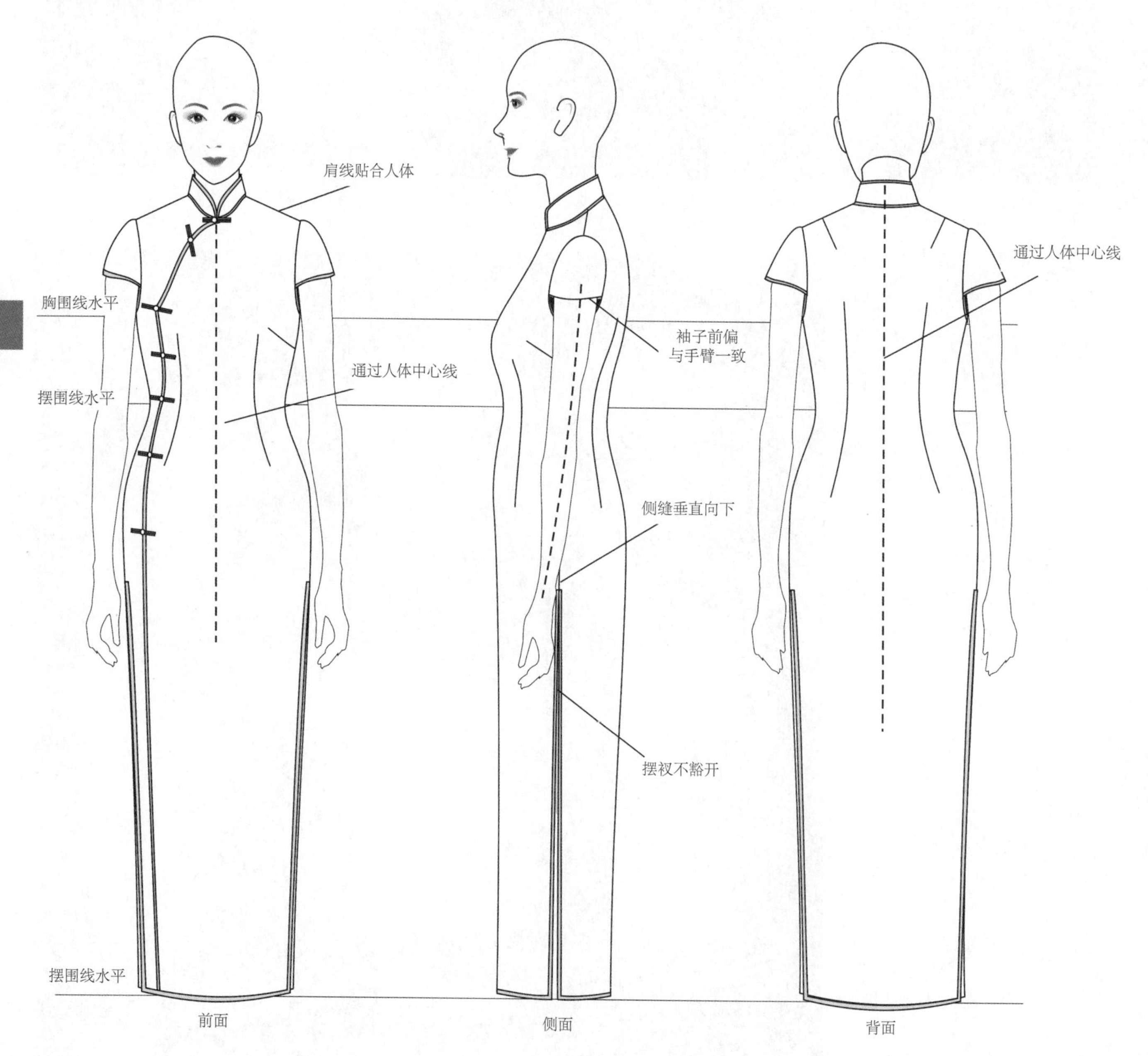


图 8-47

正确着装情况下肩斜度是否符合款式要求：

（1）从正面、侧面、背面观察胸围线、腰围线、摆围线是否水平。

（2）颈围、胸围、腰围、臀围、腿围、臂围等围度方向松量是否合适。

（3）胸高点是否正确，大襟有无豁开不平服现象，领型、肩宽、胸背宽等宽度方向尺寸是否合适。

（4）观察衣长、袖长、扣位等是否与设计相符。

（5）衣袖自然下垂时袖子的自然弯曲是否合适，装袖的前倾度和装袖角度是否符合款式要求，讲究服装挂相好。

2. 动态着装观察：

服装结构中宽松量和运动量的设计主要是依据人体正常运动的尺度来设计的。

（1）行走是否方便、舒适。

（2）手臂向前和向上运动时，后衣片的袖窿、背宽、袖山的造型是否符合人体运动功能的需要。

（3）人体呈坐姿和下蹲时，服装是否有足够的松量或舒适度。

## 二、旗袍的补正

1. 前后衣片的缩放调整。

当围度方向作小幅度调整时（一般小于 6 厘米，调整较多时建议另行起版），胸围、腰围、臀围同步放大（或缩小），肩宽、袖窿深相应作调整（图 8-48）。

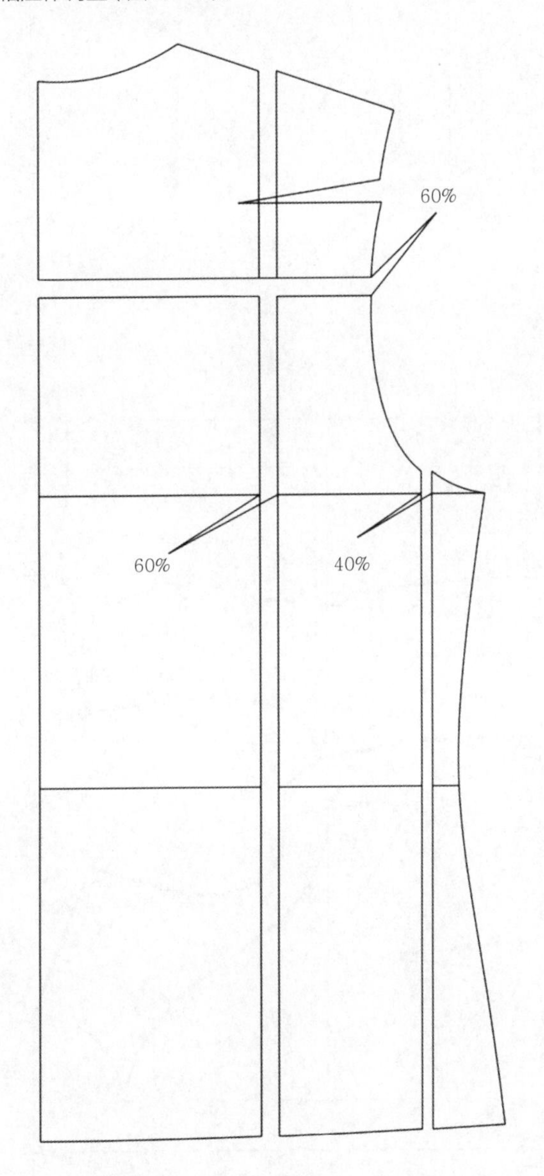


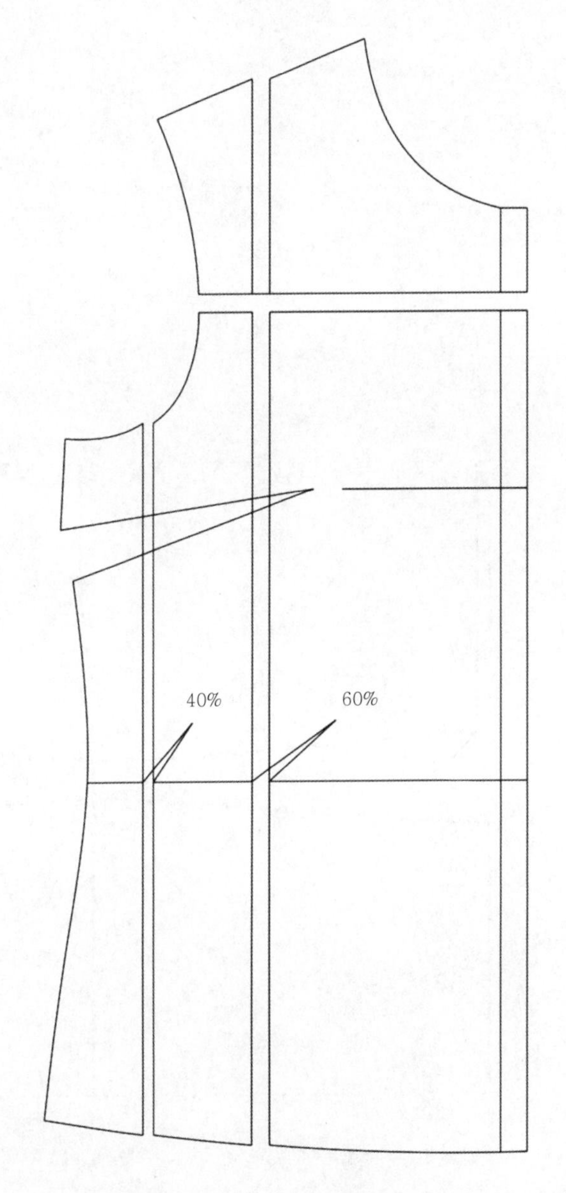


图 8-48

2. 后衣身下垂。

（1）着装观察分析。

人体胸围线、腰围线、底摆线呈现后低前高现象，原因在于背长偏长（图 8-49）。

（2）版型调整。

拆开侧缝线和后袖窿，让后衣身自然下垂，剪去后衣片下摆多出部分，同时修正袖窿，在腰节处重新作刀眼。此时，后腰围线抬高，背长缩短，注意前腰节长度不变（图 8-50）。

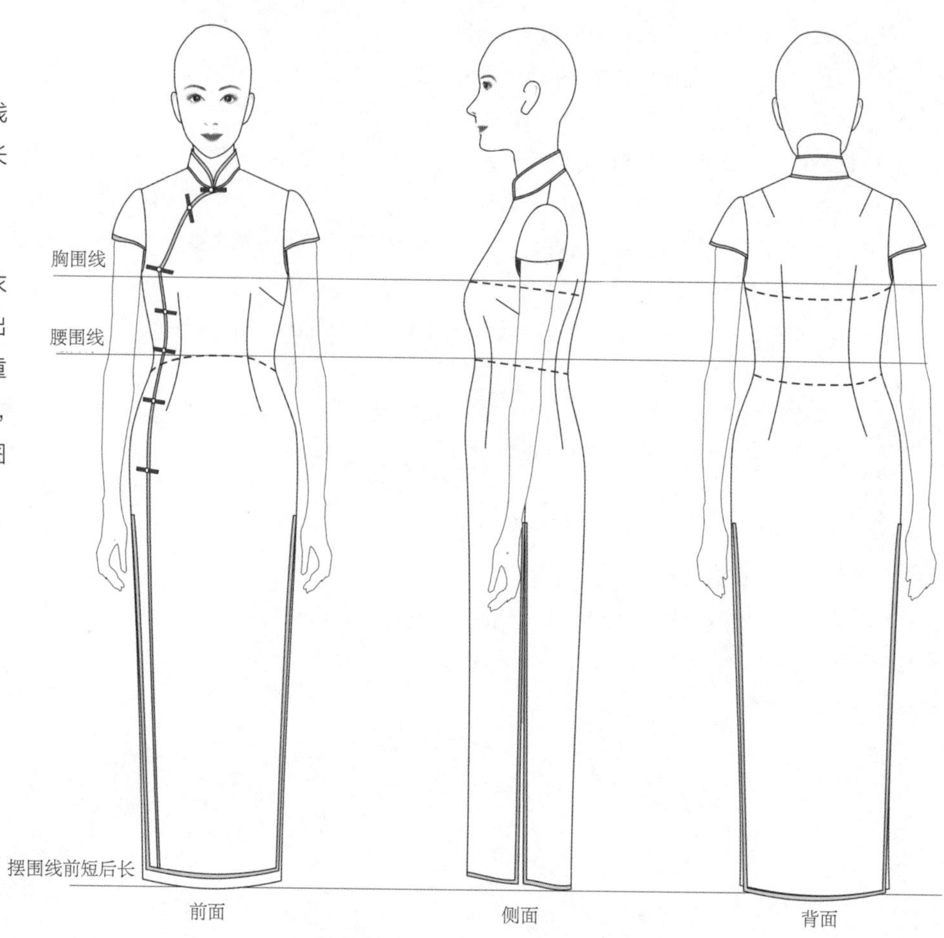


图 8-49

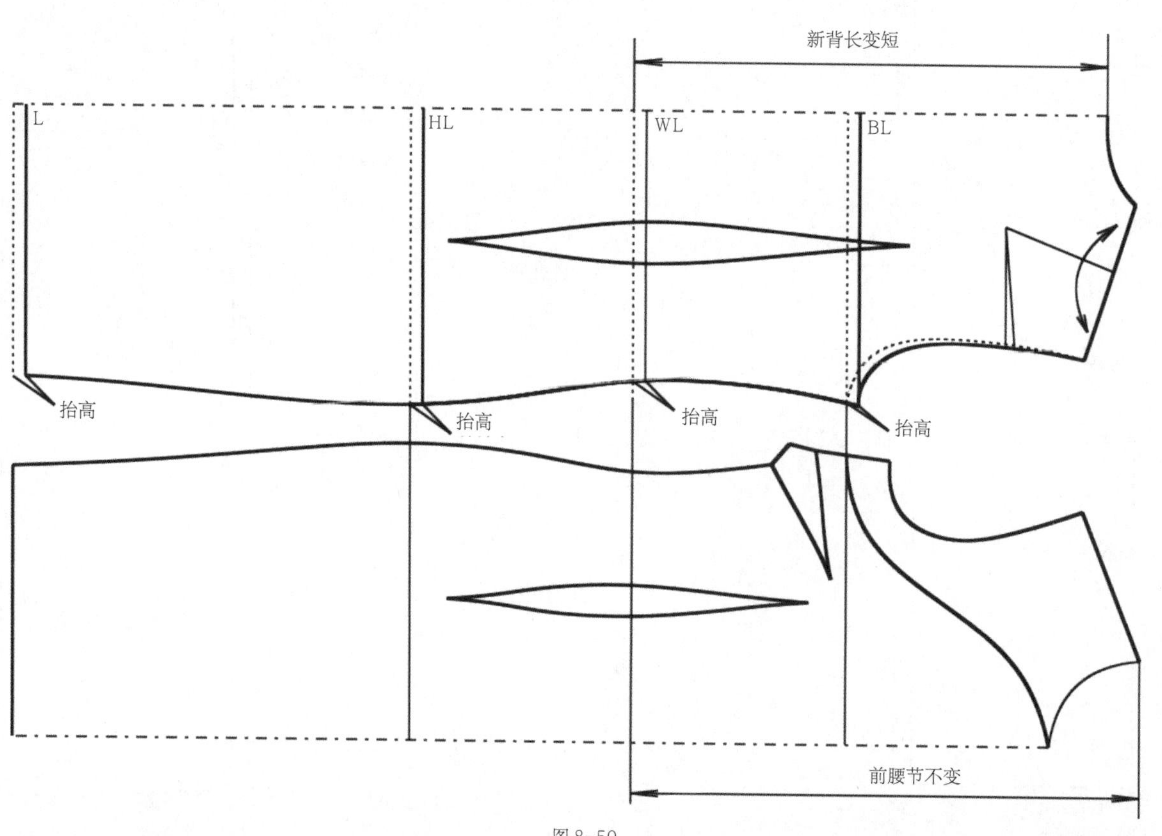


图 8-50

3. 前衣长起吊，胸部紧绷。

(1) 着装观察分析。

前衣长下摆处起吊，胸部有牵拉紧身感，后衣身产生多余量，侧缝前偏。原因在于胸凸量偏大，背凸量偏小（图 8-51）。

(2) 版型调整。

后片折叠后背宽改小肩胛省，前片拉开前袖窿深，沿 BP 点上下方向拉开一定角度，以增加前胸宽，增大胸省，解除胸部紧绷感（图 8-52）。

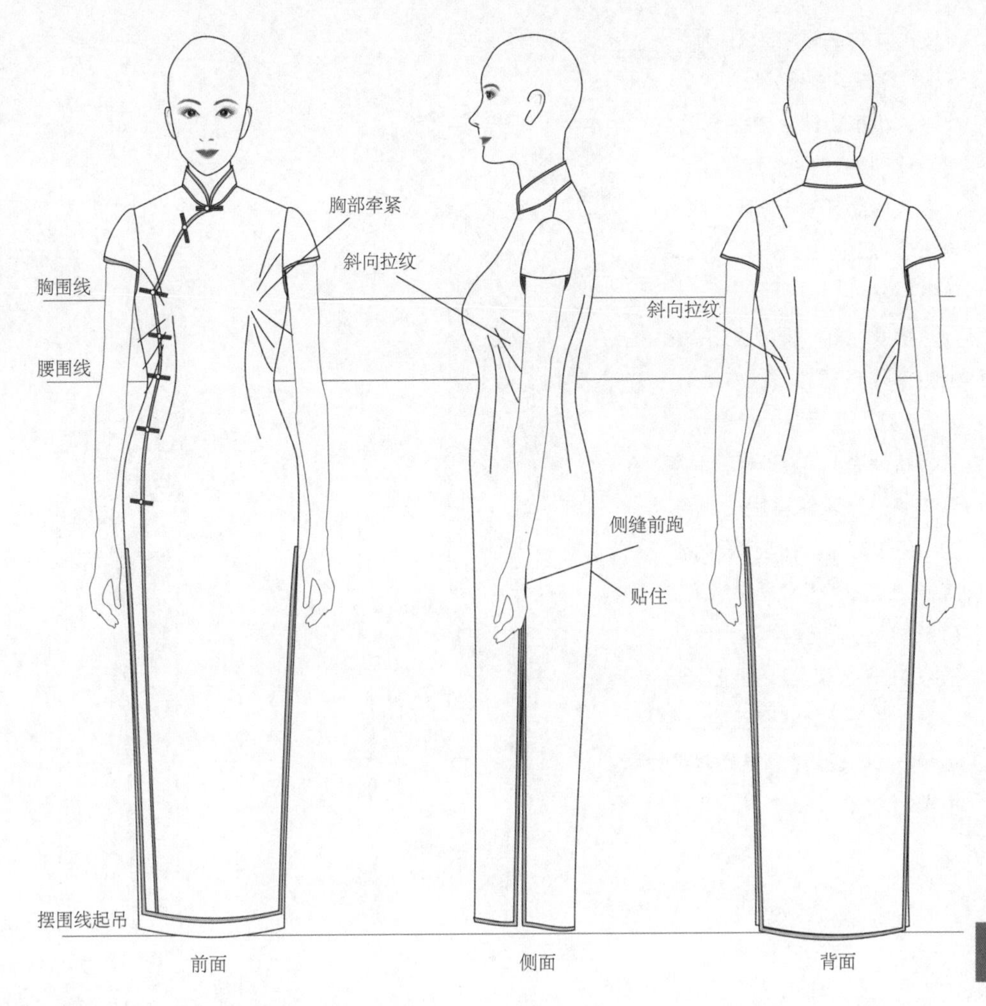

图 8-51

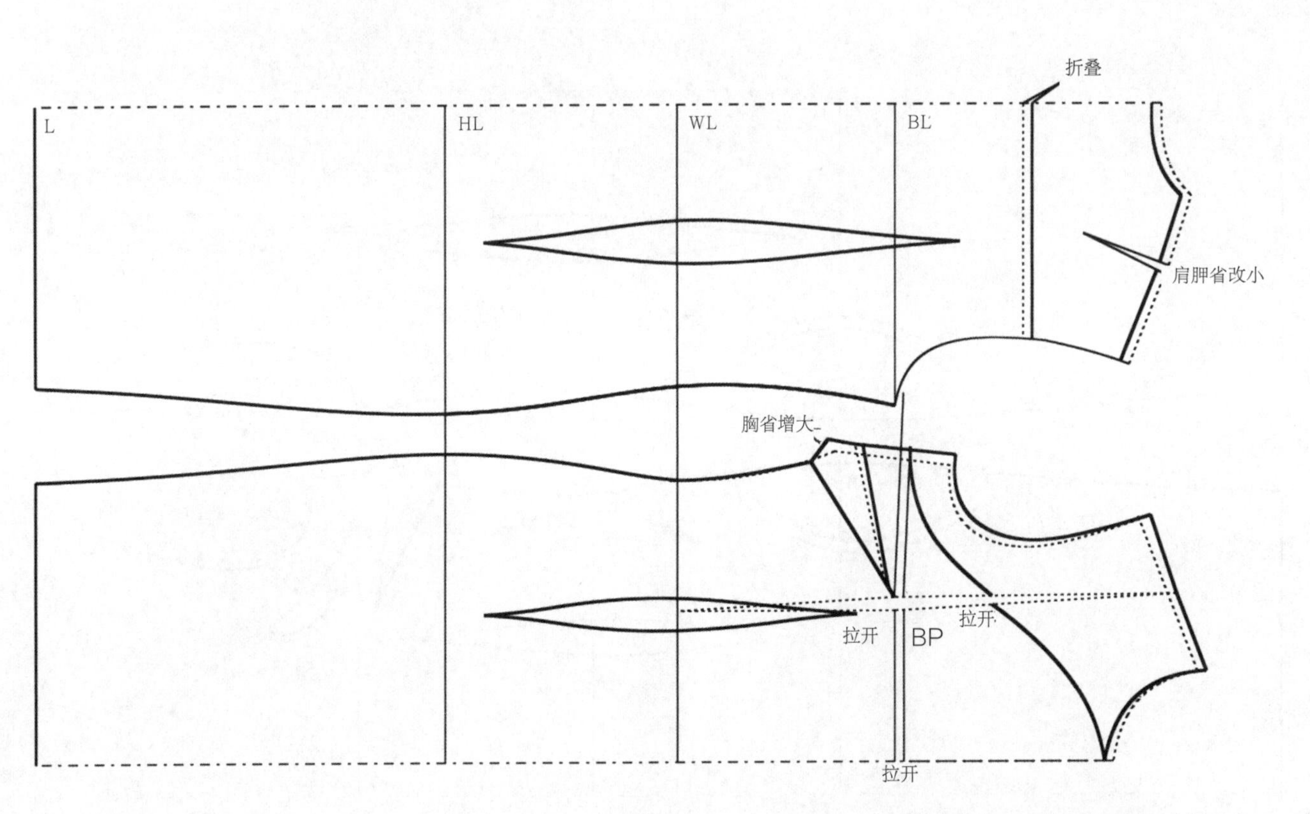

图 8-52

4. 大襟豁开，摆衩豁开。

（1）着装观察分析。

大小襟自然合拢平服，大襟豁开，摆衩向两边划开。

大襟豁开分析原因是胸省量不够，工艺上大襟边缘拉牵条不到位。

摆衩豁开分析原因是工艺上侧缝归拔不到位（图 8-53）。

（2）版型调整。

将大襟上段豁开部分转移至胸省，修正转移后的线条，胸凸量较大时，也可另设袖窿、胸省。工艺上在大襟边缘上拉牵条，滚边工艺时，适当带紧。摆衩豁开处理：工艺上把侧缝中腰处拔开，侧缝臀部的凸势进行归缩处理，余量推到臀部，摆衩处作归拢处理（图 8-54）。

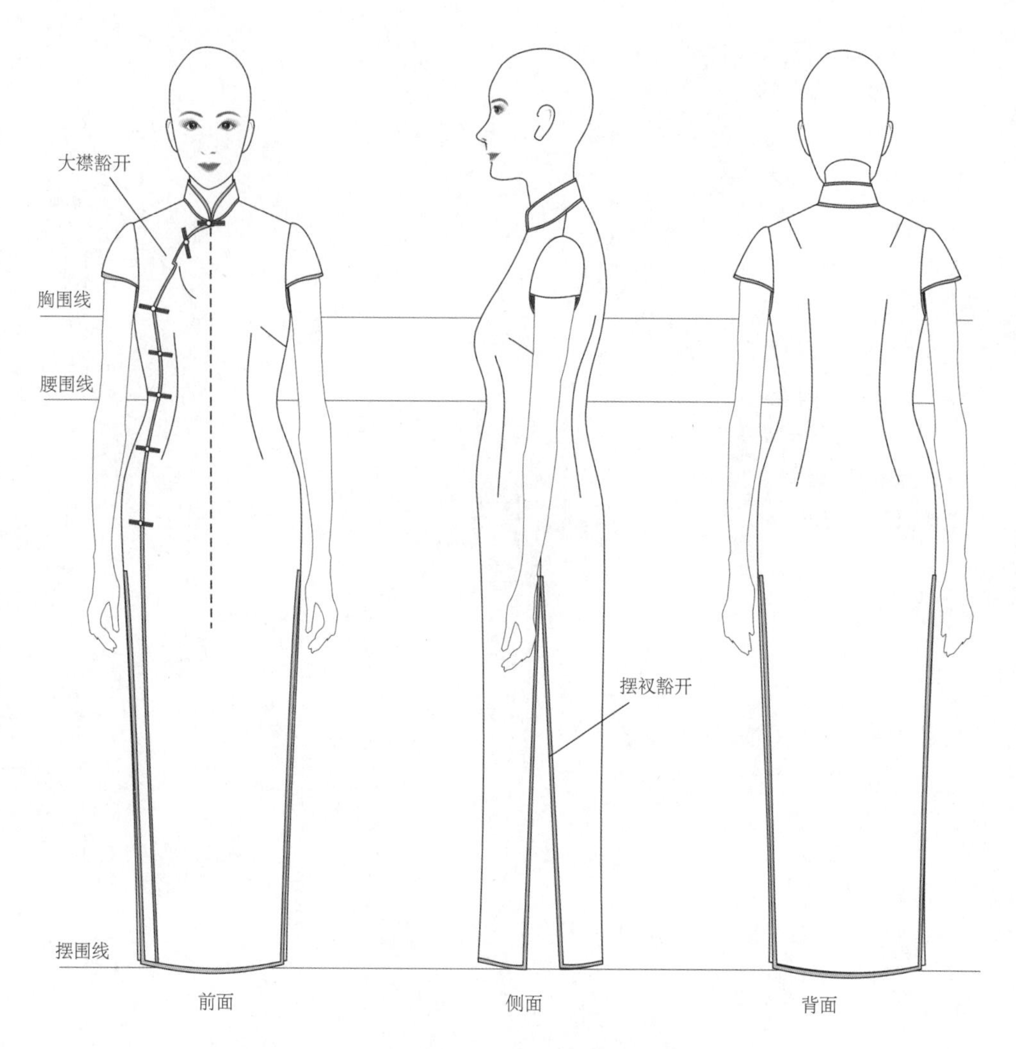


图 8-53

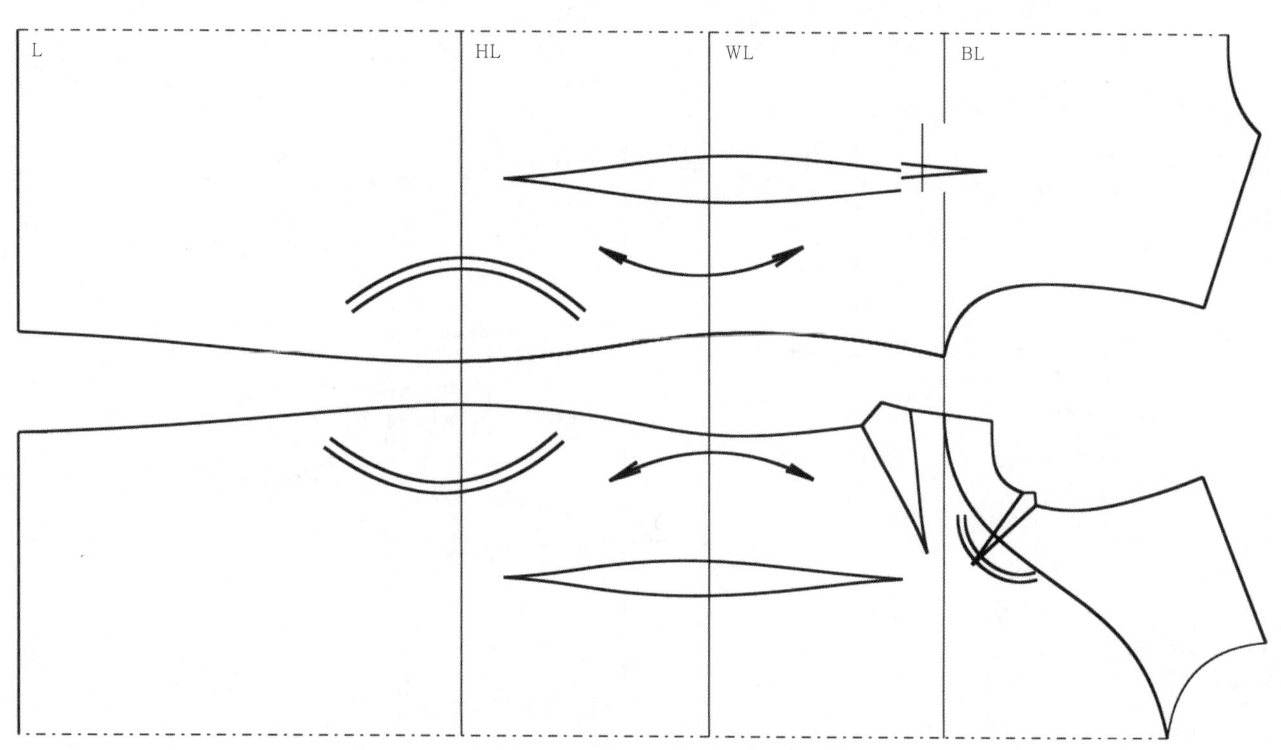


图 8-54

# 第九章

## 旗袍手工工艺

传统中国女红包括
绣花、缝衣、编织。
旗袍的制作
包括了女红的所有项目，
盘、滚、镶、
嵌、绣、缝、
宕、包等手工艺。

# 第一节 盘纽工艺

## 一、盘纽的分类

盘扣，也称为盘纽、纽襻。盘扣是由古代中国发明的一种扣艺，是古老中国结的一种。

盘扣由纽结和纽襻成双成对组合而成。“盘”指编盘、编绕纽扣。“襻”是指纽身后的花型图案（图 9-1）。

盘纽可分为直扣（一字扣）和盘扣（花型扣），现代将一字扣和花式纽襻的盘扣统称为盘扣。

盘扣的作用在中国服饰的演化中逐步改变，它不仅仅有连接衣襟的功能，更成为装饰服装的点睛之笔。自明清以来，盘扣使用极为广泛，它取代了历代服饰上的各种系带，广泛应用于大氅、马褂、短袄、旗袍、长衫等日常生活服装中。

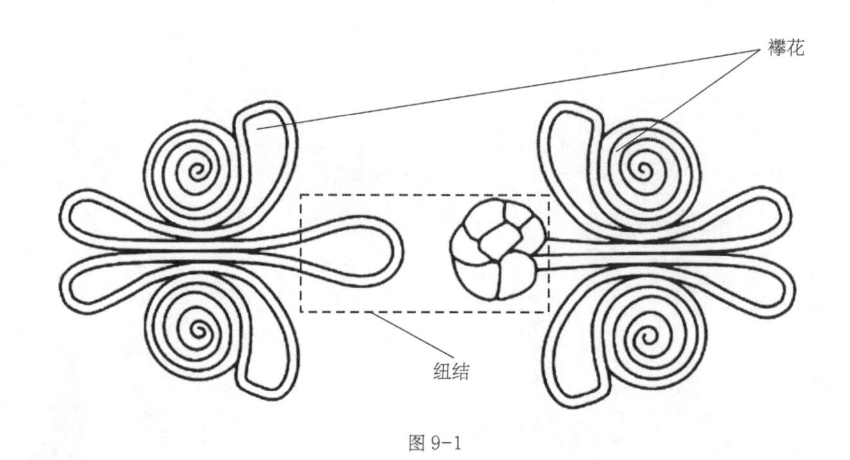


图 9-1

旗袍的纽扣为盘扣，极具装饰特色。旗袍盘扣具有其他服装上纽扣所不能比拟的作用，它不仅仅是一个纽扣，而是旗袍本身一件精美的装饰品。盘扣设于旗袍领部、襟部，能起到画龙点睛的作用，生动地表现着服饰重意蕴、重内涵、重主题的装饰趣味。

旗袍盘扣常用经典类的直盘扣，也用到花式类的花型扣。

1. 一字盘扣。

又称直盘扣，是最简单、最经典的盘扣，一字盘扣分一字布坨扣和一字珠扣。

一字布坨扣：用一根襻条编结成球状的扣坨（图 9-2）。

一字珠扣：用球形的铜饰或珠宝做扣坨，另一根对折成扣带（图 9-3）。

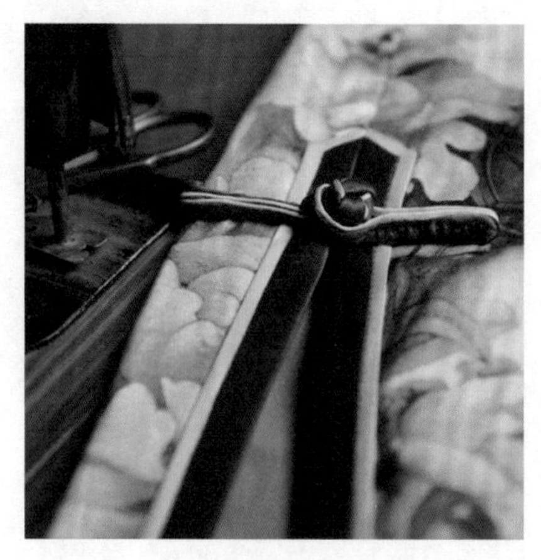

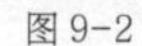

图 9-2

图 9-3

2. 花型扣。

花扣是纯装饰性的扣子。花扣盘出的花型图案，多为古色古香的龙、凤、孔雀、福、禄、寿、喜、吉祥如意等，还有象形的图案，如琵琶扣、四方扣、凤凰扣、花篮扣、树枝扣、花蕾扣、双耳口、树叶扣、菊花扣、蝴蝶扣、蜜蜂扣等，与中国传统文化相呼应。

花扣因结构不同可分为实心花扣和空心花扣两大类（图 9-4）。实心花扣指盘花中心部位被襻条充满的花式扣。空心花扣指盘花中空或用其他布料包棉花嵌在里面。

各种花扣如图 9-5 所示。

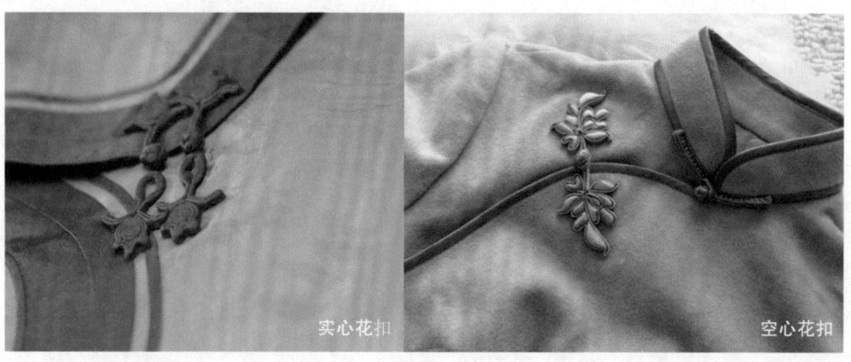


图 9-4

## 二、手工一字盘扣工艺

传统的盘扣条，看上去是细细的圆柱形，做出来的盘扣都是手缝到衣服上面的。

1. 做盘扣条。

方法一：内填充棉线。

第一步：将宽 2.1 厘米左右的斜条三等分，在斜条中衬几根棉线，使其饱满，厚料可不加线（图 9-6）。

第二步：三等分斜条布对折再向内对折，用斜针手工缲牢（图 9-7）。

第三步：对折 1/3 一边，再对折 1/3 另一边线。

第四步：再对折，对折边斜针缝合线，针距 0.7 厘米 / 针，缝合成型宽 0.35 厘米，外形饱满立体。

方法二：利用斜条布反复折叠。

第一步：将宽 2.1 厘米左右的斜条布在裁剪前烫一层针织衬，以增加厚度，分三等分后按前面的方法制作（图 9-8）。

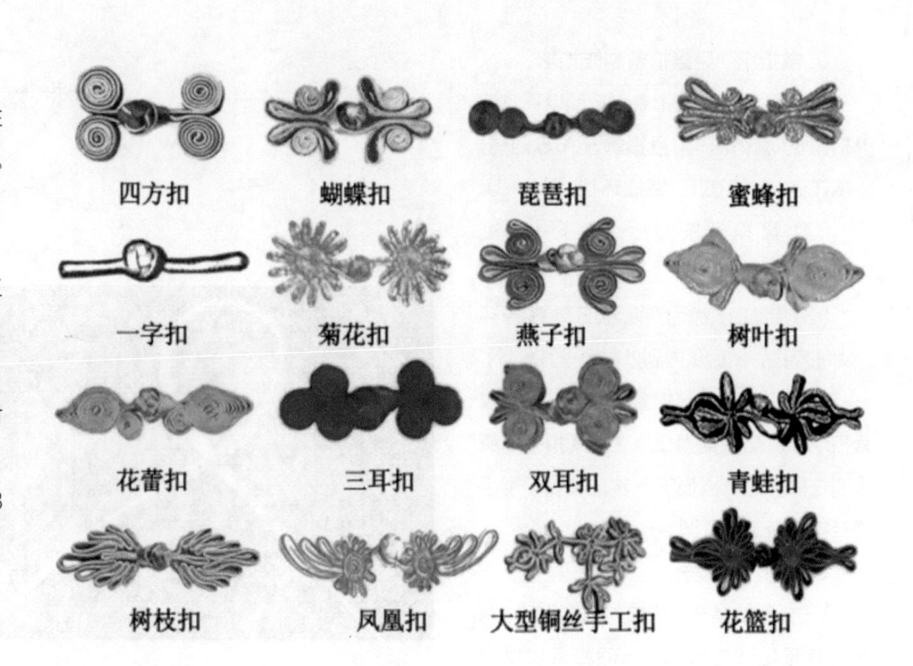


图 9-5

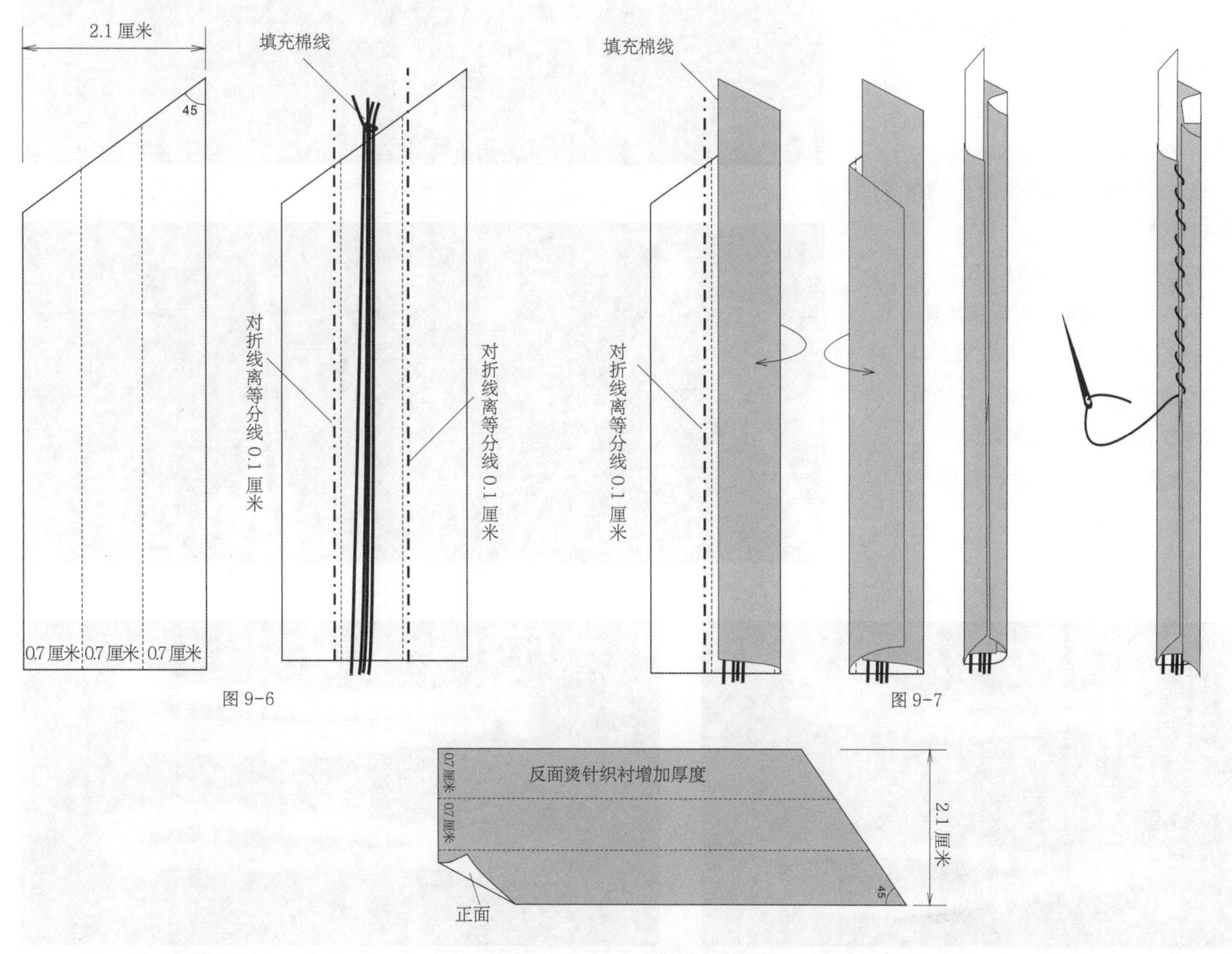


图 9-6

图 9-7

图 9-8

2. 做扣坨。用盘扣条制作扣坨。

（1）用做好的盘扣条，按照以下方法盘扣。为了看得清楚，盘扣条分 A、B 两端，B 端在上，A 端在下，绕成环状（图 9-9）。

（2）盘扣条按图示绕成环状（图 9-10）。

（3）绕成环状后，注意 B 端在各环之间的穿插，然后从内到外收紧 图 9-11）。

（4）用镊子沿着扣条的方向分几次收紧扣坨，直至完美为止，注意两扣条的缝合侧在同一边，以便下一步的缝合，用手缝针将扣条缝合（图 9-12）。

3. 制作一字盘扣。

一字盘扣是最简单的中式纽扣，制作重点是尾端的收口，一般扣条长度为 5 ~ 6 厘米，视款式有长短变化。

完成扣身 5 ~ 6 厘米，扣坨的大小直径约 1 厘米，扣襻开口约 1.5 厘米。

以直扣长 6 厘米，扣坨直径 1 厘米为例，扣条所需长度为：

扣坨端：扣坨 11+ 扣身 6×2+ 缝份 0.5×2=24 厘米

扣襻端：扣襻 3.5+ 扣身 6×2+ 缝份 0.5×2=16.5 厘米。

故一对直扣的扣条总长约需 40 厘米。

（1）按所需长度裁剪扣身（图 9-13）。

（2）将扣身尾端的缝线拆掉 2 针，并藏入扣身中间用乳胶粘住线头，在尾端 0.5 厘米 45° 斜向裁剪，并修剪扣条内的缝份，以减小完成的厚度。

（3）涂上些白胶防起毛边（图 9-14）。

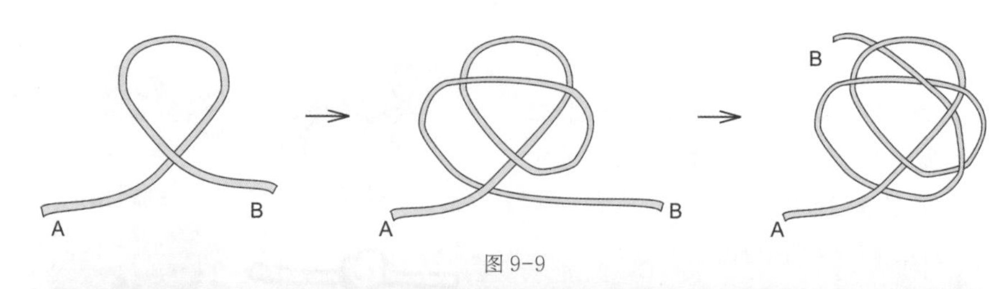

图 9-9

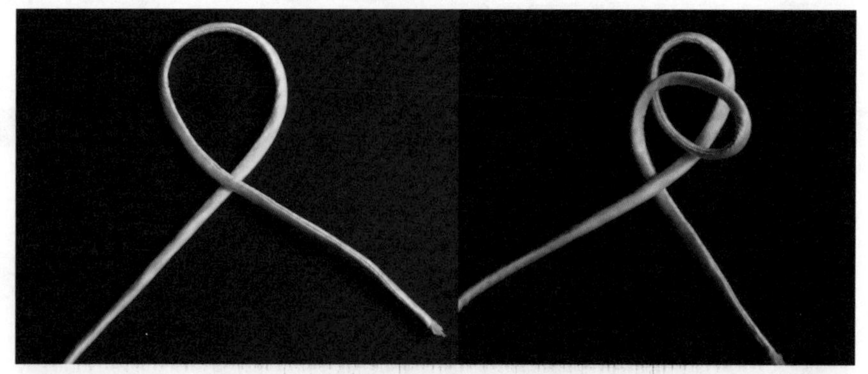
图 9-10

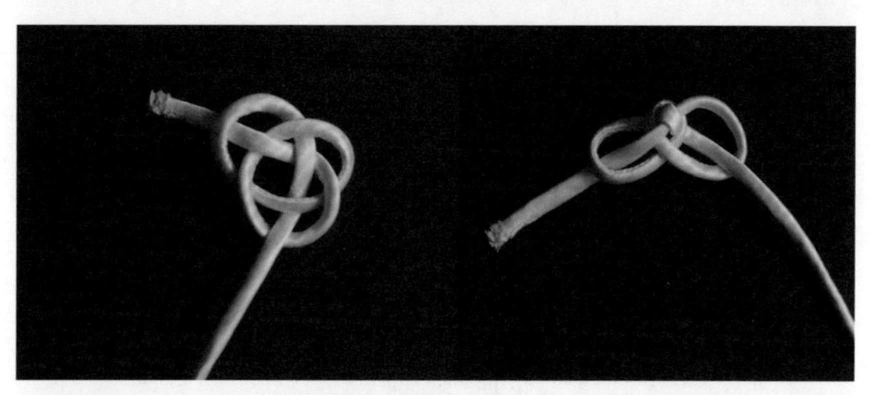
图 9-11

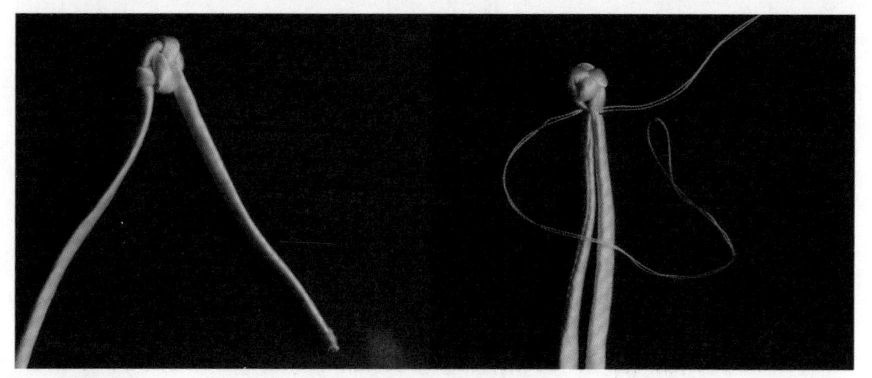
图 9-12

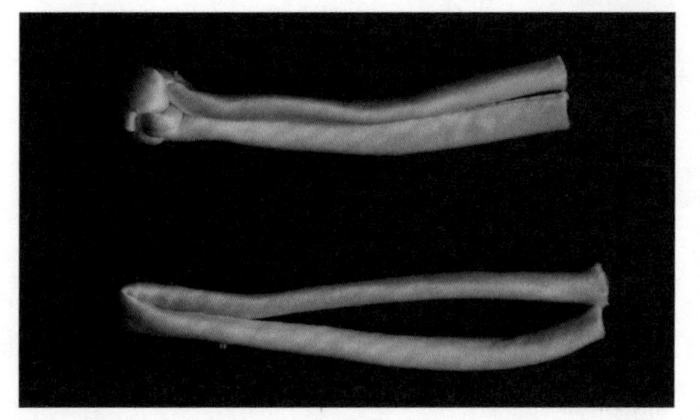
图 9-13

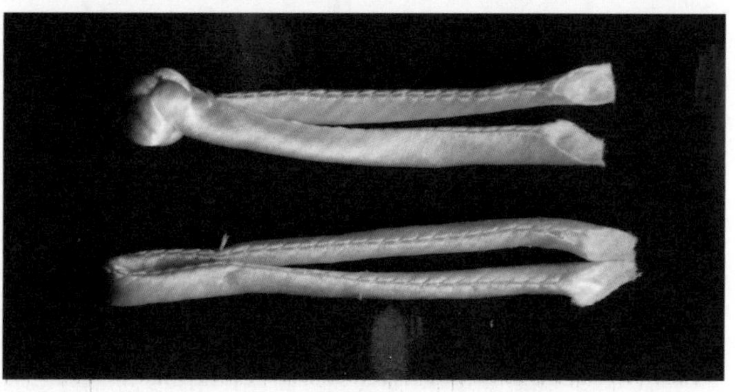
图 9-14

4. 缝扣襻。

（1）依据扣坨的大小决定扣襻的大小，一般扣襻约为扣坨直径的 1.5 倍（图 9-15）。

（2）将扣坨与扣襻假扣合，确定扣襻的大小（图 9-16）。

（3）用手缝针缝合扣条身，直针在外斜针在内，并将扣条身尾端向内倒缝合成型（图 9-17）。

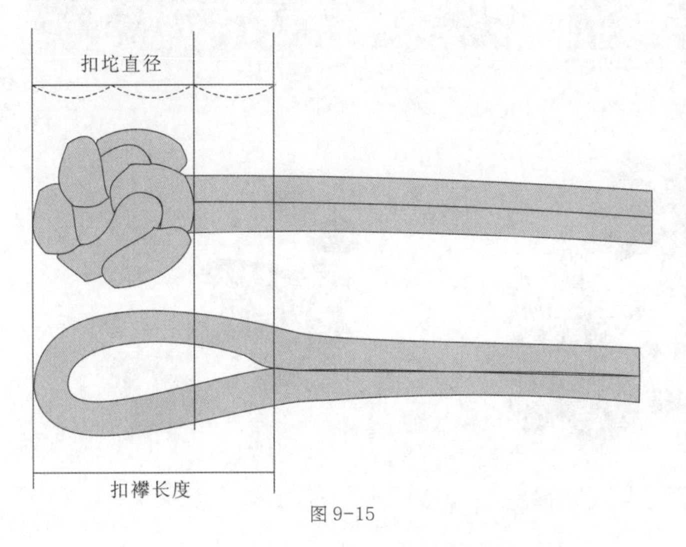

图 9-15

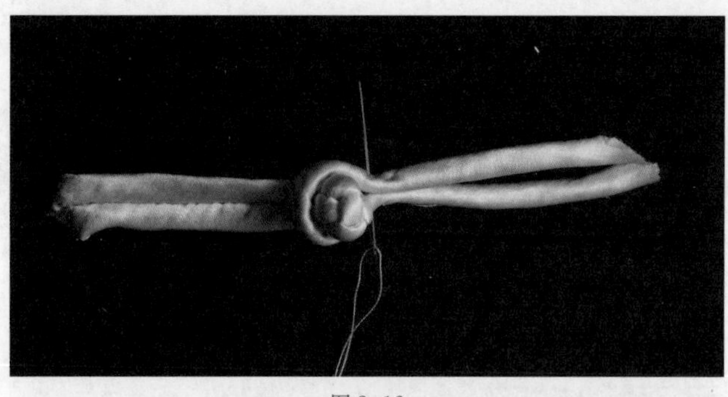
图 9-16

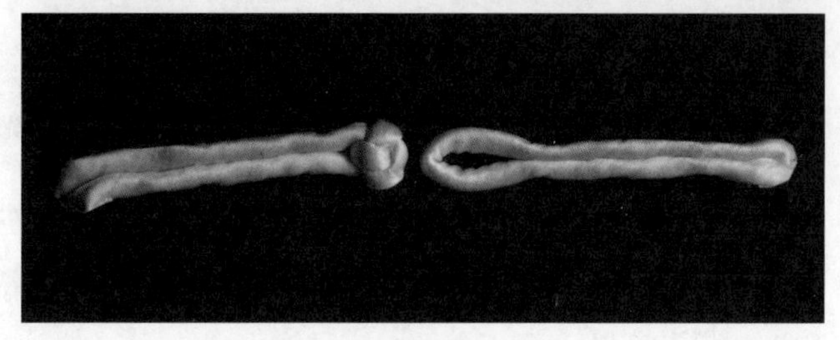
图 9-17

## 三、机缝一字盘扣工艺

由于现代服装工艺的需要，日常便装中有时用机器缝制相对简单的一字盘扣，以提高生产效率和稳定产品质量。

机缝盘扣做出来的是扁的，用缝纫机直接缝上去，机缝盘扣制作很简单，特别适合初学者。

机缝盘扣的效果如图 9-18 所示。

**制作方法：**

步骤一：把宽 1.2 厘米的 45° 斜条对折成 0.6 厘米宽牙条，用熨斗压烫好备用（图 9-19）。

步骤二：用拉筒把牙条包到包边条里面，牙条露出来 1 ~ 1.5 毫米（图 9-20）。

步骤三：用做好的盘扣条，按照以下方法开始盘扣。为了看得清楚，盘扣条分 A、B 两端：B 端在上，A 端在下，绕成环状（图 9-21）。

步骤四：均匀收紧盘条，用手针缝合内侧，用熨斗烫好，直接机缝在衣服上面即可（图 9-22）。

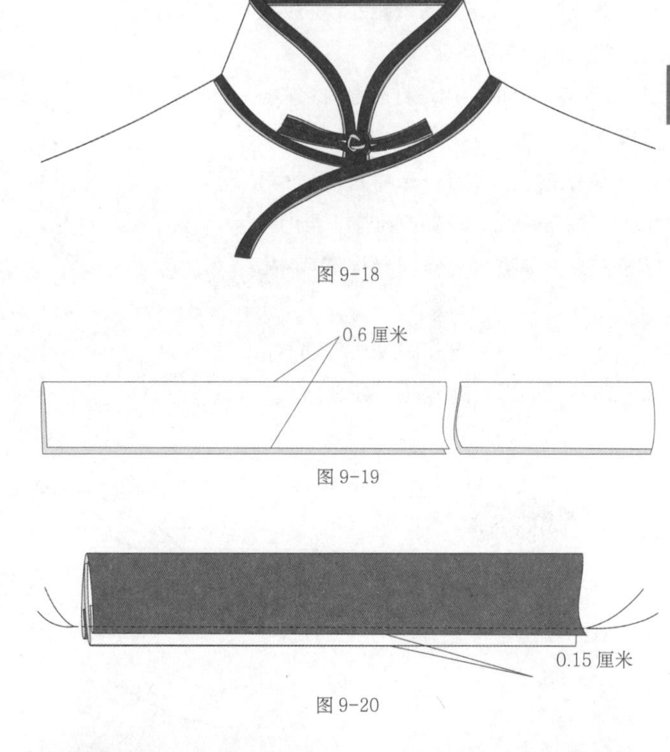

图 9-18

图 9-19

图 9-20

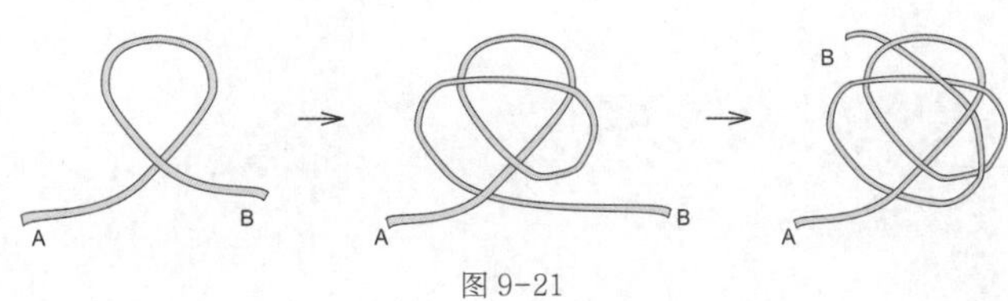

图 9-21

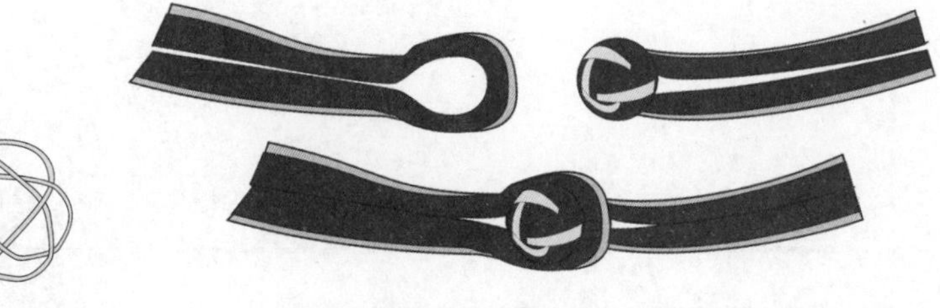
图 9-22

## 四、琵琶盘扣工艺

琵琶盘扣的造型效果如图9-23所示。

**制作方法：**

参考一字盘扣条制作方法。用做盘扣条后，按照以下方法，绕成琵琶盘扣造型（图9-24）。

图9-23

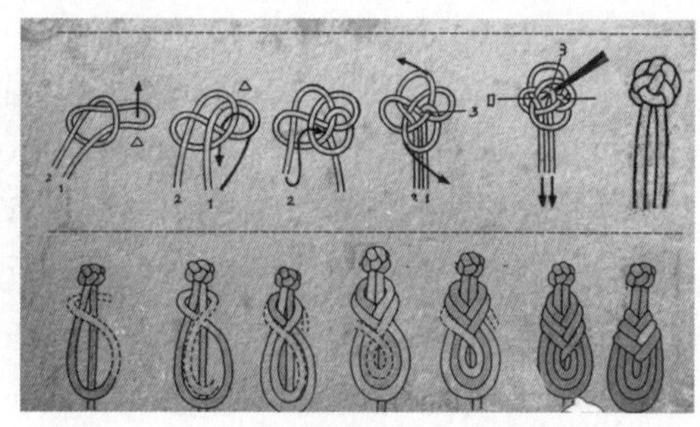
图9-24

## 五、花型盘扣工艺

花型盘扣的造型效果如图9-25所示。

**制作方法：**

1. 选择面料，一般选用真丝素缎或者是弹力纺丝，然后按照面料的纱向去刮浆，之后晾干，来回刮3次，将面料的边脚料去掉，45°斜丝裁剪1.8厘米宽（图9-26）。

2. 将面料条对折，然后再左右对折，带着布条到烫台处整烫，记得要开冷风（图9-27）。

3. 准备1厘米宽的带黏合剂的胶双面衬和细铜丝（图9-28）。

4. 将铁丝两端用珠针固定好（缠绕即可）。

将细铜丝放置在布条中间，上面再放一条同布条长度一样的双面衬，再用熨斗在布条上端喷一下蒸汽，这样胶就熔化了（图9-29）。

5. 再在对折的牙子面放一条双面衬，喷一下蒸汽，以融化胶粒（图9-30）。

图9-25

图9-26



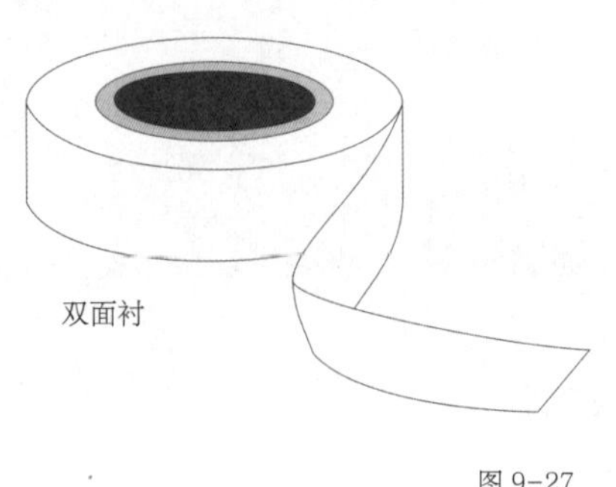

图9-27

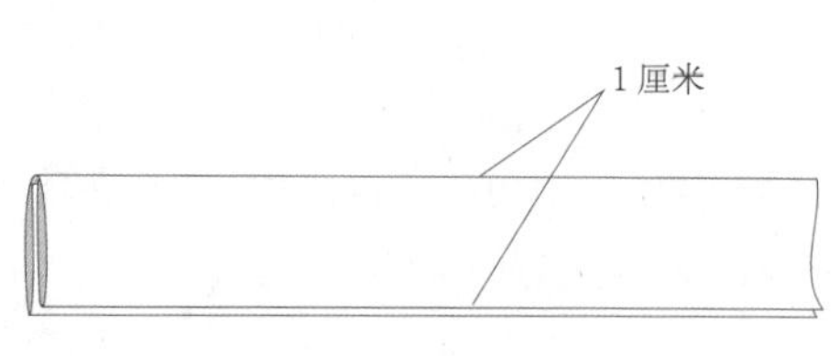

图9-28

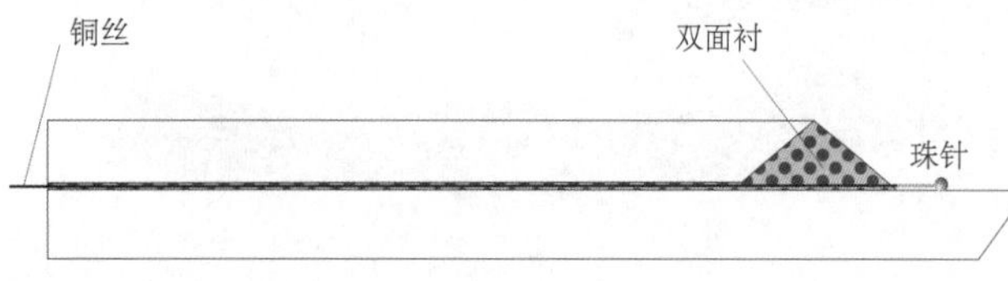

图9-29

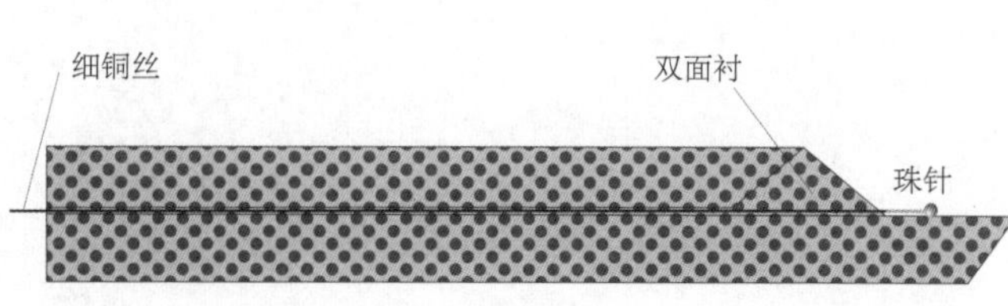

图9-30

6. 将牙条布对折，熨烫定型，这样就对合粘起来，牙子就完成了（图 9-31）。

7. 把做好的牙子，按照事先设计好的图案去折，对折处要用钳子掐一下，这样能缝得结实，也更细腻美观（图 9-32）。

8. 将牙子用四股线上下都缝好，要尽可能地紧实一些，而且要把向上部分的线迹处理好，不要露出线迹。

9. 缝好的牙子 如图 9-33 所示。

10. 准备好需要填充扣子的棉花和面料（面料要是薄的话，就需要烫衬了），将棉花用力地团成一个小球。这个团成的形状按照事先设计好的图案来定，如果是椭圆形，就做成椭圆形的，塞棉花芯，要把棉花团得紧实一些。剪一块小面料作为包棉花芯的面料，然后一起从盘扣的底部塞入，修剪牙子周围的面料（图 9-34）。

11. 将扣子的背面烫上衬（布衬），再修剪，在底部用线将其固定好，以免棉花脱落，修剪底部多余布料，再在扣子底部烫一块有纺衬（图 9-35）。

12. 缝合到衣服上，在缝合的时候注意，每一针都要将衬、棉花、牙子缝在一起。可以装饰扣子表面，如钉珠、烫钻等不同装饰手法（图 9-36）。

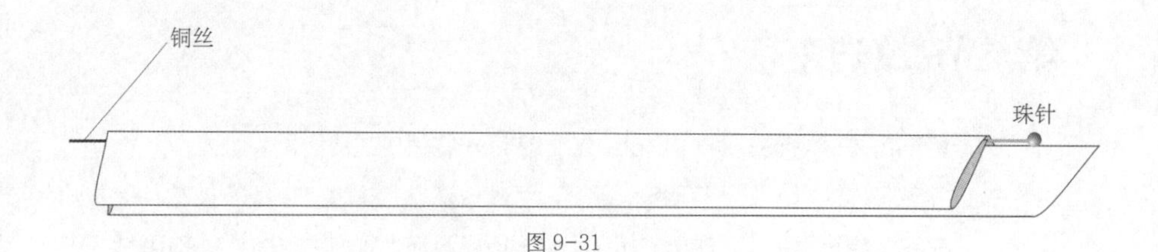


图 9-31

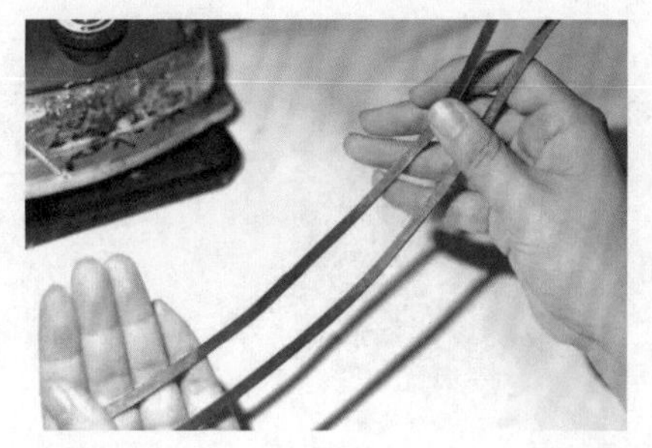

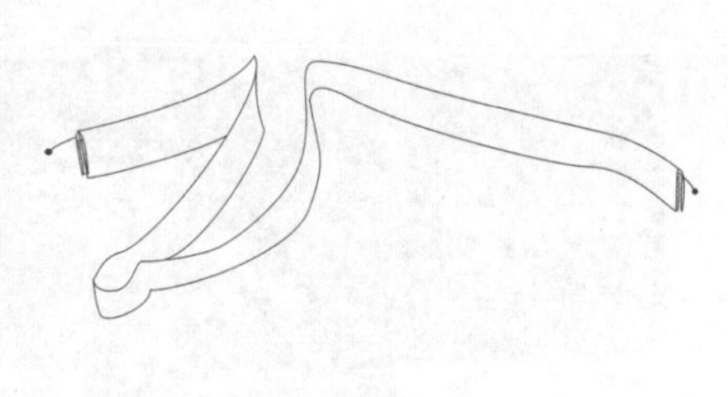

图 9-32

图 9-33

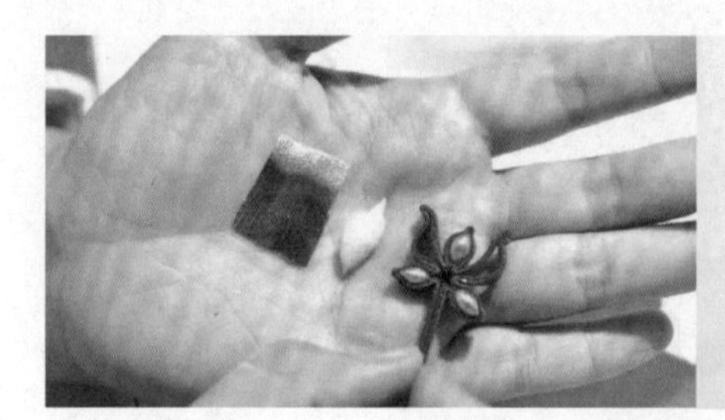

图 9-34

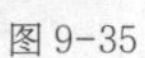

图 9-35

图 9-36

# 第二节 镶边工艺

镶，将一物体镶或嵌在另一物体上，或围在那一物体的边缘。

镶边工艺又称为“镶色”，有明镶、暗镶、包镶、嵌镶、拼镶、接镶等技艺，有中国传统十八镶的美誉。

镶，在我国传统服装工艺的历史悠久。中国历代服饰上领、袖、襟、裾多用此种工艺。通常选用两种或两种以上的颜色，采用质地相同或不同的面料，以厚实的织锦、丝缎进行镶边，衬托服装骨架，有美化服装和增加领、袖、襟、裾等易磨损部位的牢度的功能（图 9-37）。

图 9-37



## 一、镶边工艺

1. 先将镶边料在主料的背面拼缝固定（图 9-38）。
2. 然后翻至主料的正面用明线压缉缝（图 9-39）。
3. 镶边实物效果（图 9-40）。

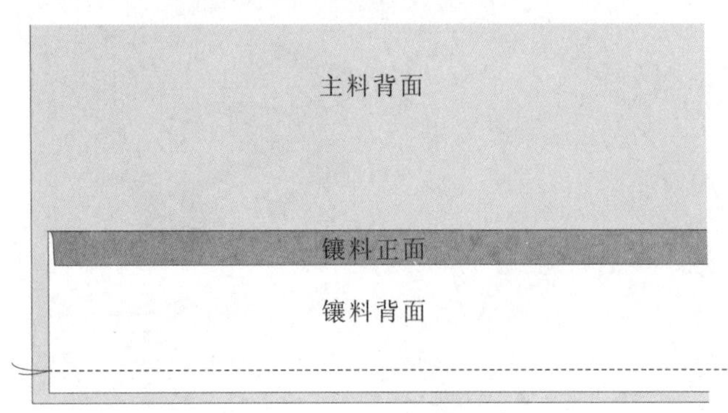


图 9-38

图 9-39

图 9-40

## 二、明镶工艺

直接将镶料的边缘扣折呈光边，扣贴在主料的正面，用明线沿边缘压缉明线（图 9-41）。

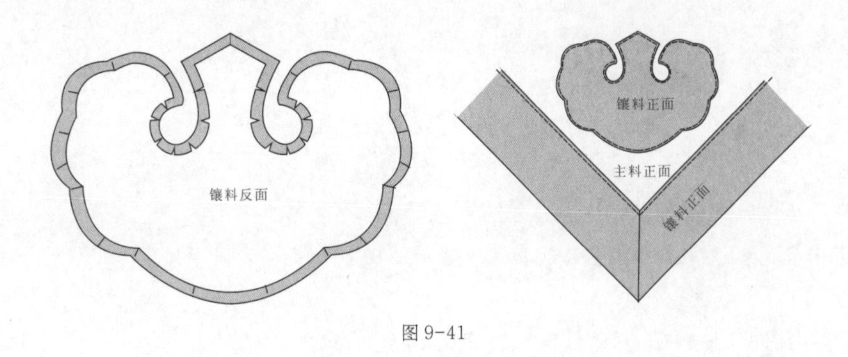


图 9-41

## 三、暗镶工艺

在主料的反面进行镶边处理（图 9-42）。

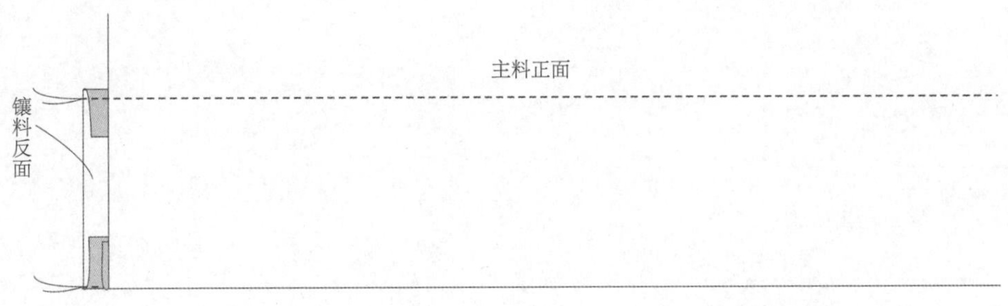


图 9-42



## 四、包镶工艺

将主料的向正面扣烫折光，镶料向反面折光，然后进行手针或车缝针固定（图 9-43）。

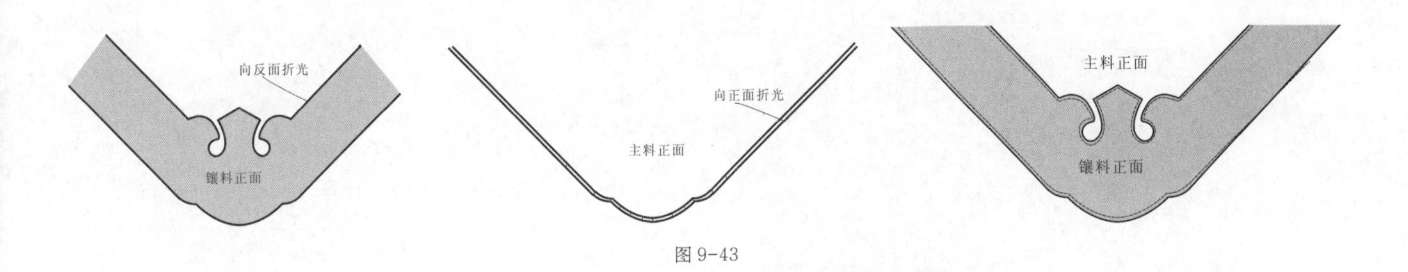


图 9-43

# 第三节 滚边工艺

滚，本身含有“包”的意思，但与“包”又有区别，通常泛指条状的缘边工艺，而“包”的形状可以是条状的，也可以是点状的，或者是几何形的。

在传统的服装工艺中，滚边是服装成型工艺过程中不可缺少的一道重要工序。用滚条将衣片的毛缝包光，既有防止衣片断面脱散的功能性，又有装饰、撞色的美观性。在包缝机出现以后，滚边工艺在服装制作中就有广泛应用（图 9-44）。

由于当前旗袍制作工艺不尽相同，因此不同部位的要求也不相同，其制作方法有以下几种：

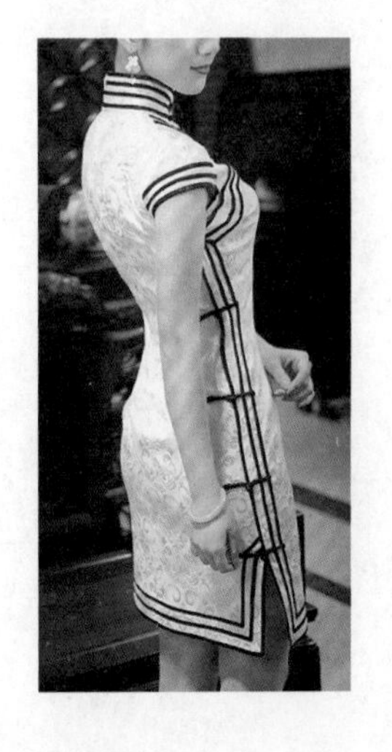

图 9-44

## 一、用暗线滚边

### （一）方法一：有夹里部位的净缝滚边

注意：若面料易脱丝不要选择该法滚边。特点：平薄、完整、细腻。

1. 滚条与衣片正面相对，按 0.4 ~ 0.5 厘米缝份缉线（图 9-45）。

2. 将滚条翻转、翻足（图 9-46）。

3. 将滚条包转、包足（图 9-47）。

4. 将滚条反面与大身缲牢，但不能缲到正面（图 9-48）。

5. 将夹里盖过缲线与滚条缲牢（该工序在复夹里中完成）。

注意：转角处的净缝滚边：

1. 滚条缉到转角处应先折转后缉线。注意应向摆缝方向折转，不应向底边方向折转。

2. 将滚条翻转、包足到反面。

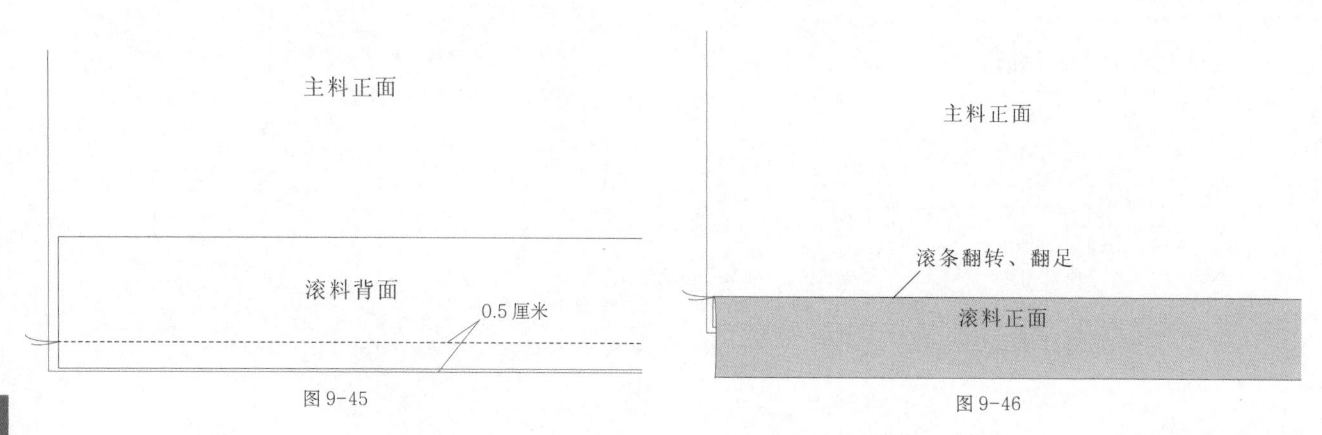


图 9-45　　图 9-46



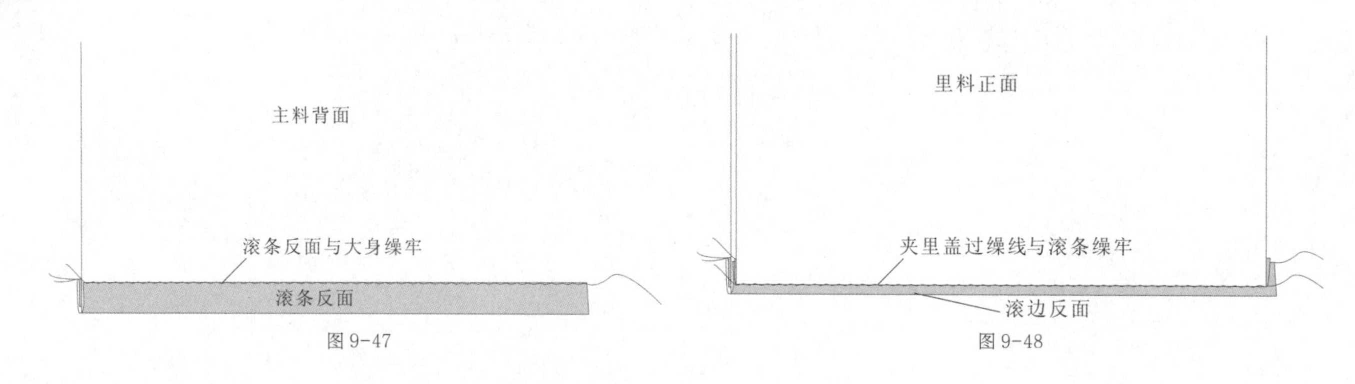


图 9-47　　图 9-48

### （二）方法二：面布里布一起净缝滚边

面布里布在滚边处先固定。

1. 滚条与衣片正面相对，按 0.4 ~ 0.5 厘米缝份缉线（图 9-49）。

2. 将滚条翻转、翻足（图 9-50）。

3. 将滚条包转、包足。

4. 将滚条反面与里布用竖缲针缲牢，短针在外，斜针在里（图 9-51）。

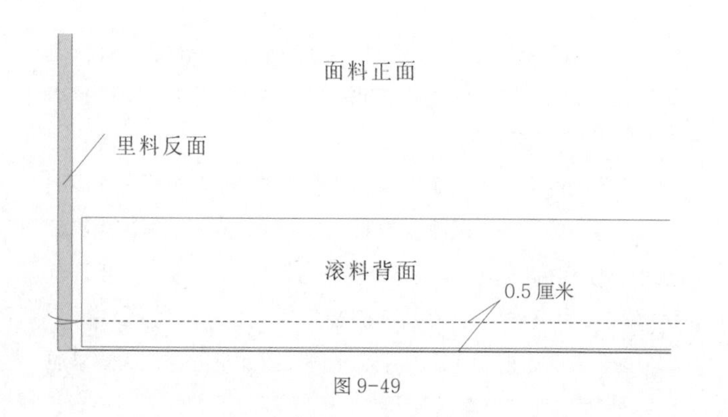


图 9-49

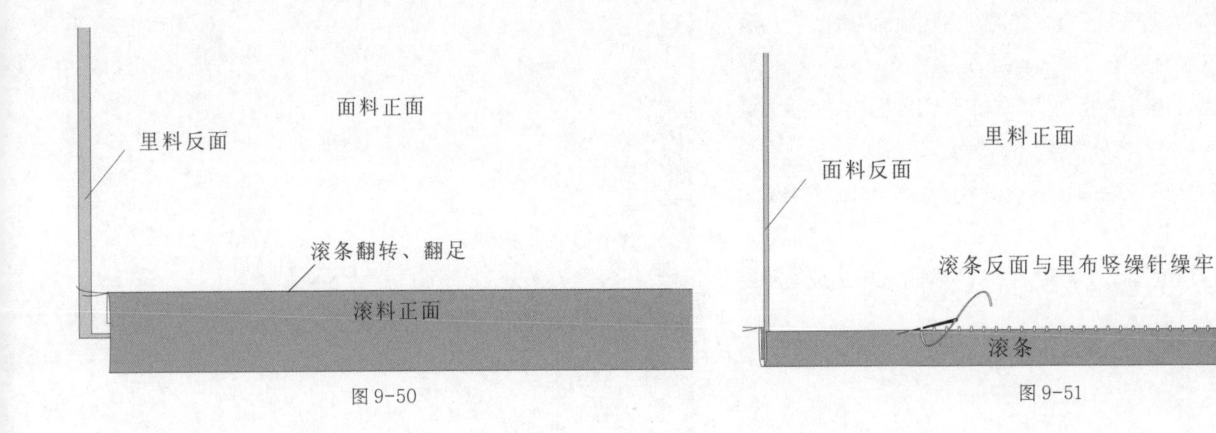


图 9-50　　图 9-51

**（三）方法三：毛缝滚边**

滚边饱满、完整，针迹无外露（夹里滚边处有 7 层）（图 9-52）。

## 二、用明线滚边（机缝法）

一般滚边部位为净缝（现在该法采用较多），特点是速度快、效率高（图 9-53）。

图 9-52

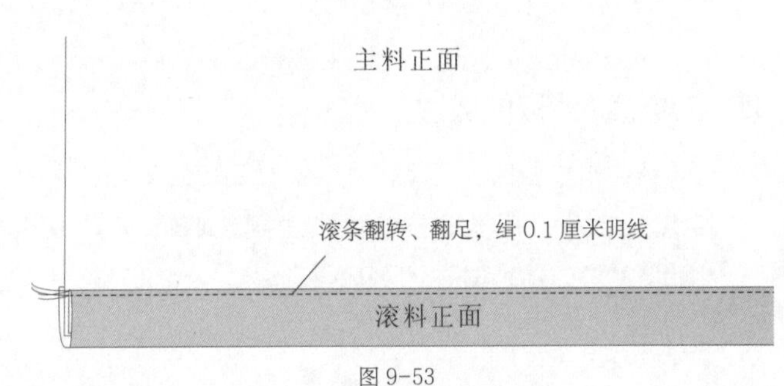


图 9-53

## 三、细镶滚

这种滚边方法适合薄面料和透明面料，是把面料的毛边藏在滚边里面。

1. 首先把大身折边向里面折进，熨烫平整（图 9-54）。

2. 扣滚边，滚边一边往里扣折 0.4 ~ 0.45 厘米，另一边往里扣折 0.3 厘米，烫平固定。滚条边折光（图 9-55）。

3. 车滚边，扣好后的滚边布正面和大身正面相对，滚边布 0.4 厘米折边的一边的边缘，和大身轮廓线边缘对齐，缝 0.2 厘米线。滚边布在拐角处不断开，拐角车缝，车缝后熨烫，使滚边饱满，呈圆形（图 9-56）。

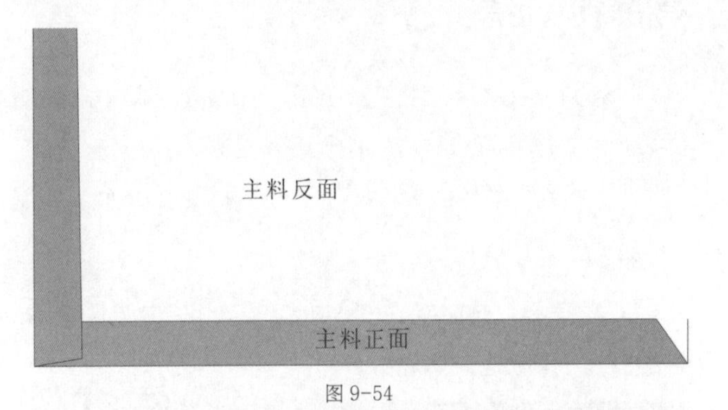


图 9-54

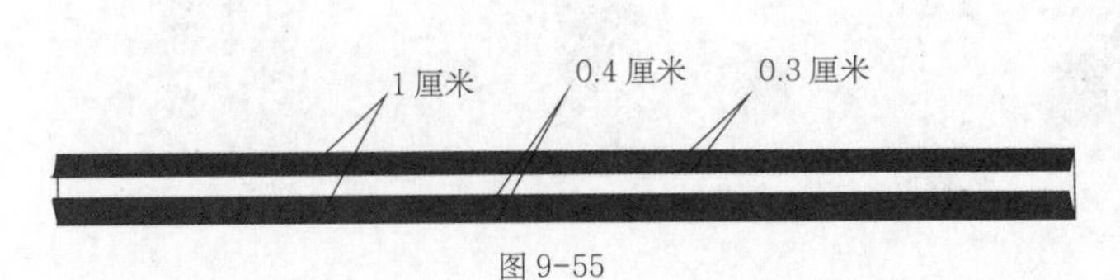


图 9-55

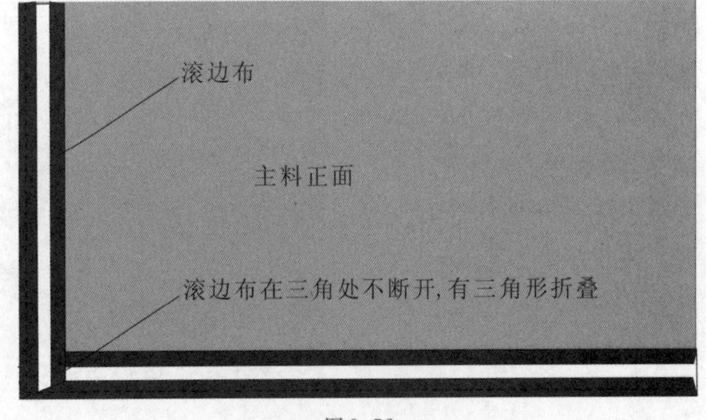


图 9-56

4. 滚边布向大身里面折叠，保证细镶滚表面的宽度，测量出滚边的边沿所在的宽度，作标记线（图 9-57）。

5. 大身反面的折边在拐角处打剪口至记号线，然后将大身反面的折边沿记号线，向外折叠，沿记号线烫平。

6. 大身折边比轮廓线多出的缝份剪掉，跟轮廓线对齐（图 9-58）。

7. 将滚条向里面翻转、包足后，向大身折边一起反面用竖缲针缲牢（图 9-59）。

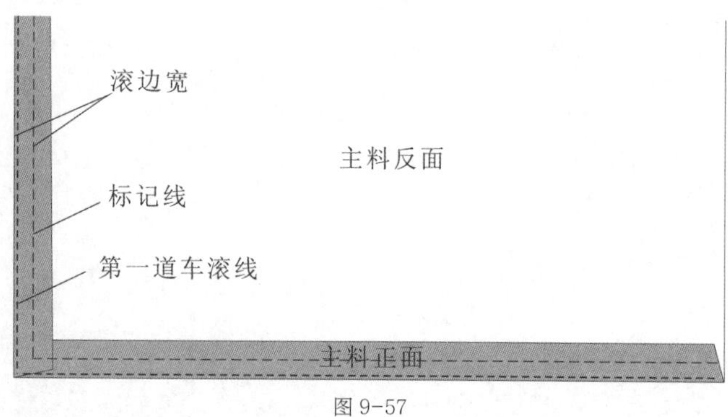

图 9-57

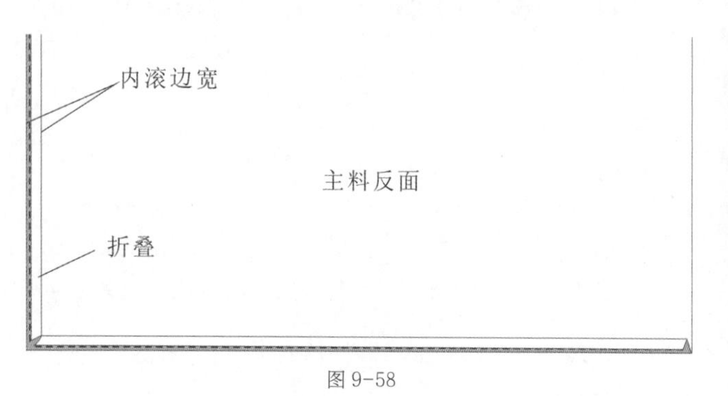

图 9-58

滚边条
大身折边条
主料反面
滚条反面与主料反面竖缲针缲牢
滚条
图 9-59

## 四、滚嵌线（外嵌圆嵌法）

外嵌线制作方法中，将嵌条内衬有线绳，因而呈圆形。

特点：嵌线窄，0.2 厘米左右，线条舒展、饱满、纤秀。因全部采用机缝法，所以效率高（现在采用较多）。

以上几种滚边方法可根据面料风格、厚薄、及审美特点合理选择。



# 第四节 刺绣工艺

刺绣旗袍算是旗袍里最受欢迎的一种，纯手工刺绣制作有着繁杂的工序，一针一线都有着精密的规定，因而制作成本非常高，穿起来显得精致高贵。

现代旗袍刺绣包括机绣、手绣。

## 一、机绣

机绣主要是以自动刺绣机绣制机绣产品，具有实用性强，花色品种多，针法多变，生产速度快，成本较低，价格便宜，复制方便的特点。各种质地、厚薄的面料都适宜于机器绣制。机绣的针法也很多，主要有基础针法、花色针法、特殊针法三大类，不仅继承了中国传统手工丝线刺绣针法的特色，而且还吸收了花边中扣眼、抽丝、雕绣等针法以及补花的特长。有的机绣还辅以印花、喷花等工艺，既省工，又有良好的艺术效果（图 9-60）。

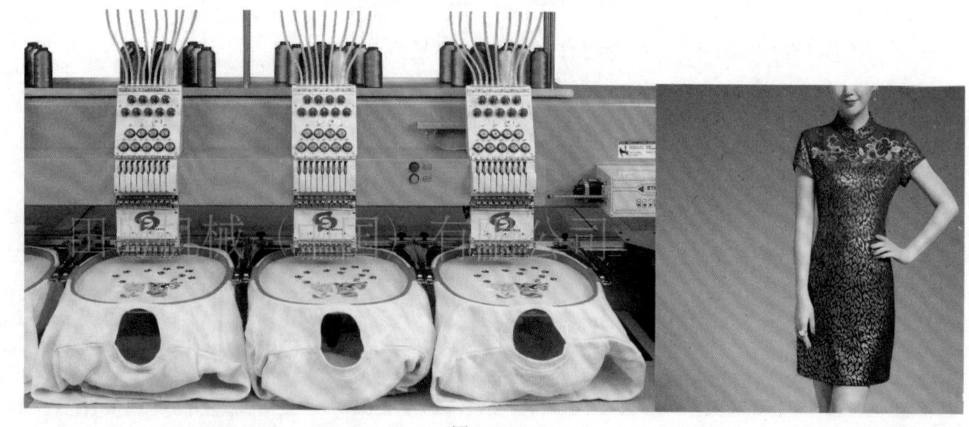
图 9-60

## 二、手绣

以针引线（丝、绒、线）用手工技艺在面料上刺绣出装饰花纹，称为手绣。手绣是我国优秀的民族传统工艺之一，融入了绣花个人的情感，个性化明显，复制性难，颜色过渡则比较灵活，色彩看上去更舒服，不会有生硬之感（图 9-61）。

刺绣是体现旗袍是否高质量的重要部分，在旗袍绣花技术中，最为人所知的有京绣、苏绣、湘绣、粤绣等。

### （一）京绣

又称宫绣，是“燕京八绝”（京绣、景泰蓝、玉雕、牙雕、雕漆、金漆镶嵌、花丝镶嵌、宫毯）之一，京绣的特点是选料考究、色彩绚丽，绣品大气华贵，纹样“图必有意，纹必吉祥”。明清官员官服上的“补子”是京绣的代表作品。京绣典型的针法有“平针打籽”绣，以真金捻线盘成图案，或结籽于其上（图 9-62）。

图 9-61

图 9-62

### （二）苏绣

苏绣以苏州刺绣为中心，以针工细腻、用色雅致著称，绣品多见于零剪、戏衣、挂屏等，双面绣最为有名，作品常似栩栩如生的画作为题材，有“以针作画”之称。苏绣技法具有“平、齐、和、光、顺、匀”的特点。

说起苏绣，肯定会想到江南的烟雨绵绵。苏绣也像江南女子，细致优雅。苏绣是以精细见长的，它的用色多达上千种，而且，苏绣风格素雅，色彩清新，雅艳相宜，针法灵活、丰富，精巧细腻的绣工里无不体现江南水乡的细腻绵长（图 9-63）。

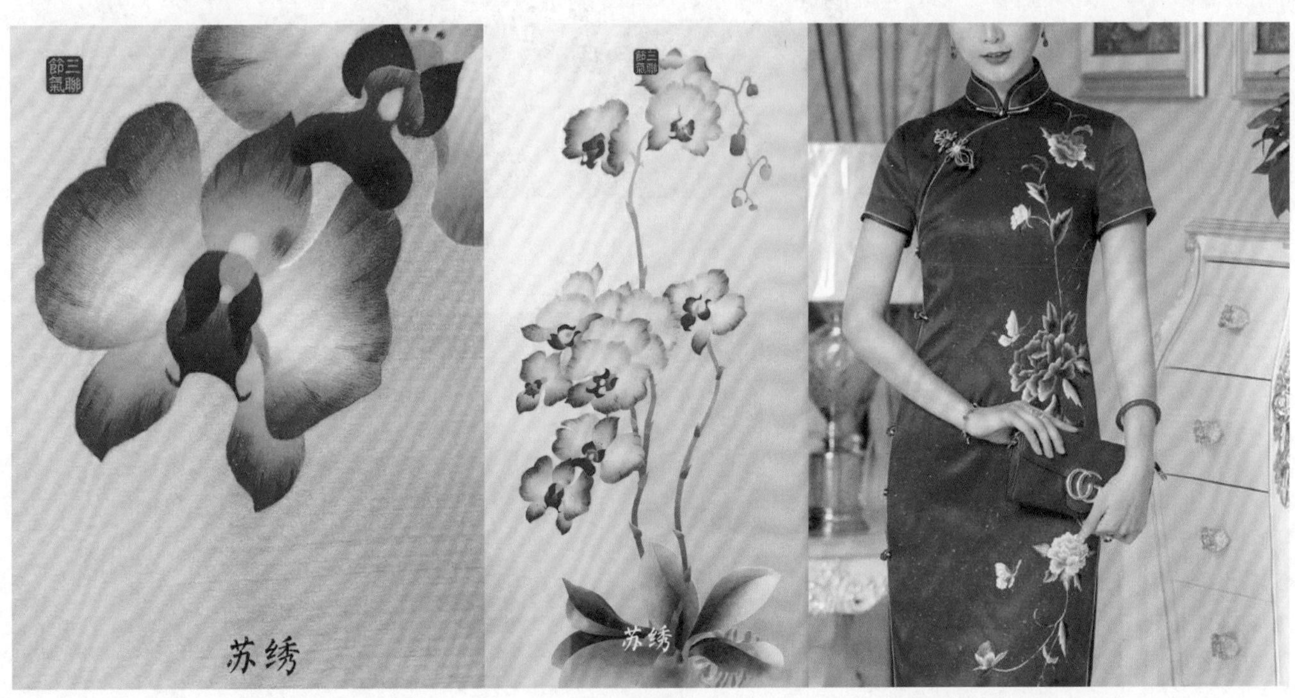


图 9-63

### （三）湘绣

湘绣以湖南长沙为中心，历史悠久，在长沙曾经出土过战国时期的楚绣。湘绣与苏绣不同，苏绣更多的是写意，而湘绣着重写实。

湘绣的针法以掺针为主，更具有立体感和真实感。湘绣具有很重的地方特色，老虎、狮子是湘绣的传统绣品。

湘绣巧妙地将我国传统的绘画、书法及其他艺术与刺绣融为一体，形成以中国画为基础，运用几近两百种颜色的绣线和上等丝绸、绸缎，手工以针代笔，巧妙地运用一百多种针法进行创作或还原画面的独一无二的中国刺绣流派。

湘绣图案最显著的特点是色彩鲜艳，形象逼真，构图章法严禁，画面质感强，无愧于远观气势宏伟，近看出神入化的艺术效果（图 9-64）。

图 9-64

### （四）粤绣



粤绣是广东刺绣，具有色彩鲜艳、构图工整的特点。粤绣一直以布局满、图案繁杂著称。

粤绣有很多著名的作品，例如百鸟朝凤、丹凤朝阳、百花篮等。粤绣善于把寓意吉祥和美好的愿望融入绣品中，在创作方法上源于生活而又重视传统，不满足于现实的描绘而追求更为美好的理想，与此同时，还善于涉取绘画和民间剪纸等多种艺术形式的长处。

粤绣构图饱满，繁而不乱，针步均匀，光亮平整，纹理清晰分明，物像形神兼备，栩栩如生，惟妙惟肖，充分地体现了粤绣的地方风格和艺术特色（图 9-65）。

图 9-65

### （五）蜀绣

蜀绣来源于“天府之国”的四川，又名川绣。因为四川被称为“蜀地”，故又称为蜀绣。

蜀绣以软缎、彩丝为主要原料，其绣刺技法甚为独特，至少有 100 种

图 9-66

以上精巧的针法绣技，如五彩缤纷的衣锦纹满绣、绣画合一的线条绣、精巧细腻的双面绣和晕针、纱针、点针、复盖针等都是十分独特而精湛的技法。

蜀绣绣出来的花纹线条流畅、色调柔和，不仅增添了笔墨的湿润感，还具有光洁透明的质感（图 9-66）。

## 三、机绣与手绣的鉴别

手绣旗袍更显高雅、更具个性、更有传统技艺性。手绣旗袍与机绣旗袍的鉴别。

1. 通过手感判断。

机绣的选线比较光亮，由于机器制作背面会有衬垫辅助，整个图案摸上去会偏硬。机器是连续操作，不能断线，所以图案的背面线头很多，重量也会比手绣重很多。

2. 通过精细程度判断。

手工刺绣因为工艺需求会用到不同粗细的绣线，比如苏绣采用蚕丝，它是可以"劈丝"的。而机绣为了机器生产的方便，绣线会对强度有一定的要求，整幅画面就缺少灵动与柔和了。

3. 通过图案判断。

手工刺绣的花色、图样可以根据个性喜好来定制，种类多样，复制难度较大，而机绣便于工业化生产，线色、图案标准化，可发挥的空间不大。

4. 通过颜色判断。

机绣标准化、批量化生产，缺乏个性，手绣人性化明显，富有创意和想象力。手绣灵气、变化丰富，因此手绣旗袍就极具灵性。

## 四、绣花图案寓意

刺绣是中国传统民间手工艺之一。旗袍是中国古典文化的代表，它饱含民族气息，积淀着中华文明。旗袍上古典元素最好的体现就是绣花，这是典型的中国元素，是典型的东方美。

"有图必有意，有意必吉祥"，无论是龙凤，还是花朵，都是有着吉祥的意义，虽然旗袍越来越多地融入了时尚元素，但永远不会舍弃这传统特质。

1. 荷花。荷花代表着和气，家和万事兴，人和百业旺，圣洁，又有出淤泥而不染的含义（图 9-67）。

2. 牡丹。牡丹寓意富贵（图 9-68）。

3. 梅兰竹菊。四君子是最能代表中国传统文化的花草图案。

梅花凌寒独自开，所以坚韧、经霜傲雪等特质在人们心中具有美好的印象。梅花有五瓣，象征福禄寿喜财。梅花和喜鹊一起出现时，又代表着喜上眉梢的吉祥寓意，是具有美好象征意义的花纹图案（图 9-69）。

高风亮节，坚韧不拔，是想到竹的第一印象。旗袍纹样中竹的形象，大多是翠绿的竹叶点缀在旗袍上（图 9-70）。

图 9-67

图 9-68

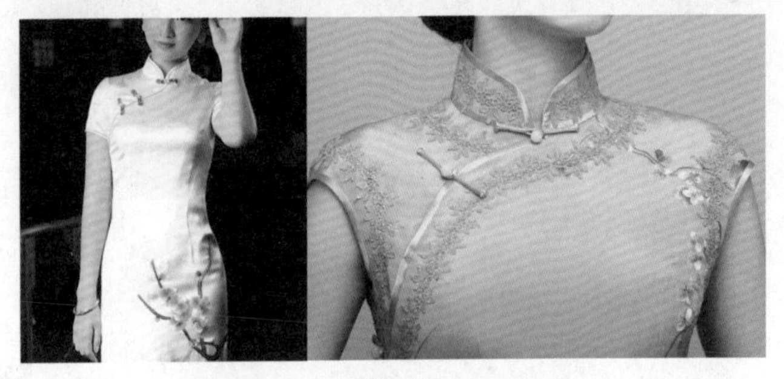

图 9-69

图 9-70

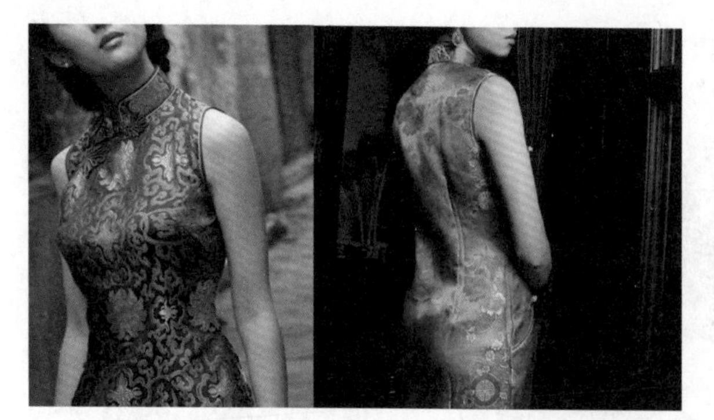

图 9-71

图 9-72

菊花的花型十分饱满，富有装饰性，在旗袍上的菊花图案有着富贵长寿的寓意（图 9-71）。

4. 孔雀。孔雀不仅翎羽光彩艳丽，而且很有德性，自古以来就被视为吉祥的象征。人们将孔雀纹图称作天下文明，由雌雄孔雀组成的各种图案寓意夫贵妻荣、恩爱同心（图 9-72）。

5. 龙凤蟒纹。龙凤是我国传说悠久的吉祥、威严的象征，古时皇帝比喻龙，娘娘比喻凤。

现在，婚礼或者礼服类旗袍，龙凤图案运用比较广泛（图 9-73）。

图 9-73

蟒纹是传统寓意纹样，形似龙纹。所谓“五爪为龙，四爪为蟒”，左为传统蟒纹旗袍，右为 Ralph Lauren 2011 秋冬系列中旗袍裙背后的四爪蟒纹（图 9-74）。

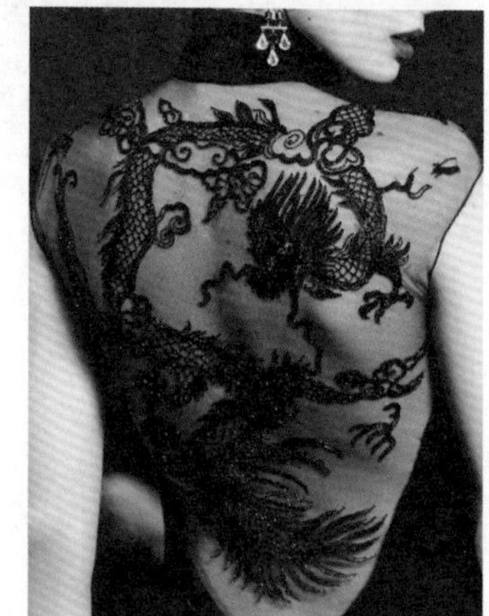

图 9-74

6. 现代图案。现代图案、菱形纹、格纹等几何图案，没有太多的象征意义，只是作为一种图案排列，增加旗袍的美感（图 9-75）。

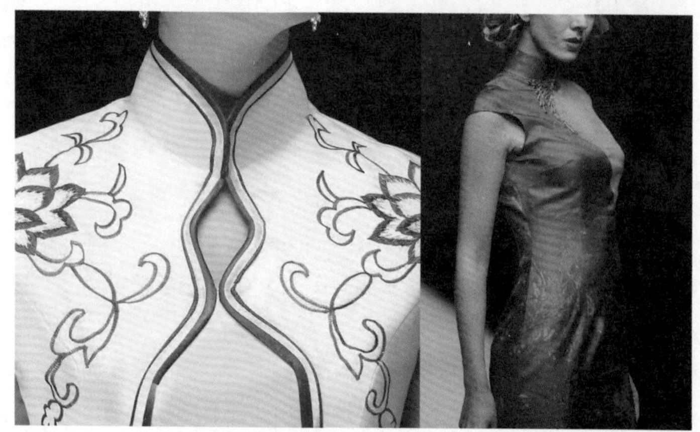

图 9-75

# 第五节 手绘工艺

手绘服装，即在原纯色成品服装基础上，根据服装的款式、面料以及顾客的爱好，设计师在服装上用专门的服装手绘颜料绘画出精美、个性的画面。

在不影响服装使用性的基础上，更增添其可观性。服装的画面可以是漫画卡通，真人素描，亦可以是风景、图案或装饰纹样；可以是故事片段配上文字，亦可以是顾客自己的所爱图片加真情告白，只要是可以绘画的，无论国画效果还是油画效果，基本都能在服装上呈现出来。

手绘旗袍因为其手工性，比服装印花更具有欣赏价值。因为其绘画性比工业设计以实用为先更具有艺术价值。它借鉴了服装印花、绘画作品，但更多的灵感来自于设计师。它以工业设计并生产好的产品为载体，但并不为其左右，绘画者可以尽情发挥。手绘旗袍由于手绘的价值而得到提升。

手绘旗袍能够充分展示对个性和对艺术的追求，并极大满足了现代人 DIY 的心理，手绘即是时尚个性的代言词（图 9-76）。

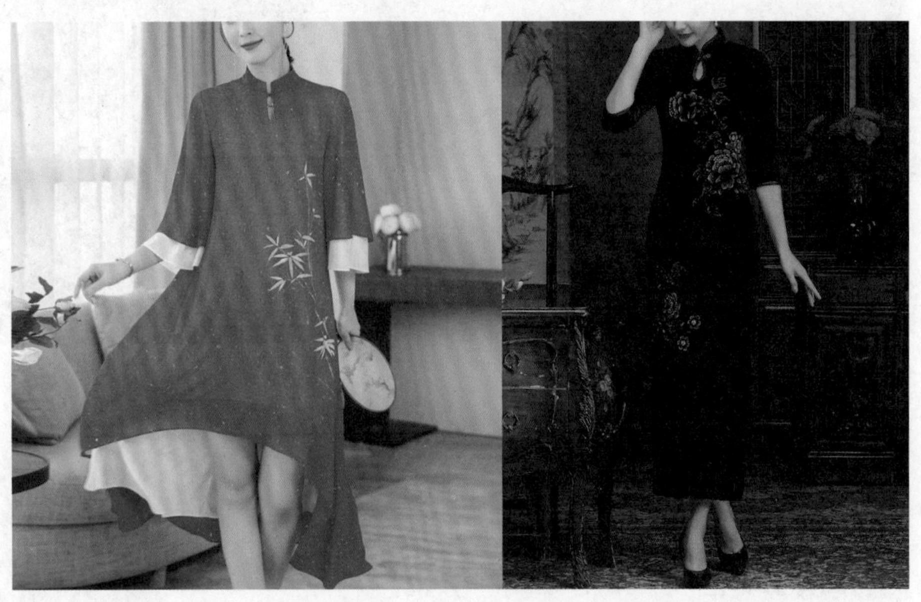

图 9-76



## 一、手绘颜料

目前常用的有三种手绘颜料：

1. 丙烯颜料。

丙烯颜料属于人工合成的聚合颜料，是一种新型绘画材料，产品色泽鲜艳，附着力大，可以在多种载体上作画，在各种画种技法上，有很大的通用性，但在手绘服饰上作画有些不足。它干燥快，有抗水性，但干后颜料坚韧，手感僵硬，没有伸缩性，会龟裂掉渣，适合手绘帆布鞋、牛仔裤等（图 9-77）。

图 9-77

2. 纺织颜料。

纺织颜料专门应用于纤维布料丝网印刷。一般来讲要 150° 高温烘焙 5 分钟左右，24 小时以后才可以洗涤。纺织颜料用在手绘服饰上作画，有些不足：要使用专用调和剂调和颜料，使用熨斗加热高温烘焙。纺织颜料附着力相对小些，操作不当极易掉色。用来手绘绘画工序麻烦，相对费时费力（图 9-78）。

图 9-78

3. 服装手绘专用颜料。

服装手绘专用颜料符合纺织环保标准，适用于 T 恤衫、牛仔服装、手袋、布鞋、丝巾等布类物品绘画。 颜料色泽透明亮丽、色彩鲜艳。颜料与颜料之间可以任意混合使用，不用调和油，画好后图案不掉色，不掉渣，不开裂，具有良好的伸缩性，手感柔软。绘画好的服装，无须高温加热（图 9-79）。

图 9-79

## 二、手绘旗袍的制作过程

1. 预先设计好图案。



2. 衣服平铺在桌子上（为防止渗透，中间隔纸板或木板），用画笔勾画出图案的边线，在勾的时候要小心,不要错位（在这个步骤中，可以借助一些辅助工具，以提高制作效率以及线条的精确度。对于批量生产的工厂就要制板，用粉打出一个轮廓线，然后根据轮廓进行填色）。

3. 防水不掉色的颜料在图案上绘上颜色，也可做出颜色层层叠及虚实的效果。

4. 在勾边、上完色后，再次将图案的边线勾出来，就有了清晰的图案了。

5. 图案定型处理，放在无风的地方晾，或者用电吹风小心吹干后便大功告成（画面未干,小心不要搞脏衣服其他位置）。

这样一件手绘旗袍就制作完成了（图 9-80）。

图 9-80

# 参考文献

[1] 徐华龙 . 中国民国服装史 [M]. 新北 : 花木兰文化出版社，2013.

[2] 冯绮文 . 中式传统服装技艺——旗袍制作 [M]. 新北 : 辅仁大学织品服装系中华服饰文化中心，2013.

[3] 冯绮文 . 中式传统服装技艺——基础技法、中式扣艺 [M]. 新北 : 辅仁大学织品服装系中华服饰文化中心，2013.

[4] 张军雄 . 女装结构设计与立体造型 [M]. 上海 : 东华大学出版社，2017.

[5] 张军雄 . 服装立体裁剪 [M]. 上海 : 东华大学出版社，2019.

[6] 张凤兰，李洋，杨红编著 . 旗袍缝制工艺 [M]. 北京 : 北京交通大学出版社，2015.

[7] 刘瑞璞，魏佳儒 . 清古典袍服结构与纹章规制研究 [M]. 北京 : 中国纺织出版社 ，2017.

[8] 刘瑞璞，邵新艳，马玲，李洪蕊著 . 古典华服结构研究 [M]. 北京 : 光明日报出版社 ，2009.

[9] 包铭新 . 中国旗袍 [M]. 上海 : 上海文化出版社，1998.

[10] [ 港 ] 杨成贵 . 中国服装制作全书 [M]. 香港 : 香港艺苑服装裁剪学校，1999.

[11] 刘若琳 . 中国传统服装的嬗变 : 民国服装 [M]. 北京 : 化学工业出版社 ，2018.

[12] 徐冬 . 旗袍 [M]. 北京 : 黄山书社，2011.

[13] 邹婧 . 长衫旗袍里的民国 [M]. 北京 : 中央广播大学出版社，2014.

[14] 熊能 . 世界经典服装设计与纸样 [M]. 南昌 : 江西美术出版社，2007.

[15] 寿韶峰 . 宋美龄全传 [M]. 北京 : 中国文史出版社，2014.

[16] 章文灿，玉英编著 . 宋美龄档案照片 [M]. 北京 : 团结出版社，2008.

[17] 满懿 . “旗”装“奕”服——满族服饰艺术 [M]. 北京 : 人民美术出版社，2013.

[18] 钱小萍 . 中国传统工艺全集 · 丝绸织染 [M]. 郑州 : 大象出版社，2005.